엑셀을 이용한

생각하는 수학 ⑧

함수의 이해

김향숙 · 정성곤 · 배화수 · 이혜경 지음
인제대학교 창의력교육센터
부산광역시교육청

경문사

김향숙
인제대학교 컴퓨터응용과학부 교수
인제대학교 창의력교육센터장

정성곤
동아고등학교 교사
인제대학교 창의력교육센터 연구원

배화수
인제대학교 데이터정보학과 교수
인제대학교 창의력교육센터 부센터장

이혜경
인제대학교 컴퓨터응용과학과 박사과정
인제대학교 창의력교육센터 보조연구원

생각하는 수학 8

엑셀을 이용한
함수의 이해

지은이 김향숙 · 정성곤 · 배화수 · 이혜경
펴낸이 박문규
펴낸곳 경문사
펴낸날 2006년 3월 31일 1판 1쇄
등 록 1979년 11월 9일 제9-9호
주 소 121-818, 서울특별시 마포구 동교동 184-17
전 화 (02)332-2004 팩스 (02)336-5193
E-mail kms2004@kyungmoon.com

값 14,000원

ISBN 89-7282-913-7
89-7282-735-5(세트)

머리말

시대가 변함에 따라 학문의 본질이 달라지지 않았지만 학문을 하는 방법은 많이 변했다고 생각한다. 이 책은 Excel을 사용하여 실제 수업에서 활용 및 적용이 가능한 현 교과 과정 내의 문제로 예제를 다루었으며, 독자들이 책을 읽는데 도움이 되도록 본문에 사용된 특수문자에 대한 설명을 머리말 다음에 넣었다.

1장은 다항함수의 그래프,
2장은 여러 가지 함수의 그래프

로 구성하였으며, 특히 수학을 전공하는 학생, 예비수학교사 및 수학교사 등에게 시각화 및 조작을 통한 수학의 역동성과 아름다움을 경험하게 함으로써 이 책을 접한 독자가 수학을 가르칠 때 학생들에게 수학에 대한 호기심을 자극하여 자기 주도적 학습방법의 터득하고 창의적 사고 계발을 스스로 유도할 수 있도록 하는데 목적을 두고 집필하였다.

이 책은 인제대학교 창의력 교육센터가 부산광역시교육청의 지원으로 개발한 '생각하는 수학'시리즈 12권 중의 하나이며, '생각하는 수학'시리즈의 주제들은 Mathematica, 엑셀, GSP, Flash, 종이접기, 문제일반화, 통계, 발문, 퍼즐 등을 다루고 있으며, 이 시리즈들은 수학교실에서 학생과 교사가 하나되어 좀 더 즐거워하며 수학을 하고, 수학을 보고, 느끼고, 만져봄으로써 교실 수업을 지금보다 더 살아 있게 하는데 목적을 두고 개발되었다.

창의력교육센터 연구원들은 앞으로도 우리나라 창의력 교육 기반 조성에 도움이 되는 더 좋은 교재를 개발하는데 노력을 다할 것을 약속드리며, 지면을 빌어 우리나라 교육의 미래가 창의력 교육에 달려 있음을 믿고 '창의력 함양 교육프로그램운영'을 적극 도와주신 부산광역시교육청 설동근 교육감님, 중등교육과 이종수 과장님, 노민구 장학사님, 정경순 장학사님과 인제대학교 백낙환 이상장님, 성창모 총장님께 진심으로 감사를 드립니다.

끝으로 이 교재가 나오기까지 애쓰신 창의력교육센터 연구원들께도 진심으로 감사를 전합니다.

2006년 2월 신어산 자락에서
창의력교육센터장 김향숙씀

▮이 책에서 사용된 특수문자 용도 설명▮

1. 『　　　』: 메뉴/도구모음을 나타냄
2. [　　　] : 창/대화상자/탭을 나타냄
3. 이름 뒤에 (아이콘 그림) : 단추/아이콘을 나타냄
4. **굴림체** : 속성/버튼을 나타냄
5. ‘　　　’ : 창/대화상자/탭 등에서 선택하는 항목을 나타냄
6. “　　　” : 창/대화상자/탭 등에서 입력하는 내용을 나타냄
7. 「　　　」: 수식을 나타냄
8. [　　] : 명령버튼을 나타냄
9. 아이콘 설명

: 차트 마법사	*fx* : 함수 마법사
: 디자인 모드	: 속성
: 코드 보기	: 확인란
: 텍스트 상자	: 명령 단추
: 옵션 단추	: 목록 상자
: 콤보 상자	: 토글 단추
: 스핀 단추	: 스크롤 막대
가 : 레이블	: 이미지
: 디자인 모드 끝내기	

차 례

Chapter 1 다항함수의 그래프 / 3

1.1 일차함수 / 3

예제 1.1.1 정의역 $\{-5, -4, -3, -2, -1, 0, 1, 2, 3, 4, 5\}$에서 일차함수 $y=2x$의 그래프 3

예제 1.1.2 일차함수 $y=2x$의 그래프(정의역 $\{x \mid -5 \leqq x \leqq 5\}$) 13

※ 차트 다듬기 17

※ 차트 등록하기 22

예제 1.1.3 두 일차함수 $y=-x+1$, $y=x-1$의 그래프 (정의역 $\{x \mid -5 \leqq x \leqq 5\}$ 25

예제 1.1.4 스핀 단추를 이용하여 변하는 기울기 a값 만들기 30

※ 스핀 단추의 속성 33

예제 1.1.5 기울기 a값에 따른 일차함수 $y=ax$의 그래프 35

예제 1.1.6 스크롤 막대를 이용한 일차함수 $y=ax+b$의 일차항과 상수항 만들기 38

예제 1.1.7 기울기 a와 y절편 b값에 따른 일차함수 $y=ax+b$의 그래프 42

예제 1.1.8 두 직선 $3x+2y-2=0$, $2x-3y-1=0$의 교점을 지나는 직선 47

연습문제 1.1 55

1.2 이차함수 / 57

예제 1.2.1 이차함수 $y=x^2$의 그래프 모양 57

예제 1.2.2 이차함수 $y=x^2$의 그래프(단, 정의역 $\{x \mid -5 \leqq x \leqq 5\}$) 62

예제 1.2.3 이차항 a값에 따른 이차함수 $y=ax^2$의 그래프 67

예제 1.2.4 $y=ax^2$과 $y=a(x-p)^2$, $y=a(x-p)^2+q$의 그래프 70

예제 1.2.5 『목표값 찾기』를 이용한 이차함수 $y=ax^2+bx+c$가 x축과 만나는 점의 x좌표의 근사값 구하기 77

※ 목표값 찾기 항목 82

예제 1.2.6 이차함수 $y=ax^2+bx+c$과 일차함수 $y=mx+n$의 위치관계 84

※ IF 문의 형식 88

연습문제 1.2 91

1.3 삼차함수의 그래프 / 93

예제 1.3.1 $y=x^3$의 그래프(정의역 $\{x \mid -5 \leq x \leq 5\}$) 93

예제 1.3.2 삼차함수 $y=ax^3+bx^2+cx+d$의 그래프 97

예제 1.3.3 삼차함수 $y=ax^3+bx^2+cx+d$와 그 도함수의 그래프 100

연습문제 1.3 107

1.4 합성함수와 절대값이 포함된 함수의 그래프 / 109

예제 1.4.1 두 일차함수 $f(x)=x-1$, $g(x)=2x+1$의 합성함수 $y=(g \circ f)(x)$, $y=(f \circ g)(x)$의 그래프 110

예제 1.4.2 일차함수 $f(x)=mx+n$와 이차함수 $g(x)=ax^2+bx+c$의 합성함수 구하기 112

예제 1.4.3 절대값이 포함된 함수 $f(x)=|x-1|$의 합성함수 $y=f(f(x))$의 그래프 115

예제 1.4.4 함수 $f(x)=\begin{cases} 2x & (0 \leq x \leq 2) \\ 8-2x & (2 \leq x \leq 4) \end{cases}$에 대한 합성함수 $y=(f \circ f)(x)(0 \leq x \leq 4)$의 그래프 120

예제 1.4.5 함수 $f(x)=4x^2-4x+1(0 \leq x \leq 1)$에 대하여 $y=f(x)$, $y=f(f(x))$의 그래프를 나타내고, $y=f(f(f(x)))$와 $y=x$의 교점의 개수 구하기 124

연습문제 1.4 130

Chapter 2 여러 가지 함수의 그래프 / 133

2.1 지수함수의 그래프 / 133

예제 2.1.1 지수함수 $y=2^x$의 그래프 133

예제 2.1.2 지수함수 $y=a^x(a>1)$의 그래프 137

예제 2.1.3 지수함수 $y=a^x$, $y=\left(\frac{1}{a}\right)^x(a>1)$의 그래프 140

예제 2.1.4 지수함수 $y=a^{x-p}$, $y=a^{x-p}+q$의 그래프 145

연습문제 2.1 149

2.2 로그함수 / 151

예제 2.2.1 로그함수 $y=\log_2 x$의 그래프 151

예제 2.2.2 두 함수 $y=a^x$, $y=\log_a x(a>1)$의 그래프 155

※스핀 단추의 모양 158

예제 2.2.3 로그함수 $y=\log_a x$, $y=\log_{\frac{1}{a}} x$의 그래프($a>1$) 160

예제 2.2.4 지수함수 $y=a^x$와 로그함수 $y=\log_a x$ 사이의 위치관계 164

연습문제 2.2 168

2.3 분수함수 / 170

예제 2.3.1 반비례함수 $y=\frac{a}{x}$의 그래프 170

예제 2.3.2 분수함수 $y=\frac{a}{x}$의 대칭성 173

예제 2.3.3 분수함수 $y=\frac{a}{x}$, $y=\frac{a}{x-p}+q$의 그래프 177

연습문제 2.3 183

2.4 무리함수 / 184

예제 2.4.1 무리함수 $y=\sqrt{x}$의 그래프 184

예제 2.4.2 무리함수 $y=\sqrt{ax}$와 이차함수 $y=\frac{1}{a}x^2(x\geq 0)$의
그래프(단, $a>0$) 185

예제 2.4.3 무리함수 $y=\sqrt{a(x-p)}+q$의 그래프 191

※ 함수와 그 역함수의 위치관계 194

예제 2.4.4 무리함수 $f(x)=\sqrt{-3x+7}$와 그 역함수의 그래프 196

예제 2.4.5 무리함수 $y=\sqrt{ax+b}$ $(a<0)$와 그 역함수 $y=-\frac{1}{a}(x^2-b)$의 그래프 199

연습문제 2.4 206

2.5 삼각함수 / 207

예제 2.5.1 삼각함수 $y=a\sin bx+c$의 그래프 207

예제 2.5.2 삼각함수 $y=a\sin bx$와 $y=a\cos cx$의 그래프 211

예제 2.5.3 함수 $f(x)=x-\pi\left[\frac{x}{\pi}\right]$와 $g(x)=\sin x$의 $y=(g\circ f)(x)$의 그래프 216

연습문제 2.5 219

참고문헌 / 221

찾아보기 / 223

함수의 그래프

함수의 그래프를 처음으로 좌표평면에 나타낸 사람은 데카르트(Descartes, R.: 1596~1650)로 그는 기존의 기하학과 대수학을 하나로 결합하여 직선, 원, 타원, 포물선, 쌍곡선과 같은 기하학적 도형을 간단히 일차방정식, 이차방정식과 같은 대수적인 식으로 나타내어 이것을 평면 위에 그래프로 나타내는 방법인 해석기하학을 탄생시켰다.

두 집합 A, B에 대하여, 두 원소 $a \in A$, $b \in B$의 순서쌍 (a, b)들의 집합 $A \times B = \{(a, b) \mid a \in A,\ b \in B\}$를 A와 B의 곱집합 또는 A와 B의 데카르트 곱(Cartesian Product)이라고 부른다.

함수 $f: A \to B$가 주어졌을 때, 함수 f의 그래프는 $G(f) = \{(a, b) \mid a \in A,\ b \in f(a)\}$인 집합으로 $A \times B$의 부분집합으로 정의하므로 함수 $f: A \to B$에 대하여 다음이 성립한다.

① 임의의 $a \in A$에 대하여 순서쌍 $(a, b) \in G(f)$가 존재한다.

② $G(f)$에 있는 순서쌍 중에서 $a \in A$를 첫 번째 성분으로 하는 것은 오직 하나뿐이다. 즉, $(a, b) \in G(f)$, $(a, c) \in G(f) \Rightarrow b = c$

그러나 학교 수학에서는 함수의 그래프를 그림으로 나타낸 것을 의미한다. 그래프는 함수를 시각화한 것이므로 함수의 성질은 그래프를 그려서 살펴보는 것이 매우 효과적이다. 한편, 수학 프로그램을 이용하여 그래프를 그리게 하는 것은 함수를 시각화하고 다양한 변화를 직접 체험하게 함으로써 함수에 대한 흥미와 관심을 높일 수 있다.

함수의 그래프를 학습하기 위한 수학 프로그램은 다양하게 있는데 현재 많이 사용되는 것은 GrafEq, Equation grapher, Gsp(The Geometer's SketchPad), Maple, Mathematica, Mathview 등이 있다. 또, 수학 프로그램은 아니지만 엑셀을 활용하여 함수의 그래프를 나타내기도 한다.

이 책에서는 엑셀을 이용하여 함수의 그래프를 이해하고 활용하여 다양한 함수의 그래프를 표현하도록 하겠다. 엑셀에서 함수의 그래프를 나타내기 위해서는 함수의 지나는 점들을 좌표평면에 나타내어 연결하면 된다. 엑셀을 이용하여 각각의 함수에 대한 함수의 그래프를 만들어 보자.

다항함수의 그래프

함수 $y=f(x)$에서 $f(x)$가 x에 대한 다항식일 때 함수 $y=f(x)$를 다항함수라 한다. $f(x)$가 일차식이면 함수 $y=f(x)$는 일차함수이며, $f(x)$가 이차식이면 함수 $y=f(x)$는 이차함수이다. $f(x)$가 n차 다항식이면 함수 $y=f(x)$가 n차 다항함수이다. 엑셀에서는 다항함수를 6차 함수까지 추세선을 이용하여 쉽게 나타낼 수 있다. 일차함수부터 차트를 이용하여 나타내어 보자.

1.1 일차함수

엑셀에서 일차함수뿐만이 아니라 모든 함수의 그래프를 나타내기 위해서는 주어진 함수위의 점의 좌표를 여러 개 만들어서 연결하면 된다. 예를 들어 직접 만들어 보자.

예제 1.1.1 정의역 $\{-5, -4, -3, -2, -1, 0, 1, 2, 3, 4, 5\}$에서 일차함수 $y=2x$의 그래프

① 일차함수 $y=2x$의 그래프를 나타내기 위해서 이 함수가 지나는 점의 좌표 $(-5,-10)$, $(-4,-8)$, $(-3,-6)$, $(-2,-4)$, $(-1,-2)$, $(0,0)$, $(1,2)$, $(2,4)$, $(3,6)$, $(4,8)$, $(5,10)$을

임의의 셀에 다음과 같이 만들어 보자.

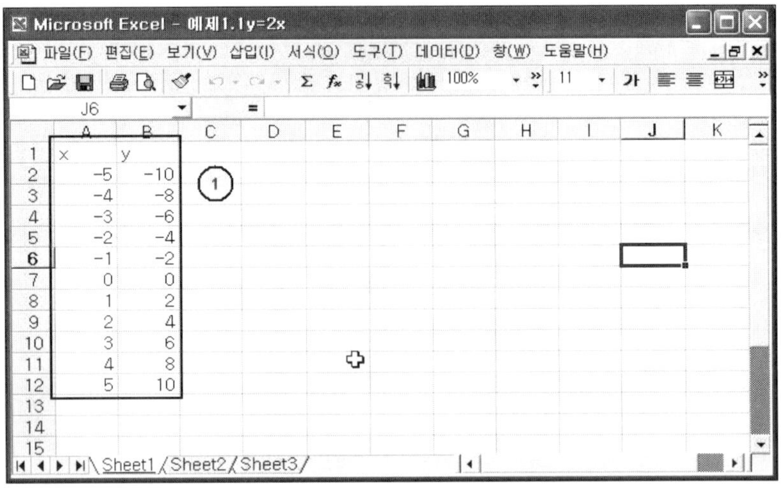

② 함수 $y=2x$가 지나는 점의 좌표들을 차트에 나타내기 위해서 모든 점을 마우스로 선택하여 [표준 도구 모음]의 차트 마법사(📊)를 선택한다.

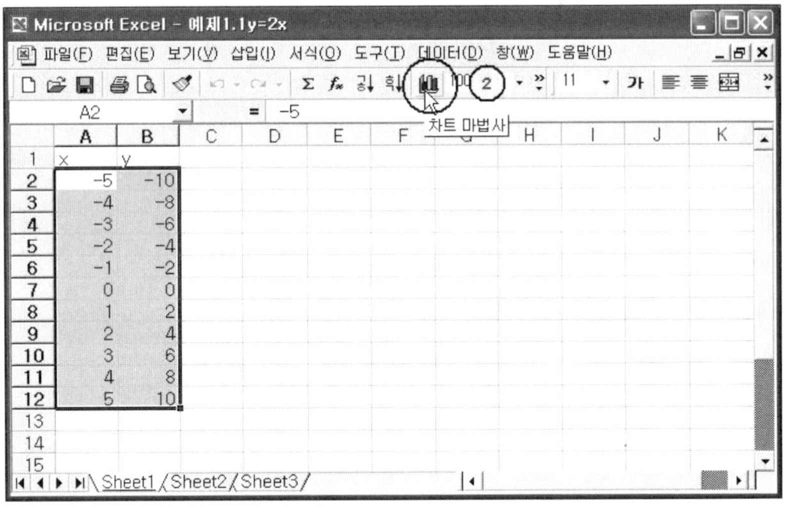

③ 차트 마법사(📊)는 점의 좌표를 차트에 나타내는 방법을 총 4단계에 걸쳐 진행한다. 지금부터 한 단계씩 살펴보자. 먼저, [차트 마법사 1단계]에서는 차트의 종류를 지정한다. 두 개의 탭 중 [표준 종류] 탭은 엑셀에서 지원하고 있는 차트의 종류들이 있으

며 [사용자 정의 종류] 탭에서는 개인이 자주 사용하는 차트를 등록하여 간단하게 사용할 수 있게 한다. [사용자 정의 종류] 탭에 대한 설명은 조금 뒤에서 다루어 보기로 하고 여기에서는 [표준 종류] 탭에서 '차트 종류'를 '분산형'으로 선택하고 '하위 종류'는 '분산형. 값을 점으로 비교합니다'를 선택한 뒤 **다음**을 클릭하여 [차트 마법사 2단계]로 진행하자.

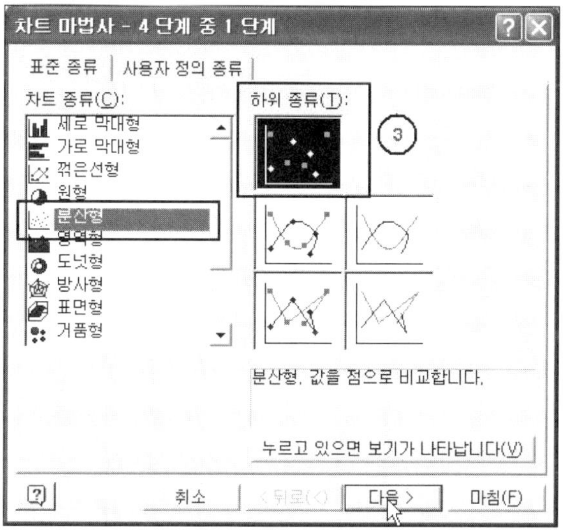

④ [차트 마법사 2단계]는 차트의 원본 데이터를 지정하는 단계이다. 다시 말하면, 일치함수 $y=2x$에 대한 정의역(X값)과 치역(Y값)에 대한 데이터를 설정하는 것이다. 두 개의 탭 중 [데이터 범위] 탭의 '데이터 범위'는 점의 좌표의 주소가 지정되어 있으며, '계열 위치'를 '행' 또는 '열' 중 어느 것으로 할 것인지를 선택하도록 되어 있다.

계열 위치를 행으로 하는 것과 열로 하는 것은 차이가 있는데 정의역과 치역이 각각 A열, B열로 주어졌기 때문에 '계열 위치'를 '열'로 지정하여야 한다. 또, [계열] 탭에서는 데이터를 차트에 나타내는 미리보기 화면이 주어져 있으며, 정의역과 치역에 해당되는 셀의 주소가 'X값'은 "=Sheet1!$A$2:$A$12", 'Y값'은 "=Sheet1!$B$2:$B$12"으로 나타나 있다. **다음**을 클릭하여 [차트 마법사 3단계]로 넘어가자.

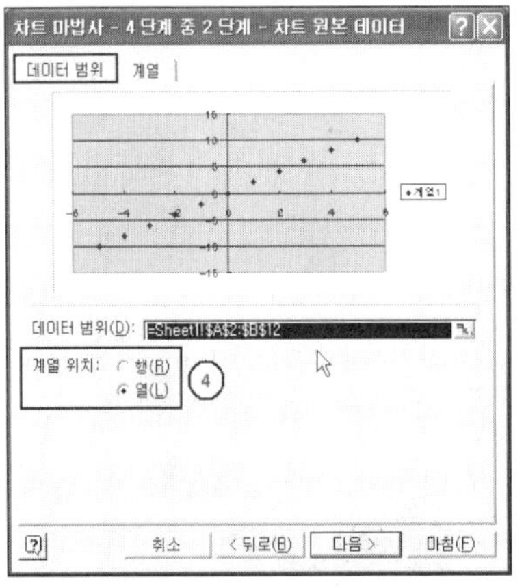

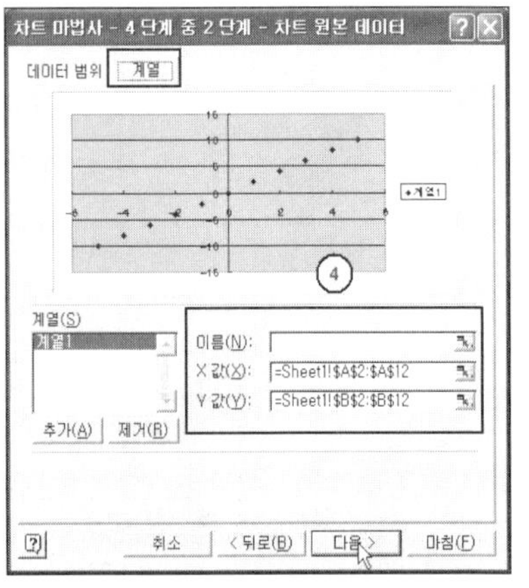

⑤ [차트 마법사 3단계]는 차트의 여러 가지 옵션을 지정하는 단계이다. 총 다섯 개의 탭으로 이루어져 있으며, [제목], [축] [눈금선], [범례], [데이터 레이블] 탭들이다. 먼저, [제목] 탭에서는 차트 전체의 제목과 X축, Y축의 제목을 지정할 수 있다. 여기서는 '차트 제목'에 "일차함수"를 입력하였고, 오른쪽 미리보기 화면에 일차함수라고 차트 제목이 붙은 모습이 나타나 있다. [축] 탭은 두 군데에 체크 표시가 되어 있으며 이 체크표시를 지우면 오른쪽 미리보기 화면에서 어떤 것을 나타내는지 확인할 수 있다.

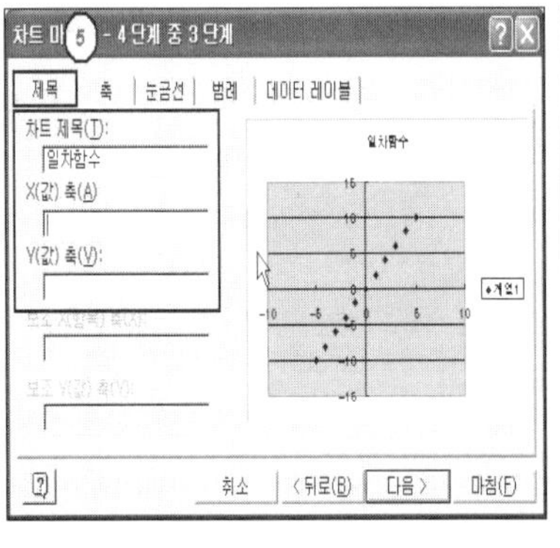

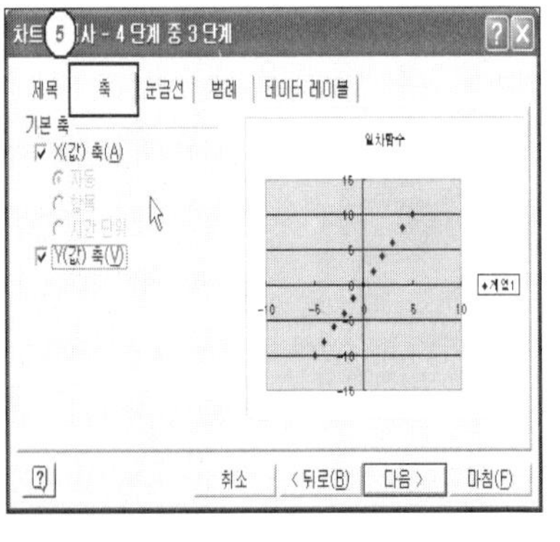

[눈금선] 탭에서는 X축과 Y축에 주 눈금선과 보조 눈금선을 설정할 수 있도록 되어있다. 각각 클릭해서 체크 표시를 하

면 각각의 눈금선이 나타나며 체크 표시를 해제하면 각각의 눈금이 없어진다. 'X(값) 축'과 'Y(값) 축'의 '주 눈금선' 모두에 체크 표시를 하자. 또, [범례] 탭에서 '범례 표시'에 클릭을 하여 체크 표시를 하면 범례가 나타나며 아래의 배치에 적당한 위치를 선택하면 그 위치에 범례가 나타난다. '범례 표시'에 체크 표시를 없애면 범례를 생략할 수 있다. 여기서는 범례를 생략하자.

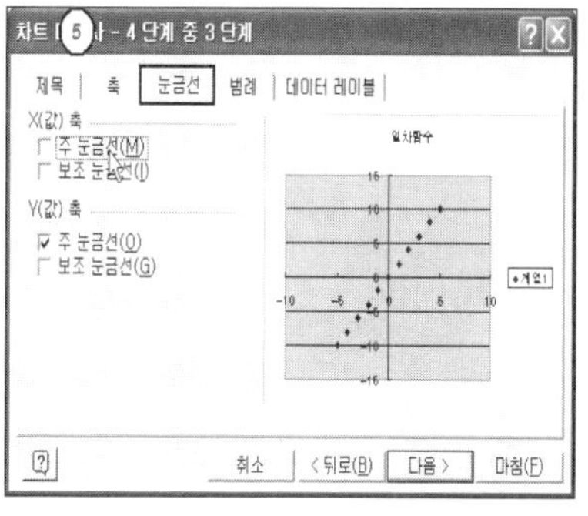

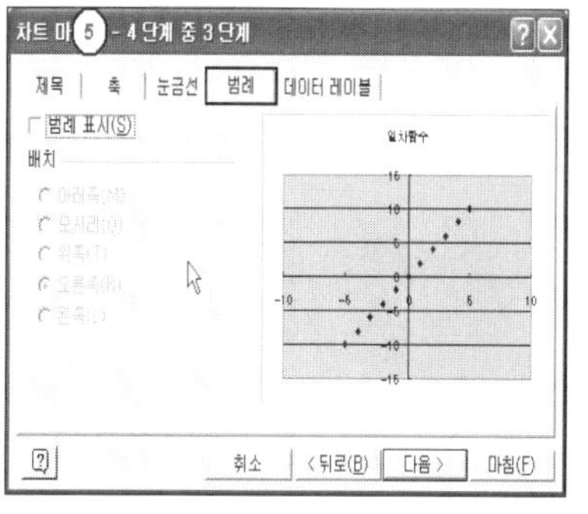

[데이터 레이블] 탭에서 '값 표시'를 선택하면 오른쪽 미리 보기 화면과 같이 각각의 함수값이 점의 오른쪽에 나타나지만 여기서는 데이터 레이블을 생략하였다. **다음**을 클릭하여 [차트 마법사 4단계]로 넘어가자.

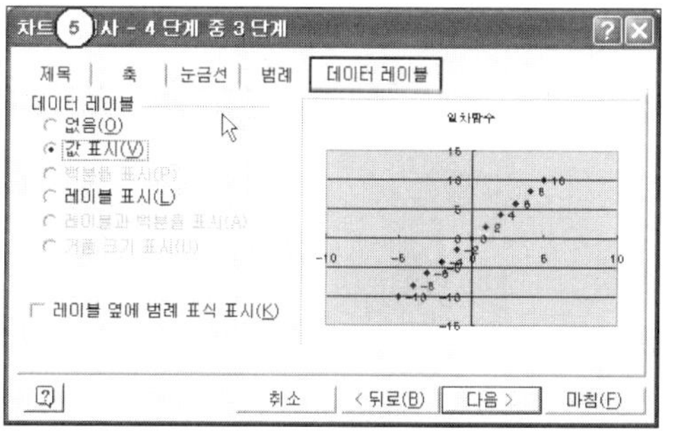

⑥ [차트 마법사 4단계]는 차트 위치를 어디에 지정할 것인지 설정하는 단계이다. 새로운 시트에 차트를 만들 것인지 아니면 선택한워크시트에 삽입할 것인지를 지정한다. 여기서는 '워크시트에 삽입'을 선택하겠다. **마침**을 클릭하면 지정한 시트에 점의 좌표를 나타낸 차트가 만들어진다.

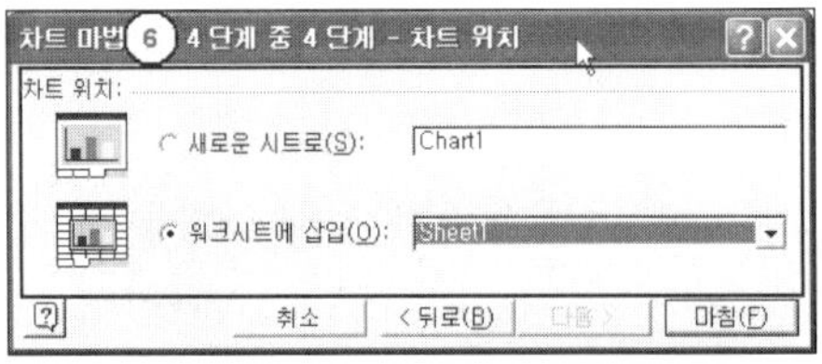

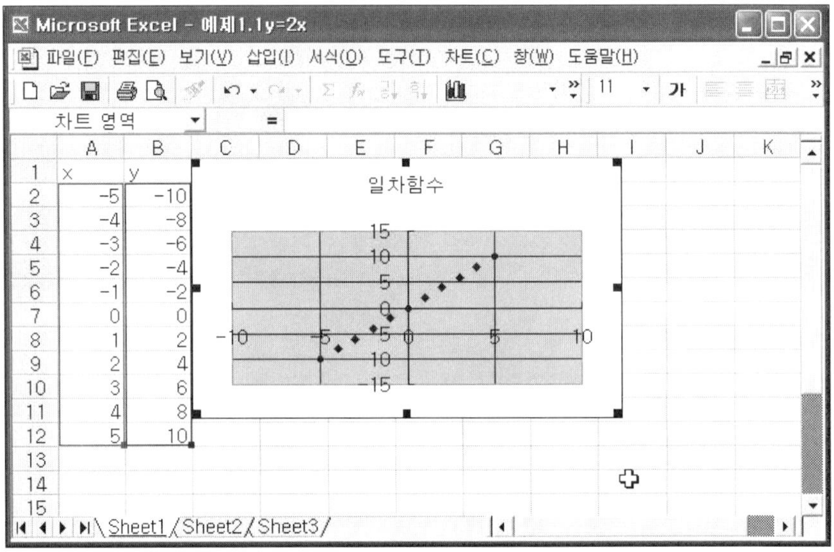

위의 그래프를 보면 여러 가지 수정해야 할 부분이 있다. 먼저, X축과 Y축의 비율이 맞지 않아 점들이 일직선상에 있지 않는 것처럼 보인다. 축의 비율을 조정하여 보자.

⑦ 축의 비율을 맞추기 위해서는 X축과 Y축의 눈금을 조정한 뒤 차트의 크기를 적당하게 수정해야 한다. 먼저, X축의 눈금을 조정하기 위해 X축을 선택한 뒤 메뉴의 『서식 ⇒ 선택한 축』을 클릭하면 [축서식] 대화 상자가 나타난다.

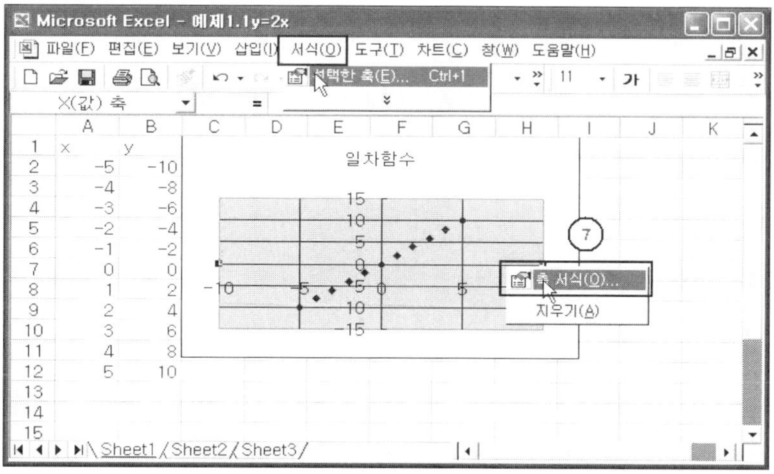

[축서식] 대화 상자를 불러내는 또 다른 방법은 축을 선택한 뒤 오른쪽 마우스를 클릭하면 나타나는 팝업 메뉴에서 『축서식』을 선택하는 것이다.

⑧ [축서식] 대화 상자에는 다섯 가지의 탭([무늬], [눈금], [글꼴], [표시 형식], [맞춤])이 있어 축에 대한 서식을 지정할 수 있다. 먼저, [무늬] 탭은 보통 축의 모양과 색, 두께를 결정하는데 여기서는 '스타일'을 실선, '두께'는 조금 두껍게 설정하고 '주 눈금'은 '교차'로 지정하였다. [눈금] 탭에서는 좌표평면의 X축 범위와 눈금의 간격을 표시한다. 여기에서는 '최소값'을 " −10", '최대값'을 " 10", '주 단위'를 " 2"로 지정하였는데 이것은 좌표평면의 X축의 범위를 −10부터 10까지 나타내며, X축에 나타나는 눈금의 간격을 2로 한다는 것을 의미한다.

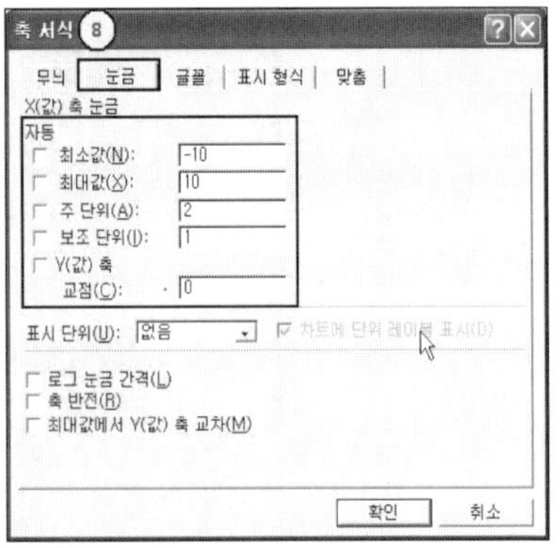

다른 세 개의 탭은 다음에 다루어 보기로 하고 **확인**을 클릭하자. 그러면 다음과 같은 축 서식이 지정된 좌표평면이 만들어진다.

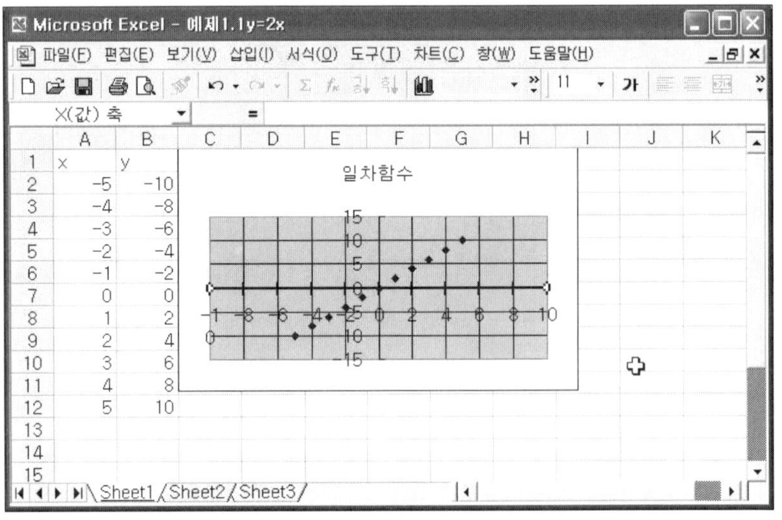

⑨ 같은 방법으로 Y축의 서식을 지정하여 다음과 같이 만들어 보자. ⑧과 마찬가지로 [축서식] 대화 상자의 [눈금] 탭에서 '최소값'은 " −10", '최대값'은 " 10", '주 단위'는 " 2"로 지정하자.

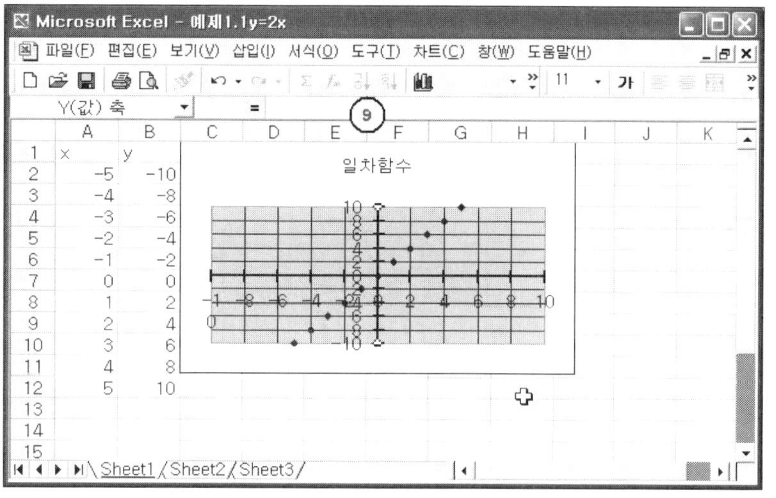

위의 좌표평면을 보면 여전히 X, Y축의 비율이 맞지 않다. 보통 수학 프로그램에는 축의 비율을 맞추어 주는 옵션 메뉴(예, Mathematica에서는 AspectRatio)가 있지만 엑셀은 수학 프로그램이 아니므로 축의 비율을 맞추어 주는 특별한 옵션이 없다. 하지만 좌표평면의 크기를 적당하게 조정하면 정확하지는 않지만 어느 정도 축의 비율을 맞출 수 있다. 좌표평면의 크기를 조정하여 보자.

⑩ 좌표평면의 크기를 조정하기 위해서는 먼저, 좌표평면을 선택한다. 좌표평면이 선택되면 선택된 표시로서 여덟 개의 정사각형 모양의 점이 나타나는데 이 정사각형들을 사각조절점이라 한다. 마우스 포인터로 이 사각조절점을 움직이면 좌표평면의 크기를 조정할 수 있다. 사각조절점을 이용하여 좌표평면의 크기를 적당하게 조절하면 좌표평면에 11개의 점의 좌표가 나타나는 함수의 그래프를 완성할 수 있다.

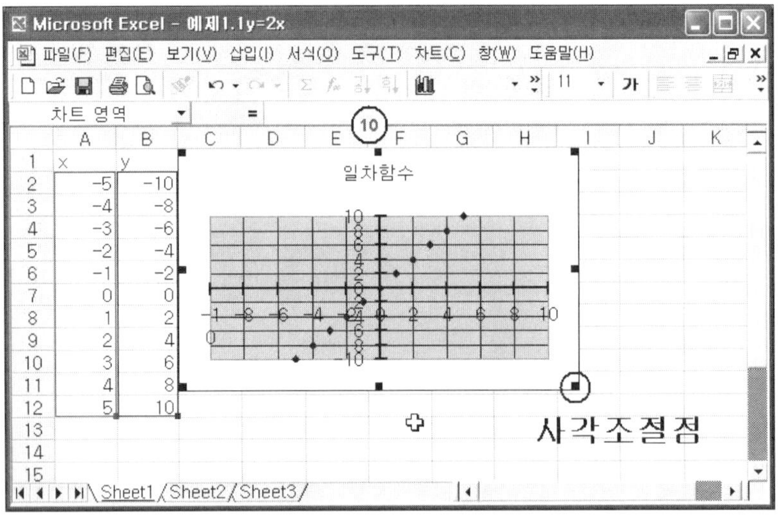

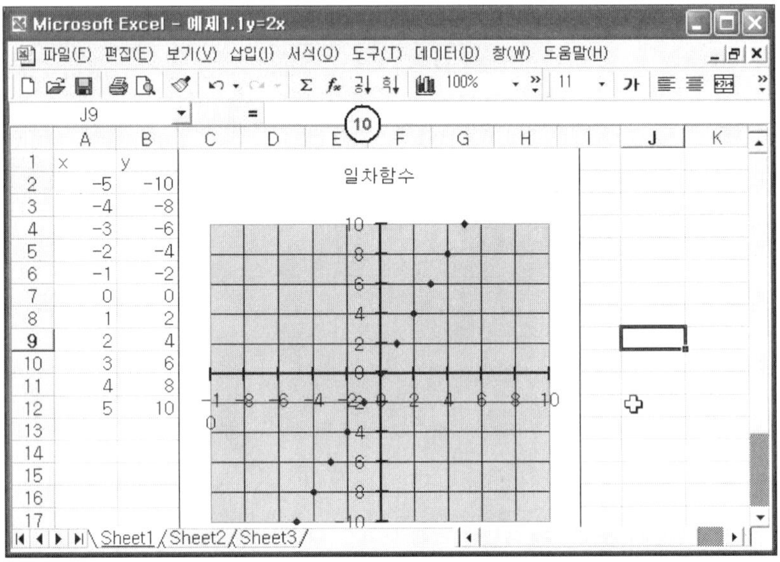

앞의 예제 1.1.1에서는 일차함수의 그래프를 몇 개의 점으로 나타내어 보았다. 이제 이 점들의 좌표를 연결하여 하나의 직선의 그래프를 만들어보자.

예제 1.1.2 일차함수 $y=2x$의 그래프를 정의역 $\{x \mid -5 \leq x \leq 5\}$에서 나타내시오.

① 예제 1.1.1과 같은 방법으로 차트 마법사(📊)를 이용하여 총 11개의 점의 좌표를 좌표평면에 나타내자.(차트 제목은 생략하자.)

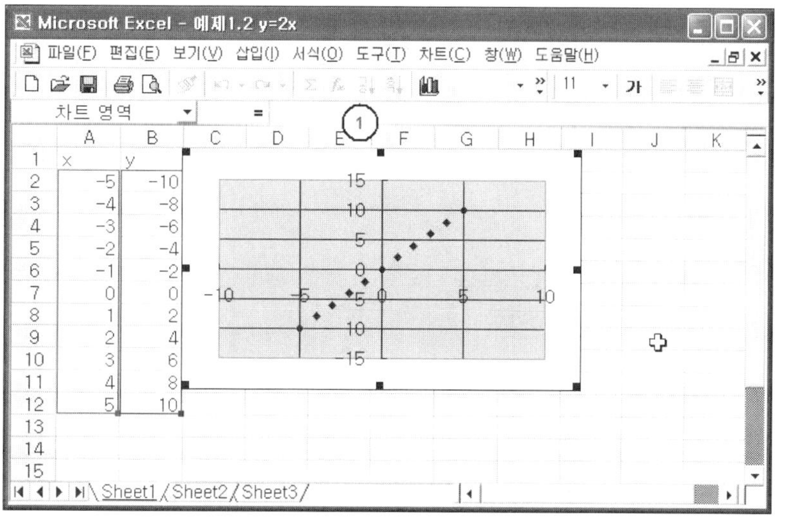

② 축의 비율과 축의 범위를 지정하자. 먼저, X축을 선택하고 [축서식] 대화 상자를 불러내자.

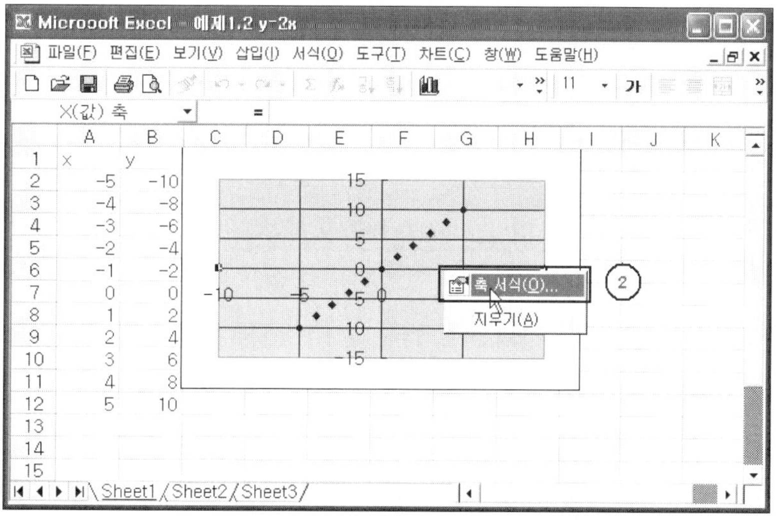

③ [축서식] 대화 상자의 [무늬] 탭에서 예제 1.1.1과 같이 선의 모양을 결정하고 '주 눈금'은 '교차'로 지정하자. '보조 눈금'은 '없음'이 선택되어 있다. 또, [눈금] 탭에서 '최소값'은 " −5", '최대값'은 " 5", '주 단위'는 " 1", '보조 단위'는 " 1", 'Y(값) 축 교점'은 " 0"으로 지정하자. **확인**을 클릭하면 X축의 모양과 범위가 지정된 좌표평면이 나타난다.

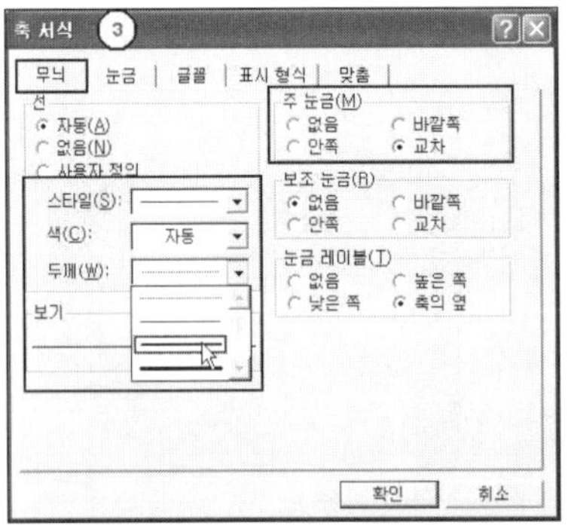

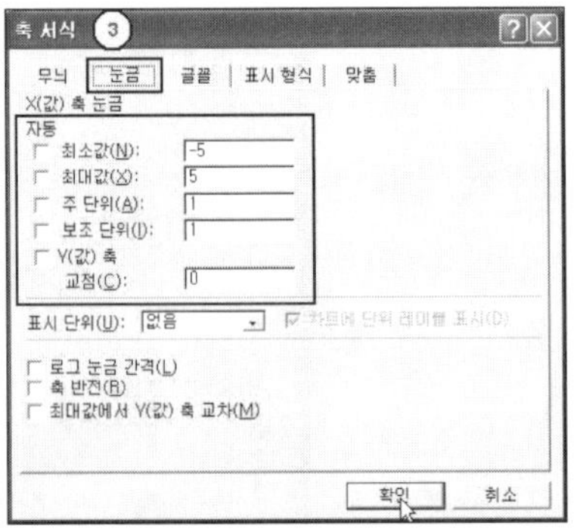

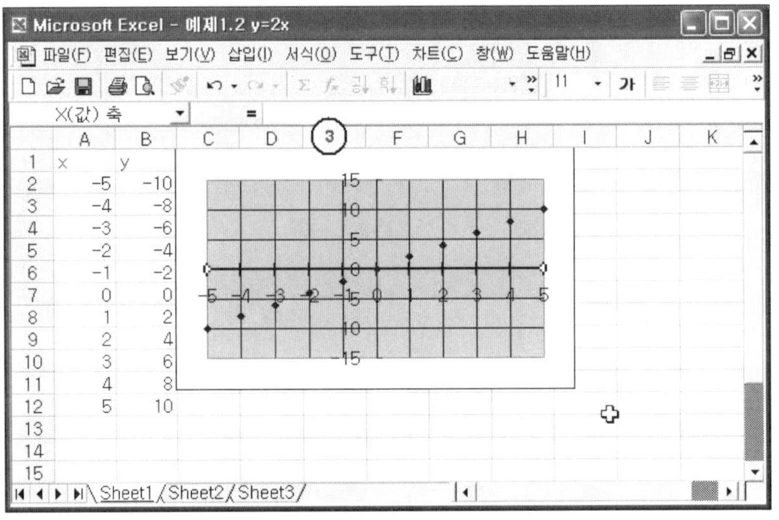

[눈금] 탭의 '보조 단위'를 " 1"로 지정하였지만 차트에는 나타나지 않는다. 이유는 [무늬] 탭의 '보조 눈금'을 '없음'으로 지정하였기 때문이다. 만약 [무늬] 탭의 주 눈금과 보조 눈금을 적당하게 지정한 상태에서 [눈금] 탭의 '주 단위'를 " 2", '보조 단위'를 " 1"로 지정하여 좌표평면의 그래프를 확인하면 주 눈금과 보조 눈금의 차이를 확인할 수 있다.

④ Y축의 서식도 같은 방법으로 −5부터 5까지 지정하자, 좌표평면의 크기를 적당하게 조정하여 두 축의 비율을 맞추면 다음과 같은 그래프가 완성된다.

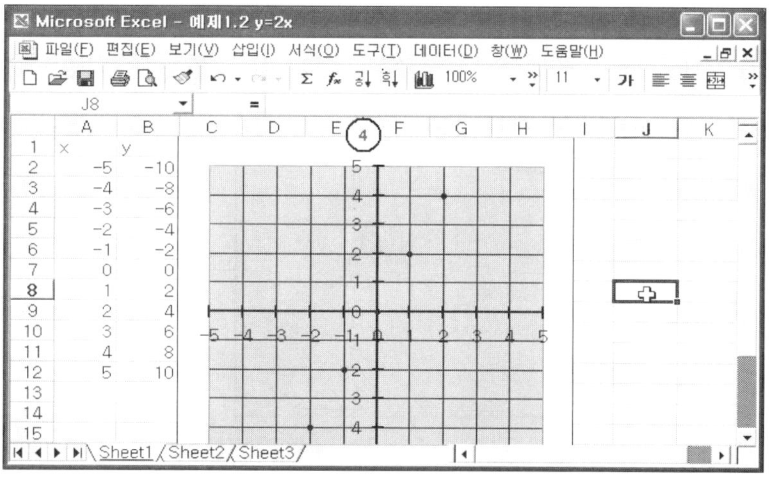

⑤ 직선 모양으로 놓여 있는 점들을 잇은 직선을 만들려면 추세선을 지정해야 한다. [추세선] 대화 상자를 불러내려면 주어진 일차함수 위의 점 중 임의의 한 점을 선택한 후 메뉴의 『차트 ⇒ 추세선 추가』를 선택한다.(밑의 그림의 ⓐ와 같은 방법). 또는, 임의의 한 점을 선택한 후 오른쪽 마우스를 클릭하면 나타나는 팝업 메뉴에서 『추세선 추가』를 선택할 수도 있다.(밑의 그림의 ⓑ와 같은 방법)

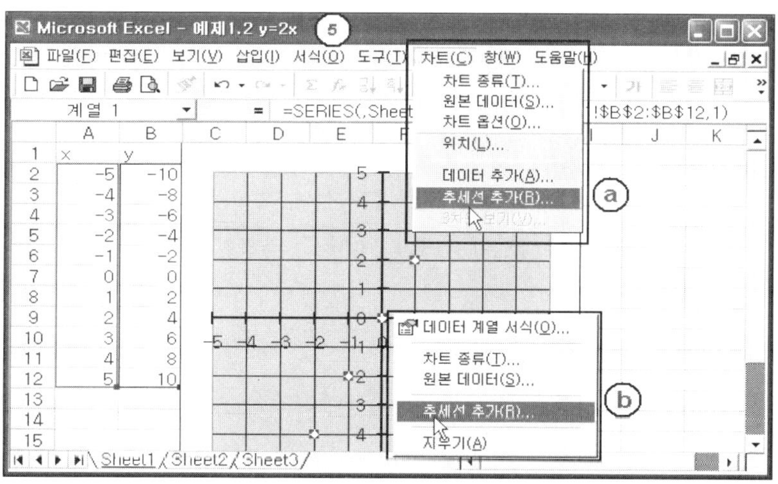

⑥ [추세선] 대화 상자의 [종류] 탭에서 '선형'을 선택하고 [옵션] 탭에서 '수식은 차트에 표시' 항목에 체크 표시를 한 뒤 **확인**을 클릭하면 일차함수의 지나는 점들을 연결한 직선이 완성되며 또, 좌표평면에 일차함수의 함수식도 나타난다.

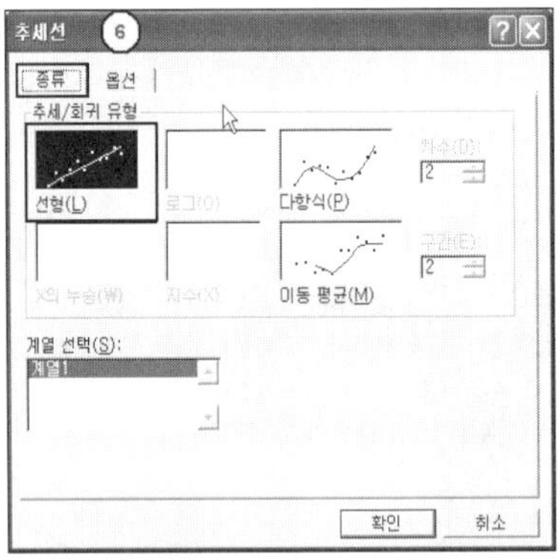

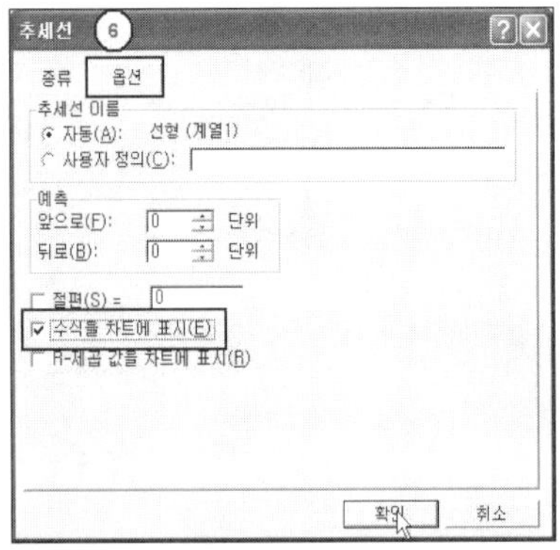

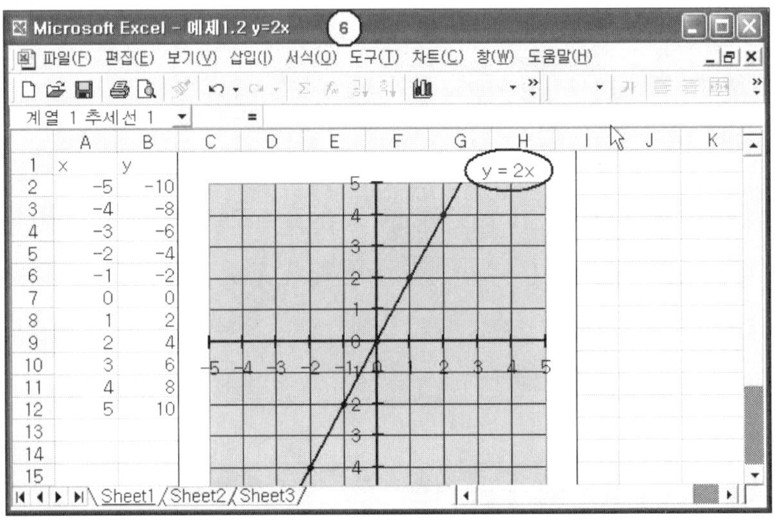

[추세선] 대화 상자의 [종류] 탭에는 여러 가지 추세선의 종류가 있다. 각각의 추세선에 따라 여러 가지 함수의 그래프를 나타낼 수 있으며 추세선의 종류들은 다음과 같다.

추세선의 종류

- 선 형 : $y = mx + n$라는 수식을 사용해서 추세선을 그린다.(일차함수)
- 다 항 식 : $y = a_6x^6 + a_5x^5 + a_4x^4 + a_3x^3 + a_2x^2 + a_1x + a_0$이라는 수식을 이용해서 추세선을 그린다.(2차함수부터 6차함수의 그래프)
- 로 그 : $y = a\ln x + b$라는 수식을 이용해서 추세선을 그린다.(로그함수)
- 지 수 : $y = ae^{bx}$라는 수식을 이용해서 추세선을 그린다.(지수함수)
- 누 승 : $y = ax^b$라는 수식을 이용해서 추세선을 그린다.
- 이동평균 : 데이터의 이동평균을 그린다.

위의 추세선의 종류에 따라 일차함수의 그래프는 선형, 이차함수와 삼차 이상의 고차함수의 그래프는 다항식, 지수함수와 로그함수는 지수와 로그를 각각 활용하면 된다. 그런데 추세선의 종류가 없는 함수의 그래프는 어떻게 나타낼 것인지는 2장의 무리함수, 유리함수, 삼각함수의 그래프에서 소개하겠다.

앞의 예제에서 일차함수의 그래프를 좌표평면에 나타내었는데 지금부터 몇 가지 옵션(추세선의 형식, 눈금선의 형식, 좌표평면의 바탕색 등)을 사용하여 좌표평면을 다듬어 보자.

※ 차트 다듬기

① 추세선의 형식을 지정하기 위해서는 [추세선] 대화 상자를 불러내야 한다. 먼저 추세선을 마우스로 선택한 뒤 메뉴의 『서식 ⇒ 선택한 추세선』을 선택한다.(밑의 그림의 ⓐ와 같은 방법) 또는, 추세선을 선택한 상태에서 오른쪽 마우스를 클릭하여 팝업 메뉴가 나타나면 팝업 메뉴의 『추세선 서식』을 선택한다.(밑의 그림의 ⓑ와 같은 방법)

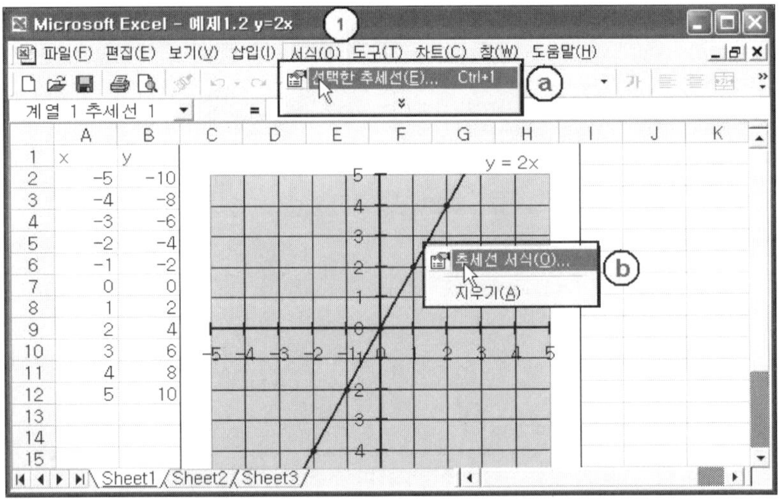

② [추세선] 대화 상자의 [무늬] 탭에서 스타일, 색, 두께를 적당하게 지정하자. 여기서는 '스타일'은 실선, '색'은 빨강, '두께'는 두껍게 지정하였다.

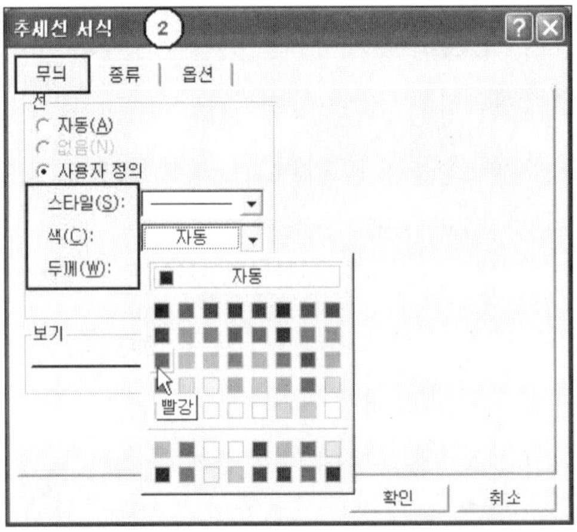

③ 눈금선이 실선으로 지정되어 있지만 대개 좌표평면에서 눈금선은 보조적인 개념으로 격자점을 표시할 때 나타낸다. 눈금선의 모양을 바꾸어보자. 먼저, 눈금선을 선택한 뒤 메뉴에서 『서식 ⇒ 선택한 눈금선』을 선택한다. 또는, 오른쪽 마우스를 사용하여 팝업 메뉴의 『눈금선 서식』을 선택해도 된다.

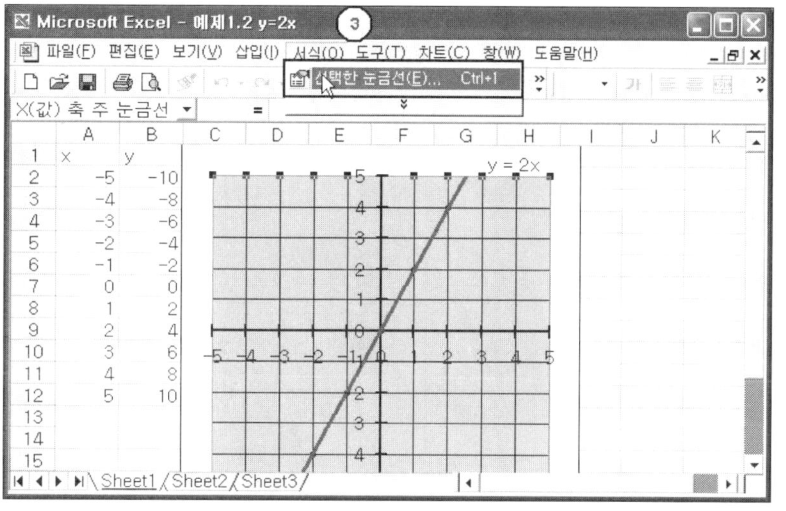

④ [눈금선 서식] 대화 상자에는 [무늬] 탭, [눈금] 탭이 있다. [무늬] 탭은 눈금선의 스타일, 색, 두께를 지정할 수 있으며, [눈금] 탭은 [축서식] 대화 상자의 [눈금] 탭과 똑같은 것으로 축의 눈금의 간격과 축의 범위를 지정할 수 있다. [무늬] 탭의 스타일과, 색, 두께만 지정하자. 눈금선의 '스타일'은 점선, '두께'는 가장 가늘게 지정하고, '색'은 적당히 선택하자.

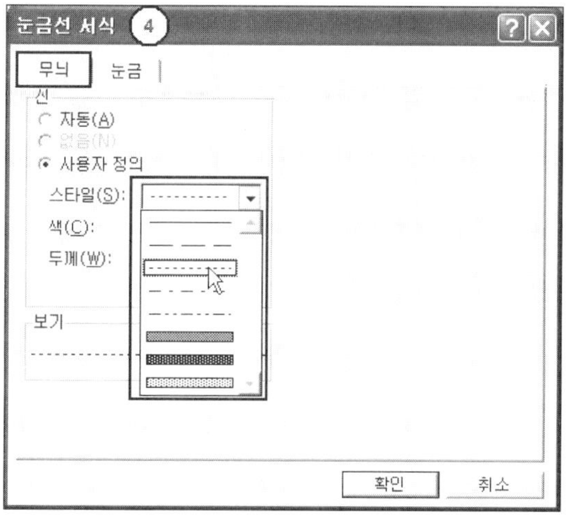

⑤ Y축의 눈금선도 ④와 같은 방법으로 지정하면 다음과 같은 눈금선의 모양을 지정한 좌표평면이 나타난다.

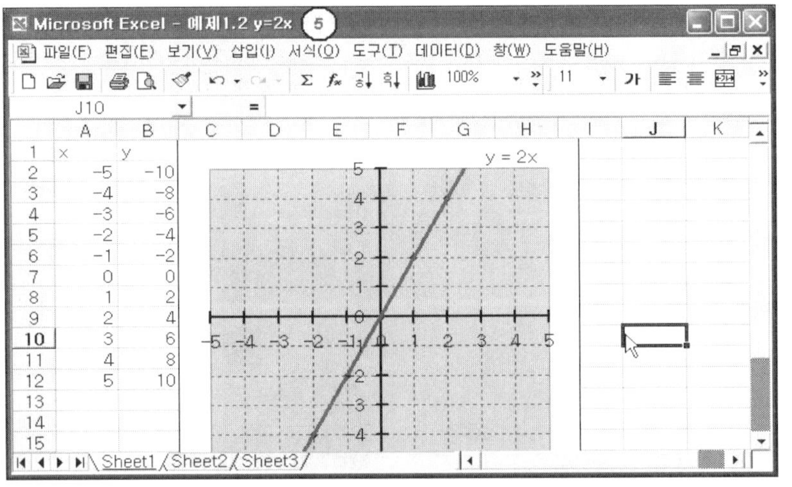

⑥ 좌표평면의 바탕색이 회색으로 주어져 있지만 이 바탕색을 바꿔서 함수의 그래프를 가장 잘 나타낼 수 있도록 만들어 보자. 먼저, 그림 영역을 선택한 뒤 메뉴의 『서식 ⇒ 선택한 그림 영역』을 선택한다. 팝업 메뉴를 활용해도 된다.

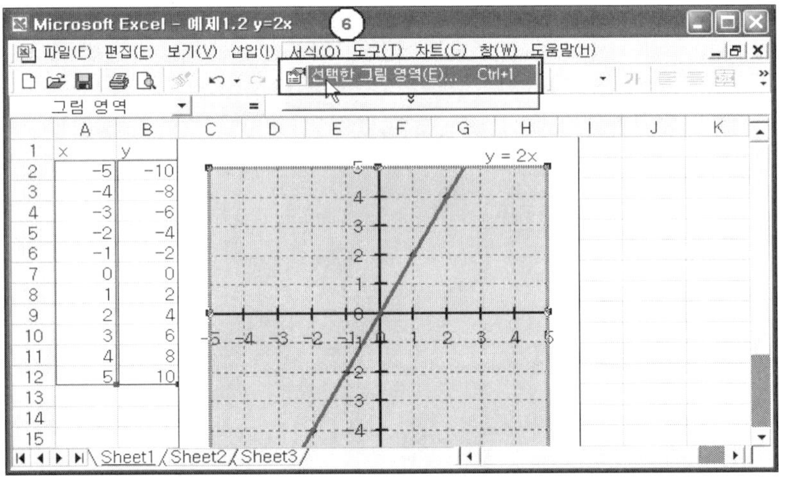

⑦ [그림 영역 서식] 대화 상자에서 그림 영역의 색을 지정하면 된다. 물론, 영역의 아래 부분에 **채우기 효과** 버튼이 있으며, 이것은 파워포인트(PowerPoint)에서 사용하는 채우기 효과와 똑같은 것으로 좌표평면의 그림 영역에 채우기 효과를 줄 수 있다. **확인**을 클릭하면 아래 그림과 같이 나타난다.

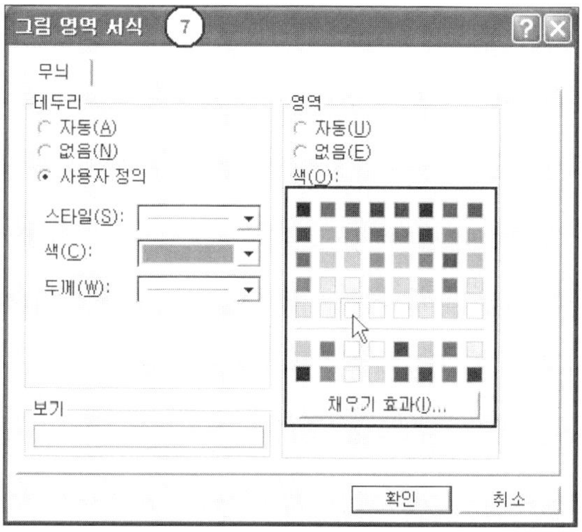

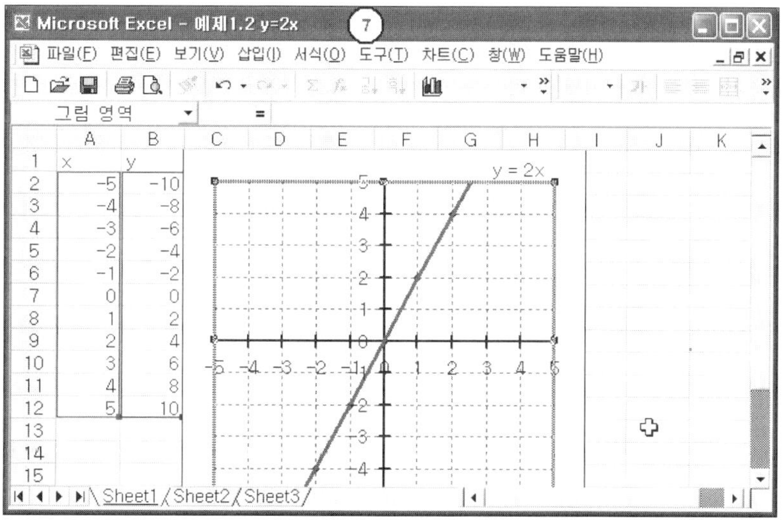

함수의 그래프를 만들 때마다 차트 마법사의 4단계에 의해 차트를 정의하고 눈금선의 모양과 그림 영역의 색을 지정해 주어야 하는데 앞에서 만든 차트에 다른 함수들의 그래프를 나타낼 수 있어서 편리하게 사용할 수 있다. 엑셀에서 한 번 만든 차트를 등록하면 다시 사용하고자 할 때는 언제든지 불러와 사용할 수 있다. 앞에서 만든 차트를 다음과 같이 차트 마법사에 등록하여 보자.

※ 차트등록하기

예제 1.1.2에서 만든 좌표평면을 차트에 등록하자.

① 좌표평면에서 일차함수의 추세선을 지우자. 추세선을 선택하고 키보드의 Delete키를 누르면 추세선이 없어지고 점의 좌표만 나타난 좌표평면이 만들어진다. 또는, 팝업 메뉴의 『지우기』를 이용하여 추세선을 지울 수도 있다.

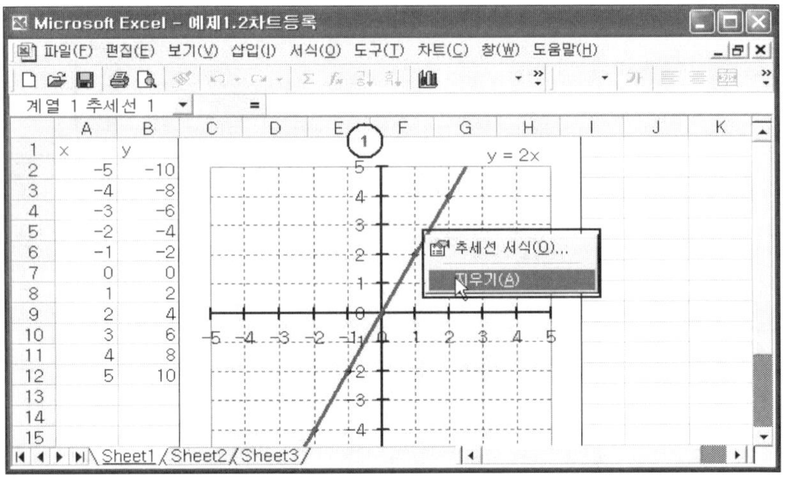

② 좌표평면을 선택한 후 메뉴의 『차트 ⇒ 차트 종류』(또는, 팝업 메뉴에서 『차트 종류』)를 선택하면 [차트 종류] 대화 상자가 나타난다.

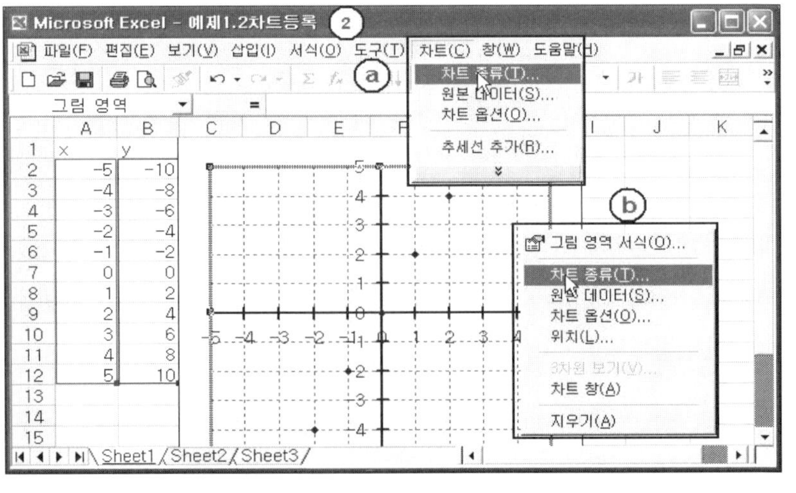

③ [차트 종류] 대화 상자의 [사용자 정의 종류] 탭에 직접 만든 좌표평면을 등록시키자. [사용자 정의 종류] 탭의 아래 부분의 '사용할 서식'에 '사용자 정의'와 '제공된 서식' 두 가지가 있으며 '제공된 서식'은 의미 그대로 엑셀에서 제공된 차트를 의미하며, '사용자 정의'는 개인이 새롭게 정의하여 등록한 차트를 의미한다. 현재 '사용자 정의'를 선택하면 엑셀에서 제공된 '기본'만이 있다. 이곳에 만든 좌표평면을 등록하겠다. 밑의 추가를 클릭하자.

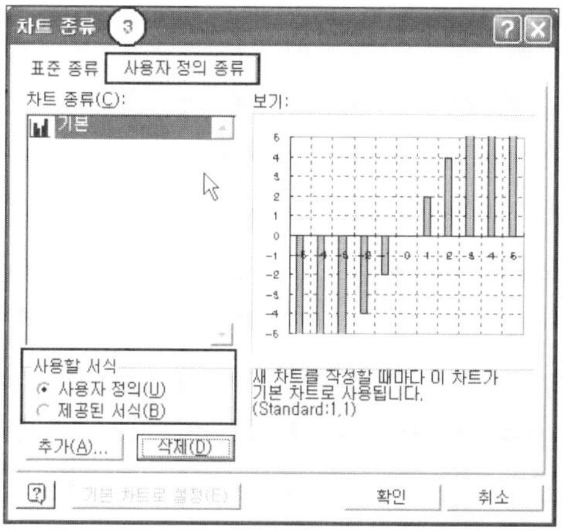

④ [사용자 정의 차트 종류 추가] 대화 상자에서 추가할 차트의 '이름'을 "기본좌표평면", 차트의 '설명'을 "정의역 -5부터 5까지 공역 -5부터 5까지"로 입력하고 확인을 클릭하자. (차트의 이름과 설명은 각자가 알 수 있게 간단하게 입력하면 된다.)

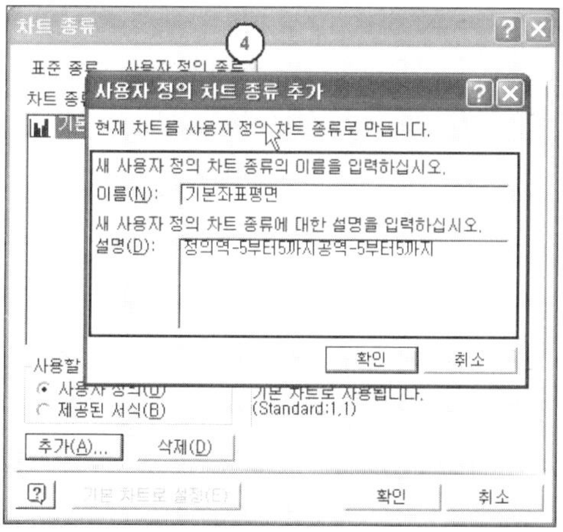

⑤ 차트 종류를 추가하면 다음 그림과 같이 '차트 종류'에 새롭게 추가된 '기본좌표평면'이라는 차트를 확인할 수 있으며, 오른쪽 미리보기 화면의 아래쪽에서 추가된 차트의 설명 부분을 볼 수 있다. [차트 종류] 대화 상자의 **확인**을 클릭하면 새로운 차트 등록이 마무리된다.

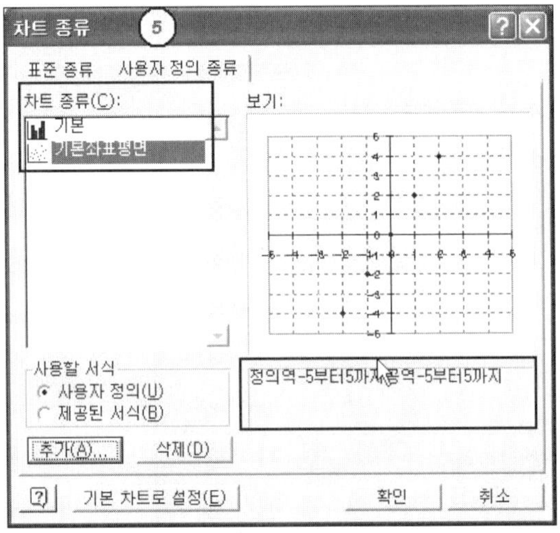

⑥ 위의 차트 등록에서는 일차함수의 추세선을 삭제하고 등록하였지만 추세선을 포함하여 차트를 등록하여도 상관 없다. 추세선을 포함하여 또 하나의 차트를 다음과 같이 등록해 보자.

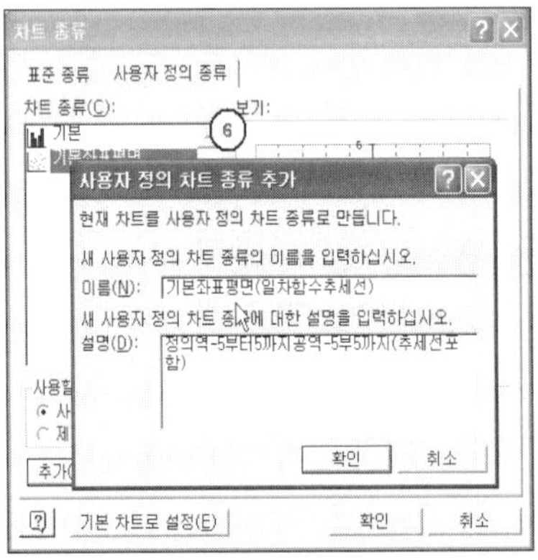

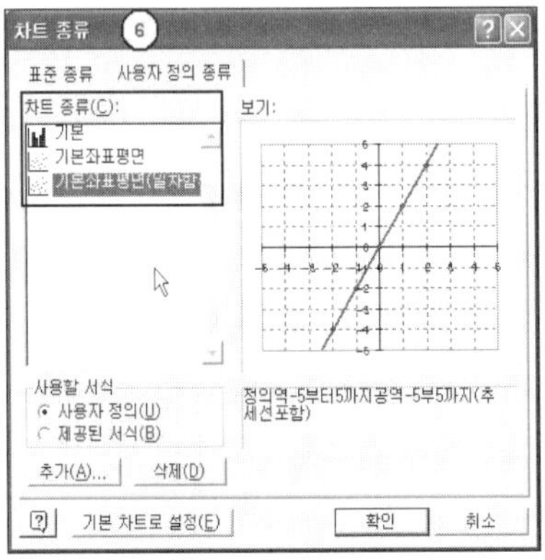

예제 1.1.3 두 일차함수 $y=-x+1$, $y=x-1$의 그래프를 정의역 $\{x \mid -5 \leqq x \leqq 5\}$에서 함께 나타내어 보자.

① 다음 그림과 같이 임의의 셀에 두 함수 위의 점의 좌표를 각각 만들자. y1은 x에 대한 함수 $y=-x+1$의 함수값이며, y2는 x에 대한 함수 $y=x-1$의 함수값이다.

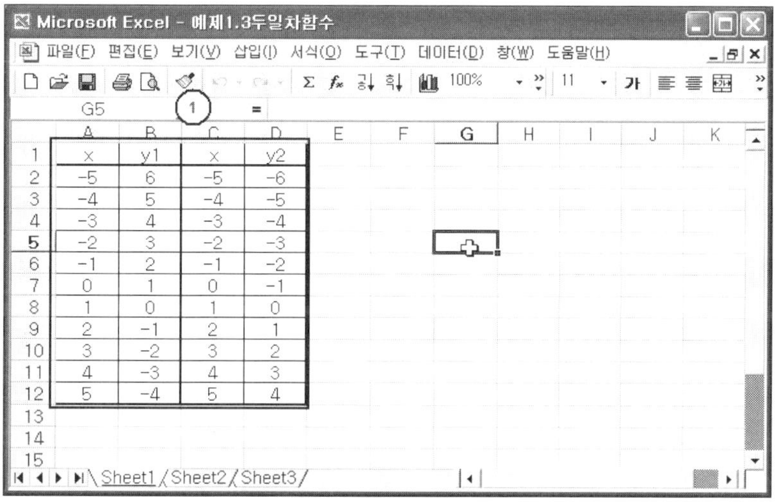

② 함수 $y=-x+1$의 좌표를 선택한 후 차트 마법사(📊)를 클릭한다.

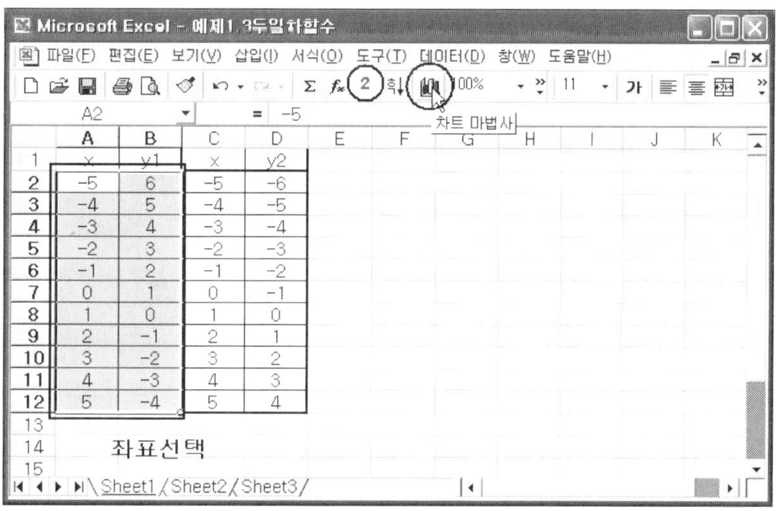

③ [차트 마법사] 대화 상자에서 일차함수 $y=-x+1$의 점의 좌표를 나타낼 것이므로 앞에서 등록한 좌표평면을 활용하자. [사용자 정의 종류] 탭에서 사용할 서식을 '사용자 정의'로 하면 다음 그림과 같이 '차트 종류'에 '기본좌표평면' 차트가 나타난다. 이것을 선택하고 **마침**을 클릭하면 일차함수의 그래프가 나타나는 좌표평면이 만들어진다.

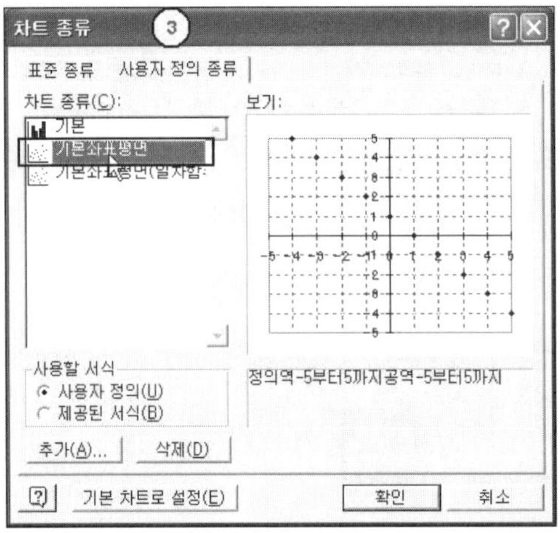

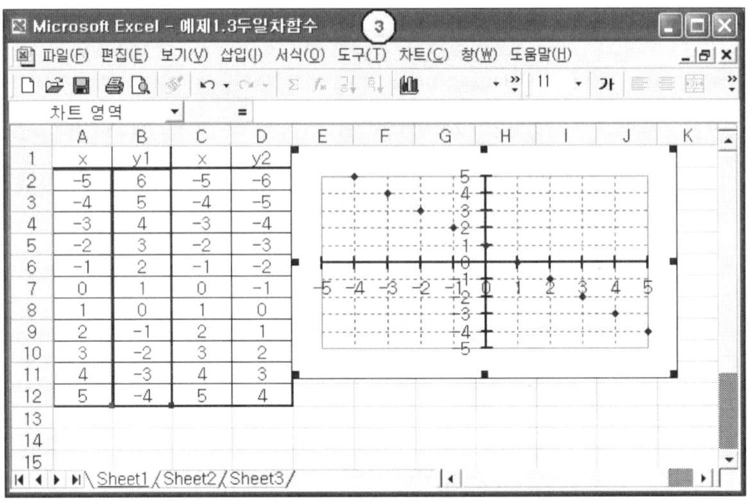

등록된 차트를 활용하여 함수의 그래프를 만들면 등록된 차트에 사용한 모든 옵션(축서식, 눈금선, 좌표평면의 바탕색 등)이 같아지지만, 차트의 크기는 등록될 때의 크기와 조금 달라져 축의 비율이 맞지 않다. 등록된 차트를 활용하여 함수의 그래프를

만들 때에는 차트의 크기를 적당하게 조정하여 축의 비율을 맞추어 주어야 한다. 물론 추세선을 포함하여 등록한 차트를 이용하면 처음부터 일차함수의 그래프를 완성할 수 있다. 하지만 여기서는 추세선이 포함되지 않은 차트를 이용하여 함수 위의 점을 표현하겠다.

④ 좌표평면에 일차함수 $y=x-1$ 위의 점을 나타내자. 좌표평면을 선택한 후 메뉴의 『차트 ⇒ 원본 데이터』를 선택하여 [원본 데이터] 대화 상자를 불러낸다.(팝업 메뉴를 이용하여 [원본 데이터] 대화 상자를 불러내도 된다.)

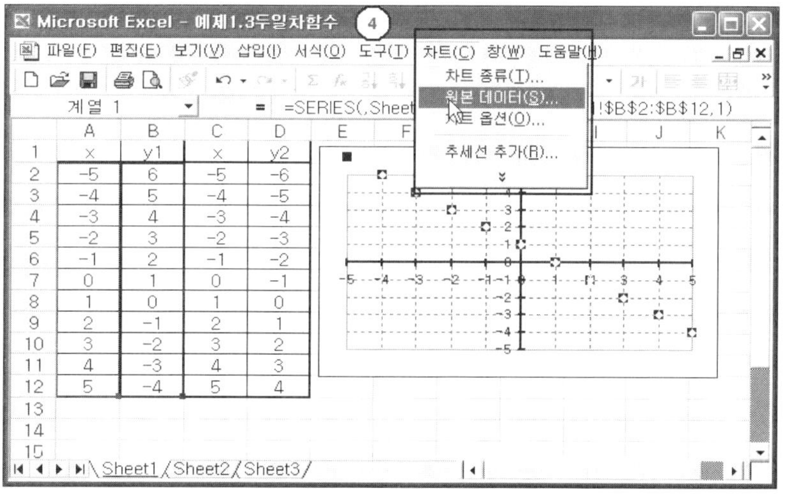

⑤ [원본 데이터] 대화 상자의 [계열] 탭에서 '계열(S)'의 아래 부분에 있는 추가를 클릭하면 '계열2'가 추가된다. 계열을 추가한다는 것은 하나의 좌표평면에 또 다른 함수 위의 점들의 좌표를 추가시킨다는 것을 의미하며, 이렇게 2개 이상의 함수의 그래프를 하나의 좌표평면에 같이 나타낼 수 있다.

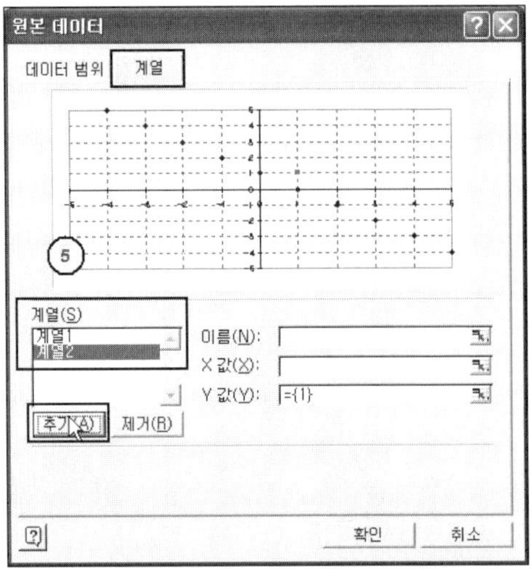

⑥ '계열(S)'의 오른쪽 '이름', 'X값', 'Y값'에 다음과 같이 이름과 데이터의 범위를 입력한다.

이름 : $y=x-1$

X 값 : Sheet1!$C$2:$C$12

Y 값 : Sheet1!$D$2:$D$12

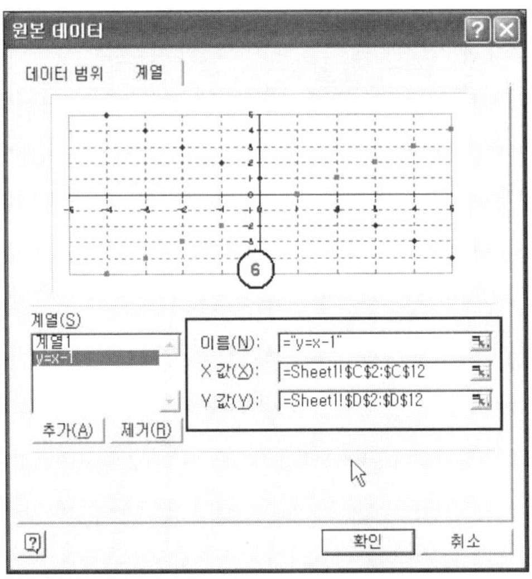

⑦ **확인**을 클릭하면 일차함수 $y=x-1$의 좌표가 추가된 좌표평면이 나타남을 확인할 수 있다.

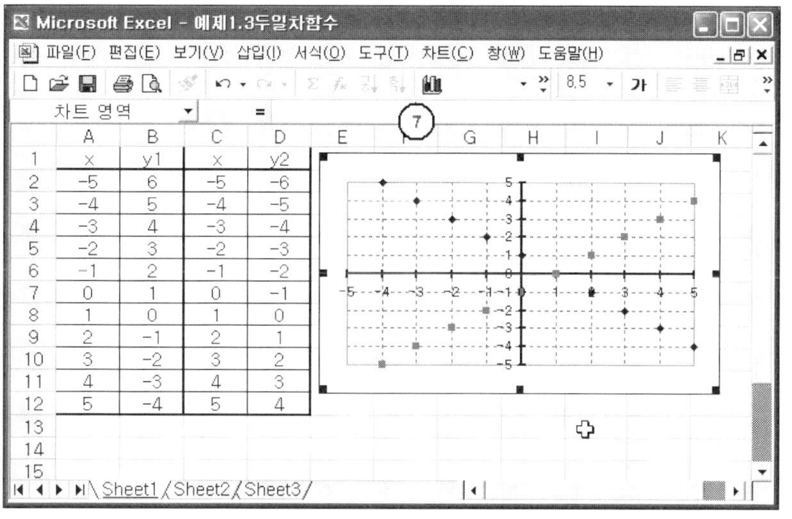

⑧ 두 일차함수의 추세선을 넣어 직선의 그래프를 완성하고 차트의 크기를 조정하여 축의 비율을 맞추어 주면 다음 그림과 같아진다.

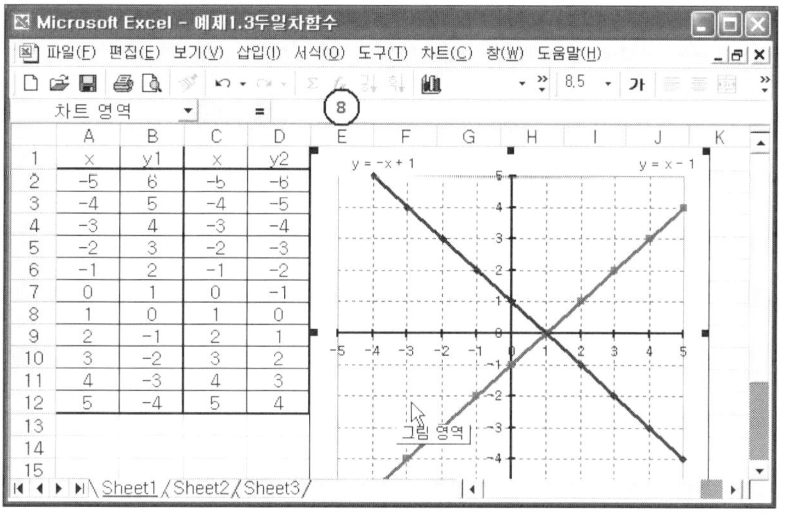

앞의 예제에서는 기울기와 y절편이 정해진 일차함수의 그래프를 나타내어 보았다. 지금부터는 스핀 단추와 스크롤 막대를 이용하여 변하는 기울기와 y절편에 따른 일차함수의 그래프를

만들어 보자. 먼저, 다음 예제를 통하여 스핀 단추를 이용하여 기울기 a값이 -5부터 $+5$까지 1씩 변하는 값을 임의의 셀에 만들어 보자.

예제 1.1.4 스핀 단추를 이용하여 변하는 기울기 a값 만들기

① 스핀 단추( )는 『컨트롤 도구 상자』에서 만들 수 있으며, 다음 그림과 같이 메뉴의 『보기 ⇒ 도구모음 ⇒ 컨트롤 도구 상자』(ⓐ)를 선택하면 오른쪽과 같은 컨트롤 도구 상자(ⓑ)가 나타난다.

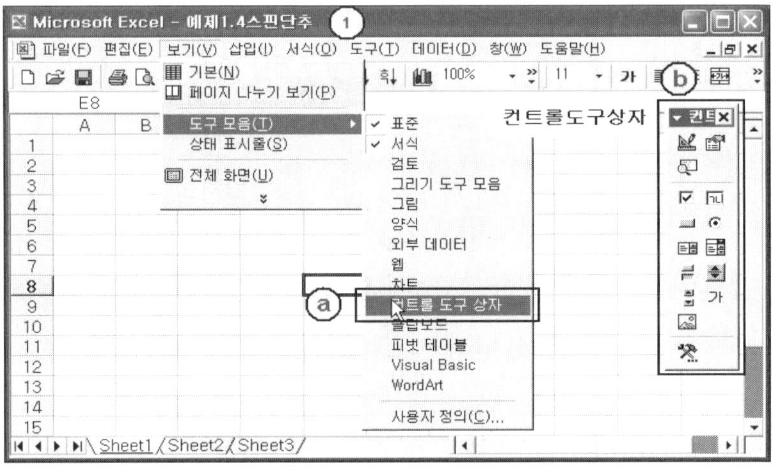

② 『컨트롤 도구 상자』에서 여러 가지를 만들 수 있다. 컨트롤 도구 상자의 내용을 간략하게 확인하면 다음과 같다.

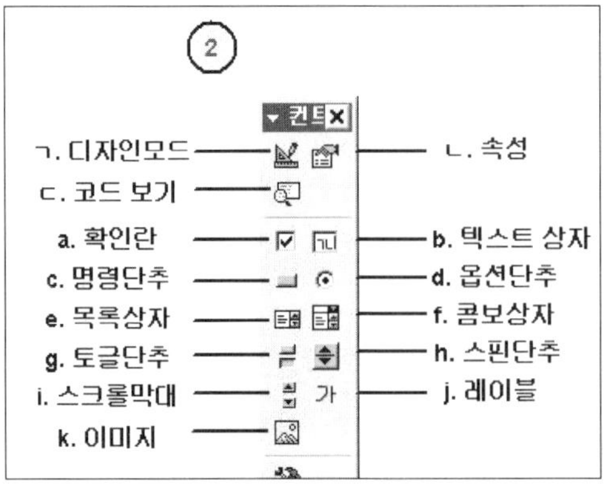

위의 세 가지(디자인 모드(), 속성(), 코드 보기())는 컨트롤 도구에 대한 여러 가지 정보를 입력하여 컨트롤 도구가 실행할 역할을 지정하는 것이다.

다음은 컨트롤 종류에 따른 간단한 설명이다.

컨트롤 종류	설 명
확인란()	선택하거나 선택 취소할 수 있으며, 한 시트에서 한 번에 여러 개를 선택할 수 있다.
텍스트 상자()	텍스트를 입력할 수 있다.
명령 단추()	클릭하면 지정된 작업을 실행한다.
옵션 단추()	여러 옵션들 중 한 옵션만을 선택할 수 있다.
목록 상자()	항목들이 들어 있다.
콤보 상자()	드롭 다운 목록이 있는 입력란으로써 선택 옵션을 입력하거나 선택할 수 있다.
토글 단추()	한번 클릭하면 클릭된 상태로 있는 단추로 선택 취소하려면 다시 한번 클릭한다.
스핀 단추()	셀이나 입력란에 추가할 수 있는 단추로써 값을 증가시키려면 위쪽 화살표를 누르고 감소시키려면 아래쪽 화살표를 누른다.
스크롤 막대()	화살표 이동을 클릭하거나 스크롤 상자를 끌어서 값의 범위를 옮기며 스크롤 상자와 스크롤 화살표 사이를 클릭하면 한 페이지씩 이동한다.
레이블(가)	워크시트나 양식에 추가된 텍스트로써 컨트롤, 워크시트, 양식 등에 대한 정보를 제공한다.
이미지()	그림을 양식에 삽입한다.

③ 『컨트롤 도구 상자』의 스핀 단추()를 선택하면 아래 그림과 같이 마우스 포인터가 '+' 모양으로 바꾸어지며 왼쪽 마우스을 클릭한 상태에서 드래그하여 적당한 크기로 만들어준다.

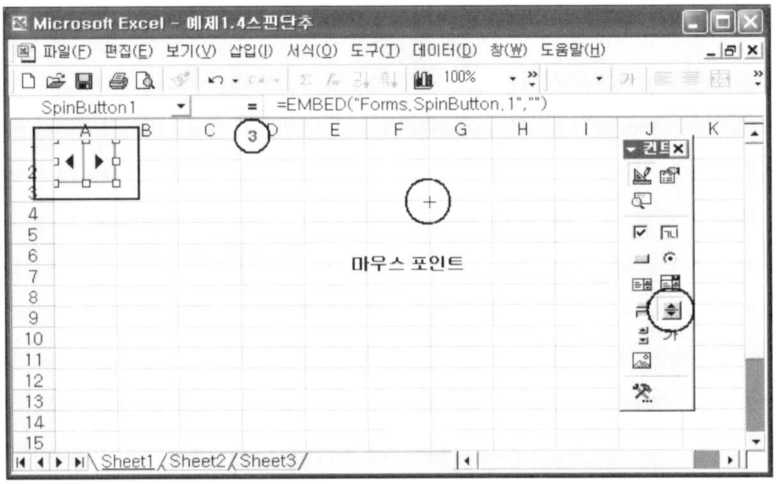

④ 스핀 단추( )를 만든 직후에는 속성을 부여하지 않았기 때문에 스핀 단추를 클릭해도 아무런 변화가 없다. 스핀 단추에 속성을 부여하자. 스핀 단추가 선택된 상태에서 『컨트롤 도구 상자』의 속성( )(ⓐ)을 누르거나 팝업 메뉴의 『속성』(ⓑ)을 선택하면 [속성] 대화 상자를 불러낼 수 있다.

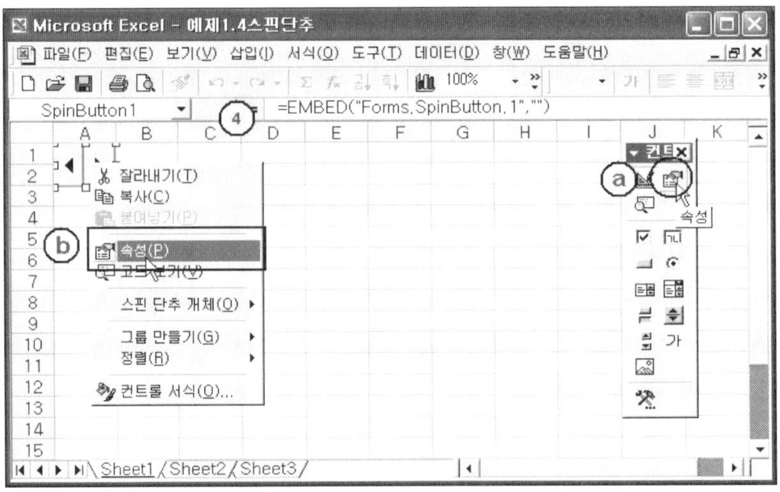

⑤ [속성] 대화 상자에서 다음 네 개의 속성에 대한 값을 다음과 같이 지정한다.

속성	값
LinkedCell	B1
Max	10
Min	0
SmallChange	1

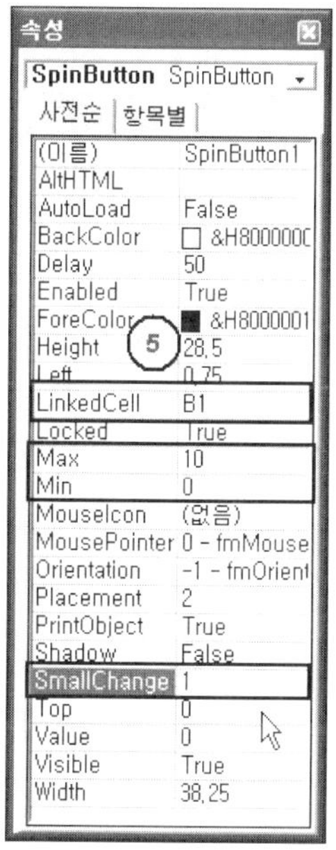

※ 스핀 단추( )의 속성

- LinkedCell : 스핀 단추와 연결된 셀의 주소를 입력한다.
  실제 스핀 단추를 클릭하면 값이 변하는 셀의 주소이다.
- Max : 스핀 단추를 클릭할 때 연결된 셀에 나타나는 값의 최대값
- Min : 스핀 단추를 클릭할 때 연결된 셀에 나타나는 값의 최소값
- SmallChange : 스핀 단추를 한 번 클릭할 때마다 변하는 값의 양

스핀 단추의 속성은 음의 값을 표현할 수 없다. 만약 최소값(Min)을 "-10", 최대값(Max)을 "10", SmallChange를 "1"로 한 뒤 스핀 단추( )를 클릭하면 음의 값이 표현이 되지 않고 -1의 값에 65535라는 양의 값이 나타난다. 스핀 단추의 속성은 항상 0을 포함한 양의 값만을 표현하게 되어있다. 그러나 일차함수의 일차항의 계수 a의 값을 -5부터 5까지 1씩 변하게 하려면 약간의 수식을 적당한 셀에 나타내어 해결할 수 있다. 뒤에서 해결하도록 하자.

⑥ [속성] 대화 상자를 닫고 『컨트롤 도구 상자』의 디자인 모드 끝내기(◙) 단추를 클릭하면 스핀 단추에 대한 모든 속성이 지정된다.

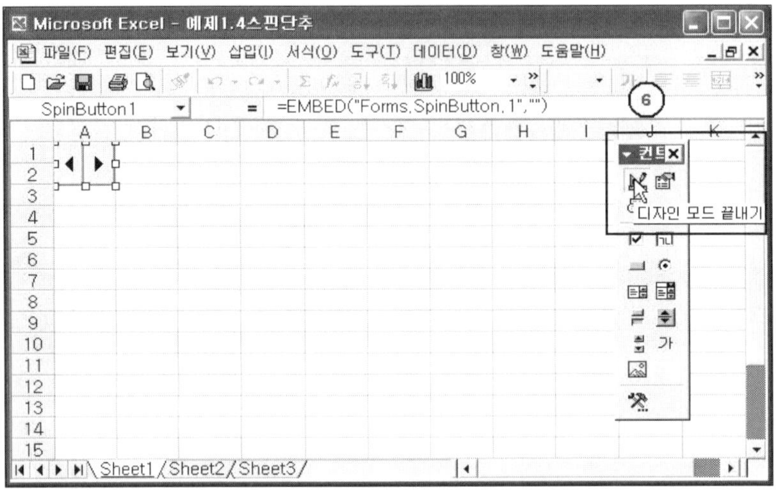

디자인 모드 끝내기(◙) 단추를 누르지 않으면 스핀 단추(◙)를 클릭하여도 아무런 변화가 없으며, 디자인 모드 끝내기 단추를 클릭하여야만 스핀 단추가 활성화되어 실행할 수 있다.

⑦ 스핀 단추를 클릭하면 B1 셀의 값이 0부터 10까지 변하는 것을 확인할 수 있다.

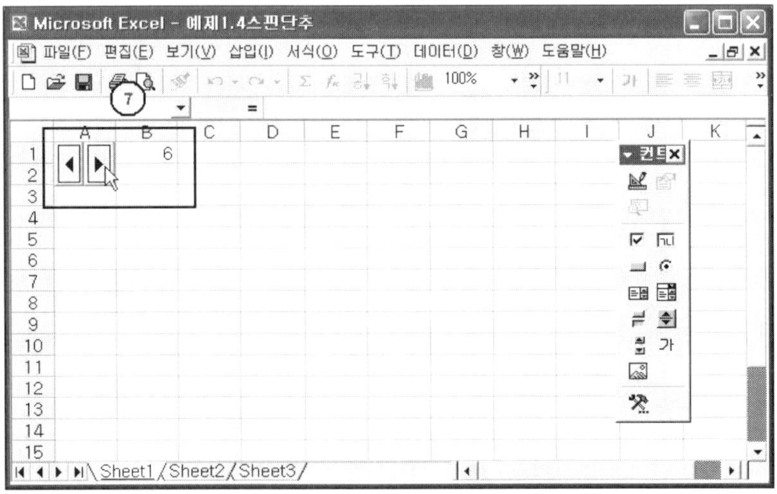

⑧ 일차함수의 일차항의 값이 -5부터 5까지 1씩 변하게 하기 위해서 B2 셀에 수식 「=B1 -5」을 입력하여 스핀 단추를 클릭하면 필요한 값이 아래 그림과 같이 나타나는 것을 확인할 수 있다.

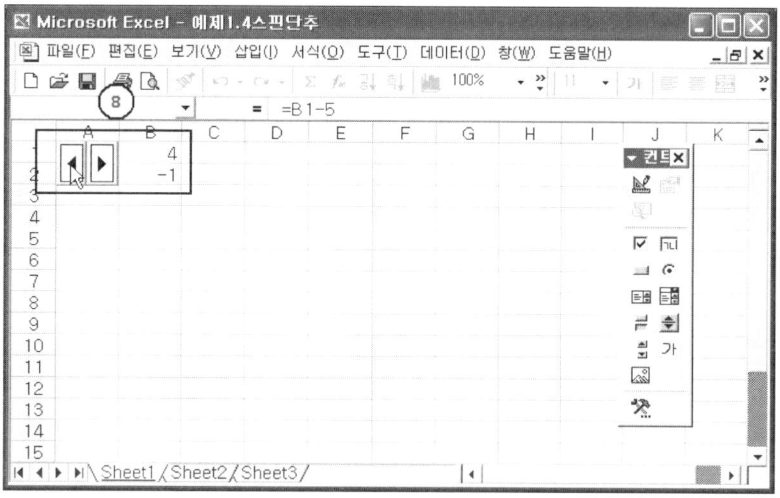

예제 1.1.5 기울기 a값에 따른 일차함수 $y=ax$의 그래프

앞의 예제에서 만든 스핀 단추()를 이용하여 일차항의 계수가 -5부터 5까지 1씩 변하는 함수의 그래프를 만들어 보자.

① 아래 그림과 같이 일차함수 $y=ax$의 x좌표를 입력하자.

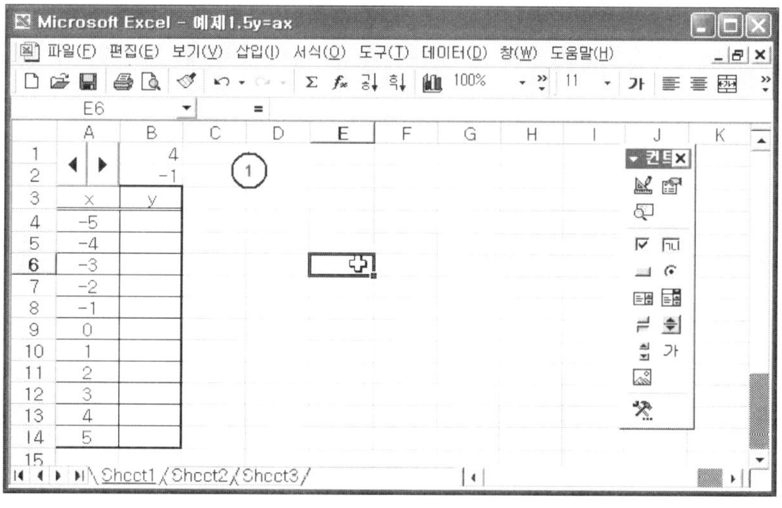

② B4 셀에 일차함수의 함수값을 입력하는데 일차항의 계수에 사용될 a값이 현재 -1로 주어져 있어 함수값을 5로 입력해도 상관은 없으나 스핀 단추를 클릭하면 변하는 일차항의 계수에 따른 함수값이 자동적으로 바뀌어야만 된다. 따라서 단순히 함수값을 넣는 것이 아니라 셀에 적당한 수식을 입력하여 함수값이 변할 수 있게 하여야 한다. B4 셀에 수식 「=B2*A4」을 입력하면 함수값을 자동으로 얻을 수 있다.

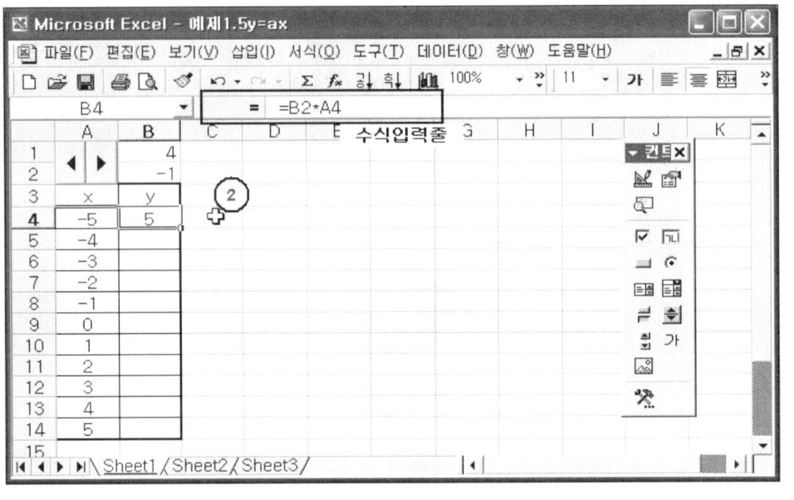

③ 나머지 B5:B14 셀의 범위에 다음과 같은 수식을 입력하면 모든 함수값을 자동으로 얻을 수 있다.

B5 ⇒ 「=B2*A5」	B6 ⇒ 「=B2*A6」
B7 ⇒ 「=B2*A7」	B8 ⇒ 「=B2*A8」
B9 ⇒ 「=B2*A9」	B10 ⇒ 「=B2*A10」
B11 ⇒ 「=B2*A11」	B12 ⇒ 「=B2*A12」
B13 ⇒ 「=B2*A13」	B14 ⇒ 「=B2*A14」

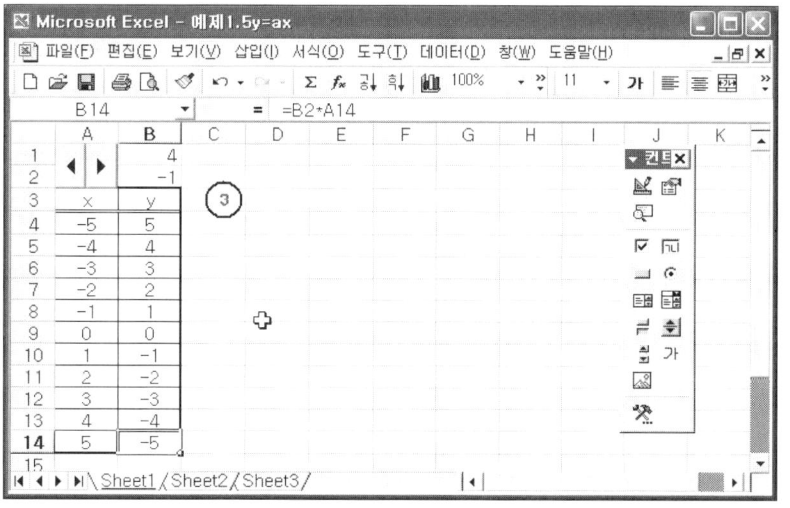

④ 모든 좌표를 선택하여 차트 마법사(📊)를 불러내자.

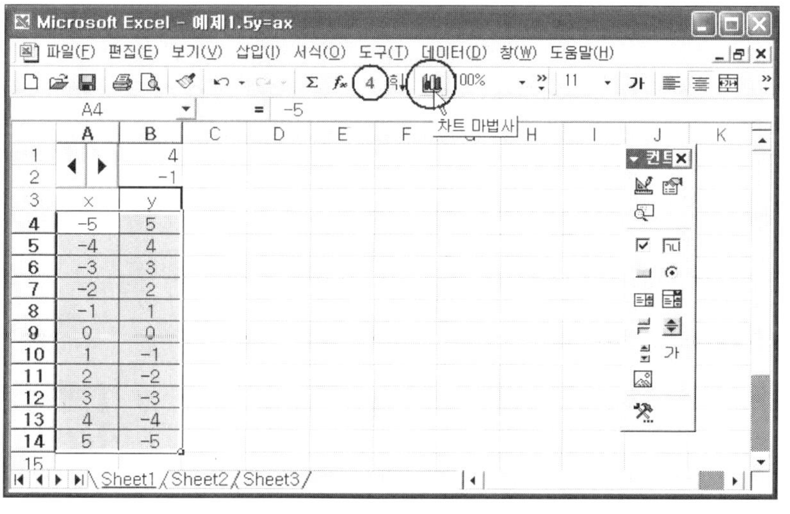

⑤ [차트 마법사 1단계]에서 [사용자 정의 종류] 탭에서 사용할 서식은 '사용자 정의', '차트 종류'는 이미 등록된 '기본좌표평면'을 선택하자. 여기서는 하나의 일차함수만을 나타낼 것이므로 추세선이 포함된 차트를 선택하고 마침을 클릭하자.

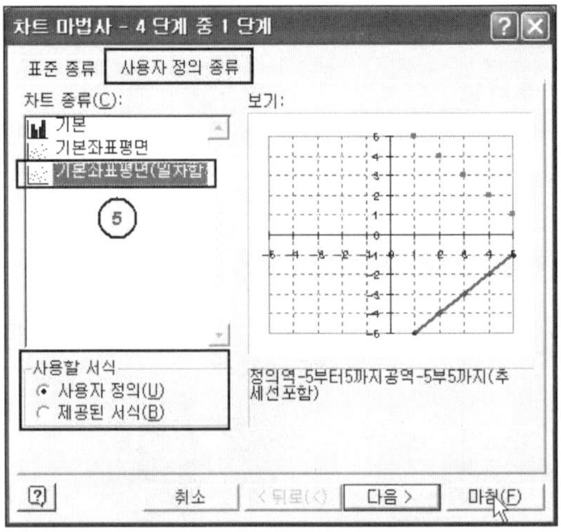

⑥ 차트의 크기를 적당하게 조절하면 다음과 같은 일차함수의 그래프가 완성된다. 스핀 단추(　)를 클릭하면 일차항 a값의 변화에 따라 일차함수의 그래프가 변하는 모습을 관찰할 수 있다.

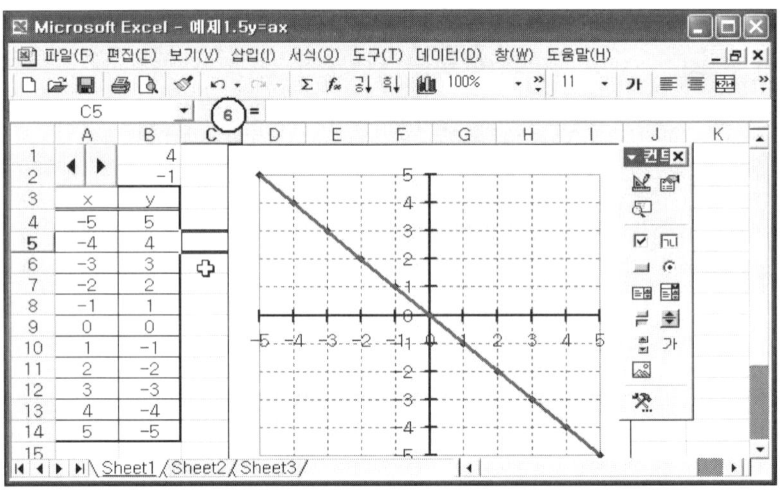

예제 1.1.6 스크롤 막대를 이용한 일차함수 $y=ax+b$의 일차항과 상수항 만들기

앞의 예제 1.1.5에서는 스핀 단추(　)를 이용하여 일차항의 계수값이 변하는 일차함수를 만들었는데 이번에는 스크롤 막대(　)를 이용

하여 일차항과 상수항의 값이 −5부터 5까지 변하는 일차함수를 만들자. 단, 상수항은 0.5씩 변하게 만들어 보자.

① 스핀 단추를 만들 듯이 임의의 셀에 두 개의 스크롤 막대를 다음 그림과 같이 만들어 보자.

② 첫 번째 스크롤 막대를 선택한 후 『컨트롤 도구 상자』의 속성() 아이콘을 클릭하여 [속성] 대화 상자를 불러내자.

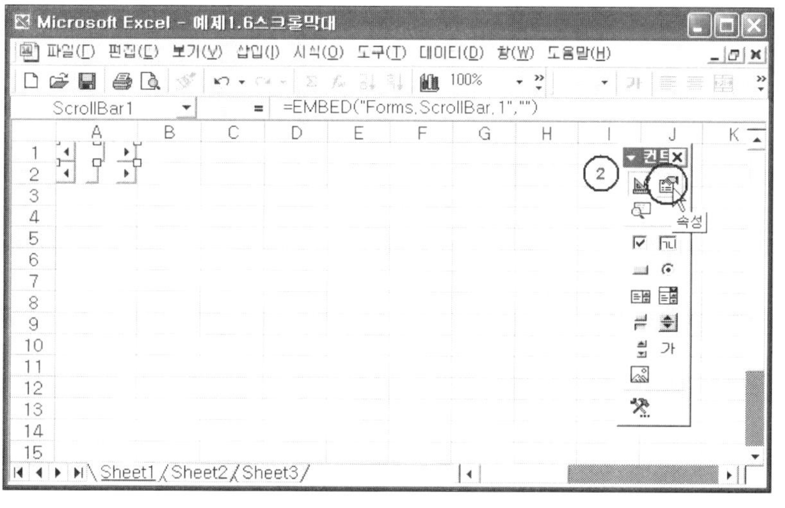

③ [속성] 대화 상자에서 다섯 가지의 속성에 대한 값을 다음과 같이 지정하자.

속　　성	값
LinkedCell	AA1
Max	10
Min	0
LargeChange	2
SmallChange	1

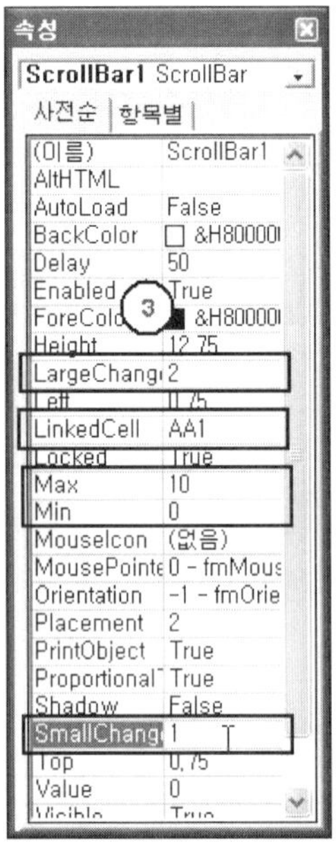

스핀 단추( )와 스크롤 막대( )는 대부분 동일한 속성을 가지고 있지만 스크롤 막대에는 스핀 단추가 가지고 있지 않는 LargeChange라는 속성이 있다. 이 속성은 스크롤 막대의 막대가 없는 빈 부분을 누르게 되면 작용한다. 또, 스크롤 막대는 중간의 막대 부분을 마우스로 드래그해주면 한꺼번에 값의 변화를 크게 줄 수도 있다.

위의 속성 중 LinkedCell 속성에 AA1 셀로 나타내었는데 이것은 실제 값이 변하는 셀의 주소를 단순히 AA1로 지정한 것이고, 이 셀의 값은 일차항의 계수로 사용할 것은 아니기에 엑셀 화면에 나타나지 않는 주소로 지정한 것이다. 실제 사용될 일차항의 계수는 스크롤 막대의 옆에 만들어 줄 것이다.

④ 두 번째 스크롤 막대의 속성도 다음과 같이 지정하자.

속　　성	값
LinkedCell	AA2
Max	20
Min	0
LargeChange	4
SmallChange	1

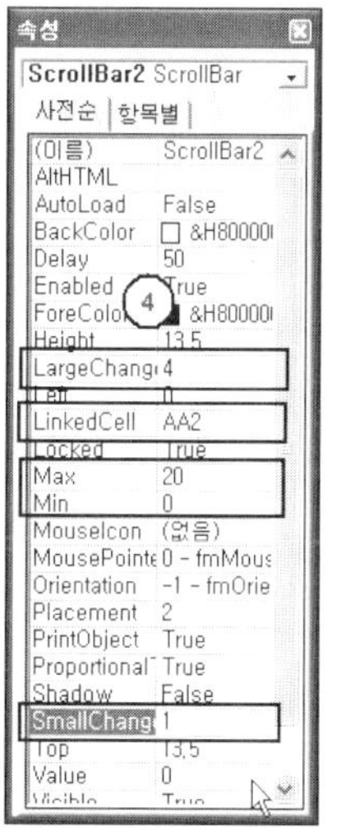

(보통, 값의 변화를 −5부터 5까지 1씩 변하게 하려고 할 때에는 값이 총 11만큼 변하므로, 즉 (−5, −4, …, 4, 5)이므로 Max는 " 10", Min은 " 0"으로 하며, −5부터 5까지 0.5씩 변하게 하려고 할 때에는 값이 총 21만큼 변하므로(−5, −4.5, −4, …, 4.5, 5) Max는 " 20", Min은 " 0"으로 하면 된다.)

⑤ 『컨트롤 도구 상자』의 디자인 모드 끝내기(버튼) 단추를 클릭하여 두 스크롤 막대에 대한 속성 지정을 끝내자.

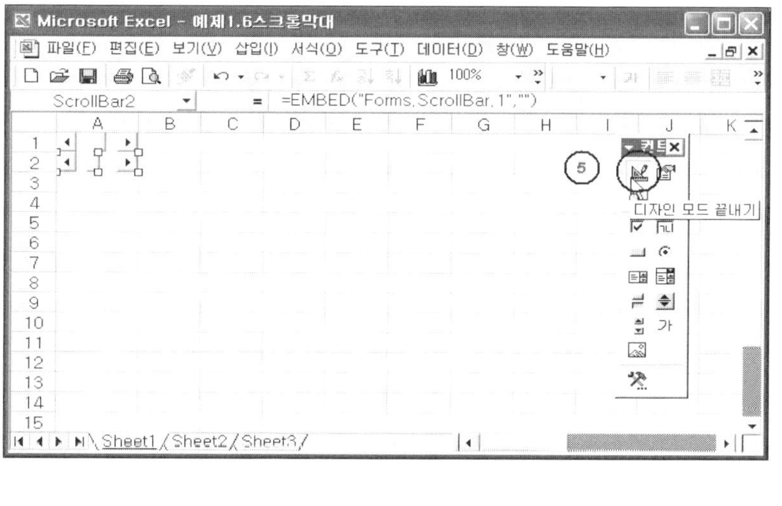

⑥ B1, B2 셀에 각각 수식 「=AA1 −5」, 「=(AA2 −10)/ 2」을 입력하고 스크롤 막대( )를 클릭하면 값이 변하는 것을 확인할 수 있다.

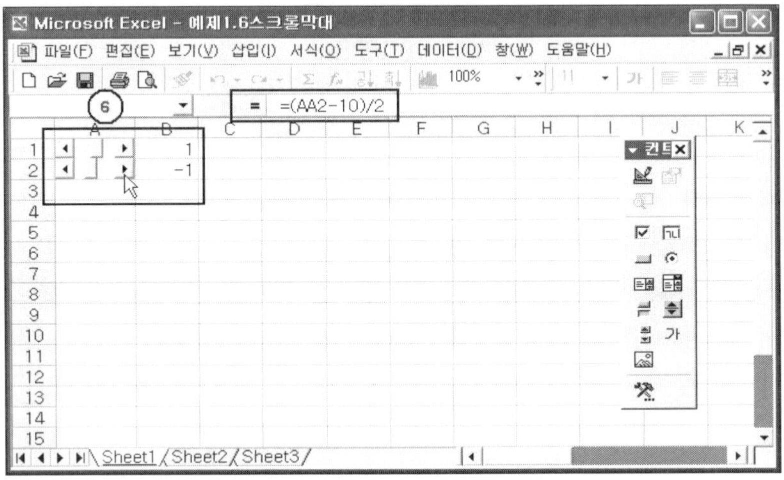

예제 1.1.7 기울기 a와 y절편 b값에 따른 일차함수 $y=ax+b$의 그래프

앞의 예제에서 만든 스크롤 막대( )를 이용하여 일차함수 $y=ax+b$의 그래프를 만들어 보자.

① 아래 그림과 같이 일차함수 $y=ax+b$의 x좌표를 입력하자.

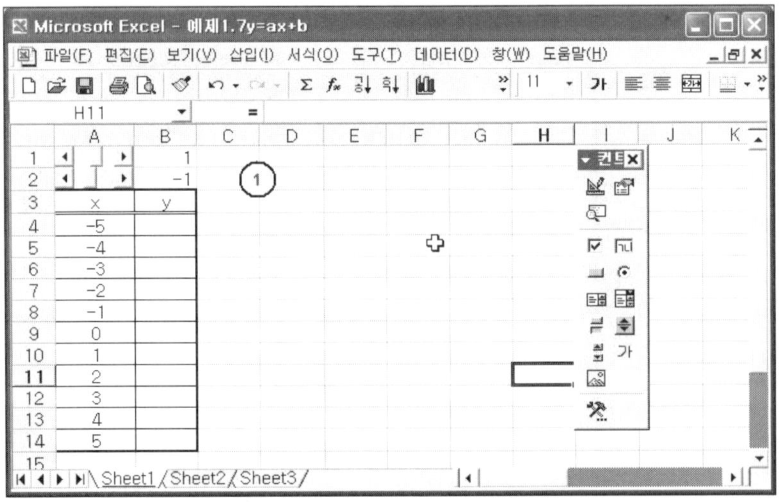

② B4 셀에 수식 「=$B$1*A4+$B$2」을 입력하면 x값 -5에 대한 일차함수의 함수값을 얻을 수 있다. 물론, B4 셀에 수식 「=B1*A4 +B2」을 입력하여도 상관이 없으나 이렇게 입력하면 나머지 모든 셀에도 같은 방법으로 수식을 입력하여야 한다. 하지만 처음과 같은 방법으로 셀 주소에 "$" 표시를 넣어서 입력하면 나머지 셀에는 직접 수식을 입력하지 않고 수식을 복사하여 붙여넣기만 하면 간단히 해결된다. 그러면 셀 주소에 "$"가 있는 것과 없는 것의 차이점은 무엇일까? 뒤에서 간단히 확인해 보기로 하고 먼저 B4 셀에 수식을 입력하여 함수값을 얻어보자.

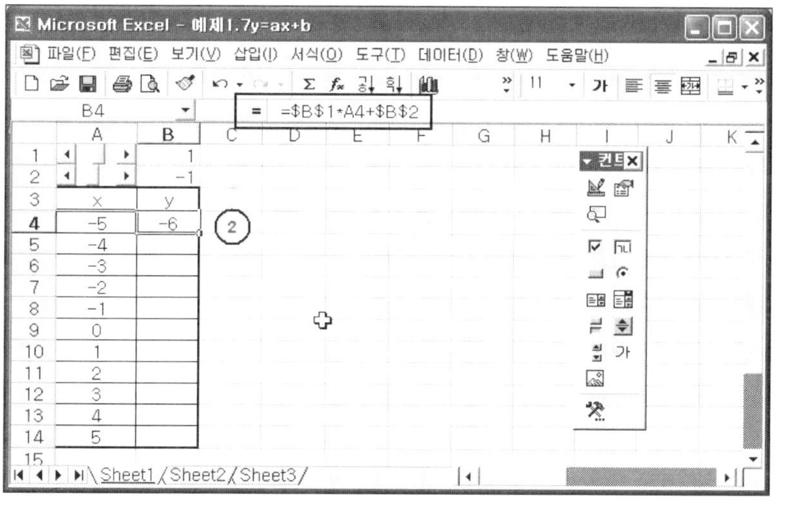

③ B4 셀의 수식을 복사하기 위해 B4 셀을 선택한 후 메뉴의 『편집 ⇒ 복사』를 클릭하면 B4 셀의 모든 것이 복사된다. (B4 셀을 복사하기 위해서는 단축키 Ctrl+C를 누르거나 팝업 메뉴의 『복사하기』 항목을 선택하여도 된다.)

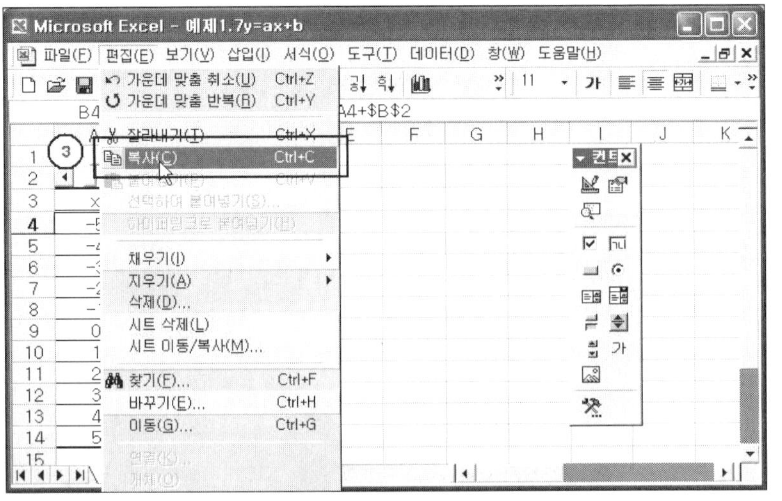

④ B5 셀부터 B14 셀까지 선택한 후 메뉴의 『편집 ⇒ 선택하여 붙여넣기』를 클릭하면 [선택하여 붙여넣기] 대화 상자가 나타난다. 만약, 단순히 『붙여넣기』 메뉴를 선택하면 현재 B4 셀에는 테두리가 있어서 B4 셀에 주어진 테두리의 형식까지도 복사가 되어 테두리의 모양이 조금 바뀌므로 『선택하여 붙여넣기』 메뉴를 선택해야 한다.

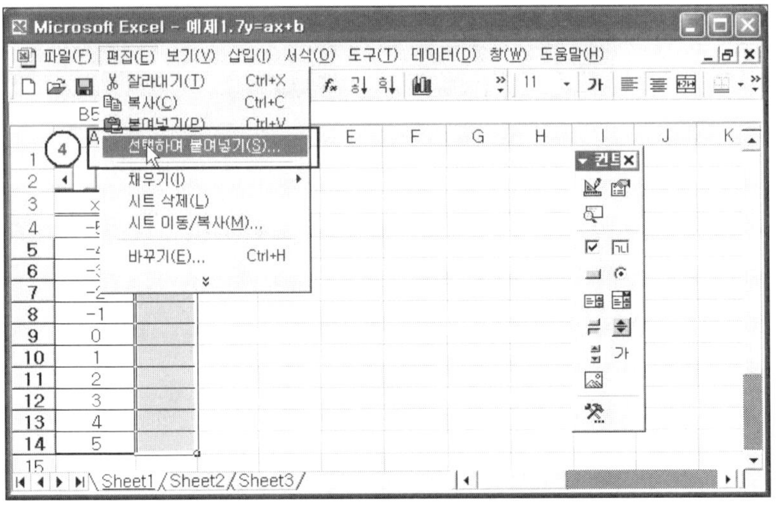

⑤ [선택하여 붙여넣기] 대화 상자에서 '수식' 항목을 선택한 후 **확인**을 클릭한다.

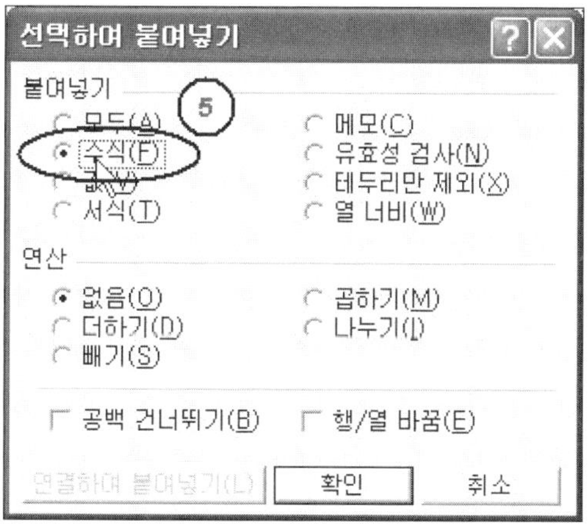

⑥ 다음 그림과 같이 B5 셀부터 B14 셀까지 모든 셀에 일차함수 $y=ax+b$의 각각의 x값에 대한 함수값을 얻을 수 있다. **수식 입력줄**을 보면 수식「=$B$1*A5 +$B$2」이 나타나 있다. 앞서 B4 셀에 수식「=$B$1*A4 +$B$2」을 입력했고, 이 수식을 복사하여 나머지 셀에 붙여넣기만 했는데 B5 셀에 수식이「=$B$1*A5 +$B$2」으로 나타나 있다. "$" 표시가 되어 있는 "$B$1", "$B$2"는 변함이 없으며 "$" 표시가 없는 "A4"는 자동적으로 "A5"로 바뀌어 있다. 앞의 ② 단계에 "$" 표시에 대해서 언급을 하였는데 여기서 차이점을 확인하여 보자.

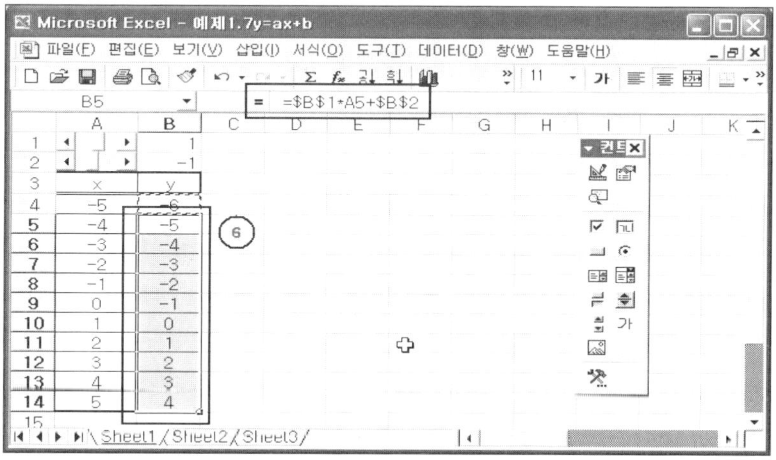

※ 절대주소와 상대주소의 차이점

보통 수식에 셀의 주소를 입력할 때 “$” 표시가 있는 주소와 없는 주소가 있다.

“$” 표시가 있는 주소를 보통 절대주소(또는 절대참조)라 하고 “$” 표시가 없는 주소를 상대주소(또는 상대참조)라 한다. 두 주소 사이의 차이점은 한 셀에 수식이 입력되었을 때 수식을 복사하여 붙여넣기를 하면 상대주소로 입력된 부분은 자동적으로 수식이 바뀌며 절대주소로 입력된 부분은 수식이 바뀌지가 않는다. 예를 들면, B2 셀에 수식 「=A2*$C$1」이 입력되어 있을 때, 이 수식을 복사하여 B3 셀에 붙여넣기를 하면 “$” 표시가 없는 “A2”는 “A3”으로 바뀌며 "$"가 있는 “$C$1”는 바뀌지 않아 B3 셀에 수식 「=A3*$C$1」이 입력된다. 또, 주어진 수식을 B4 셀에 붙여넣기를 하면 자동적으로 B4 셀에 수식 「=A4*$C$1」이 입력된다. 위와 같이 상대주소와 절대주소를 적당하게 잘 이용하면 엑셀에서 많은 것을 활용할 수 있다.

⑦ 모든 좌표를 드래그하여 선택하고 차트 마법사에 등록된 차트를 선택하면 일차함수의 그래프를 나타낼 수 있다.

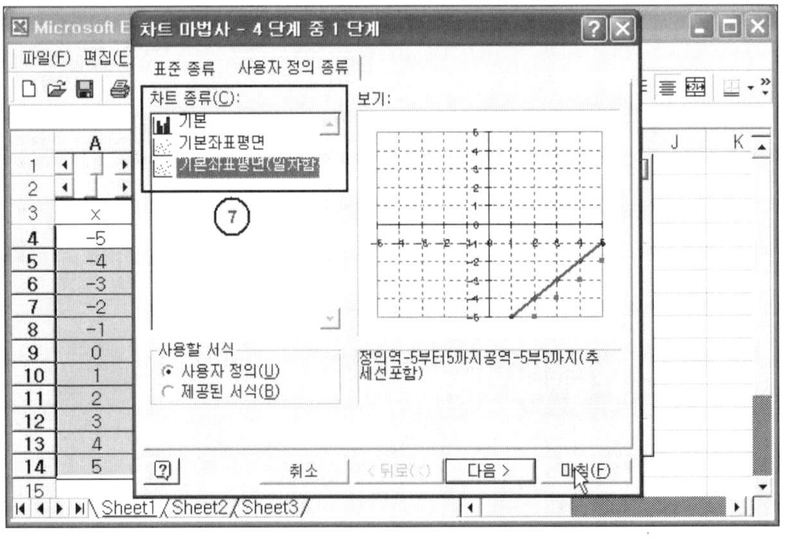

⑧ 스크롤 막대( )를 클릭하면 변하는 일차함수의 계수값에 따른 일차함수의 그래프를 만들 수 있다.

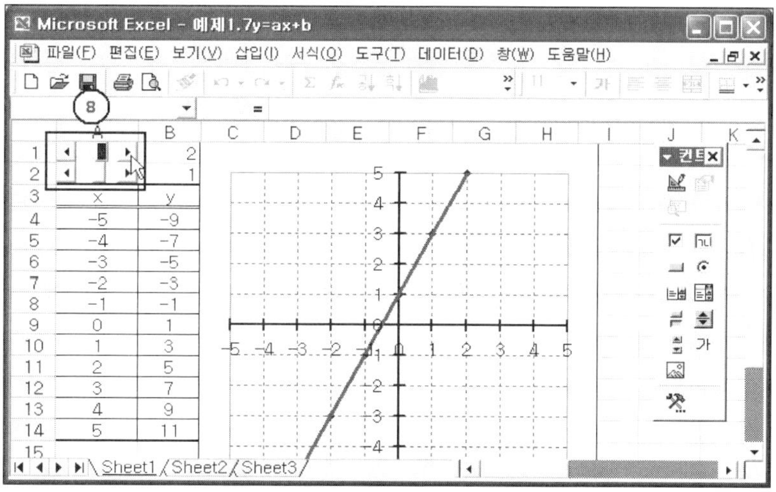

예제 1.1.8 두 직선 $3x+2y-2=0$, $2x-3y-1=0$의 교점을 지나는 직선

두 직선 $ax+by+c=0$, $a'x+b'y+c'=0$의 교점을 지나는 직선의 방정식은 다음과 같다.

$$(ax+by+c)+k(a'x+b'y+c')=0(\text{단, } k\text{는 실수})$$

위의 방정식은 실수 k의 값에 따라 변하는 직선의 방정식이지만 항상 두 직선의 교점의 좌표를 지나게 되어 있다.

이와 같은 것을 이용하여 두 직선의 교점의 좌표를 지나는 직선의 방정식을 엑셀을 이용하여 나타내어 보자.

① 다음 그림과 같이 임의의 셀에 x좌표를 입력하고 실수 k의 변하는 값을 만들기 위해 스크롤 막대(또는 스핀 단추)를 하나 만들자.

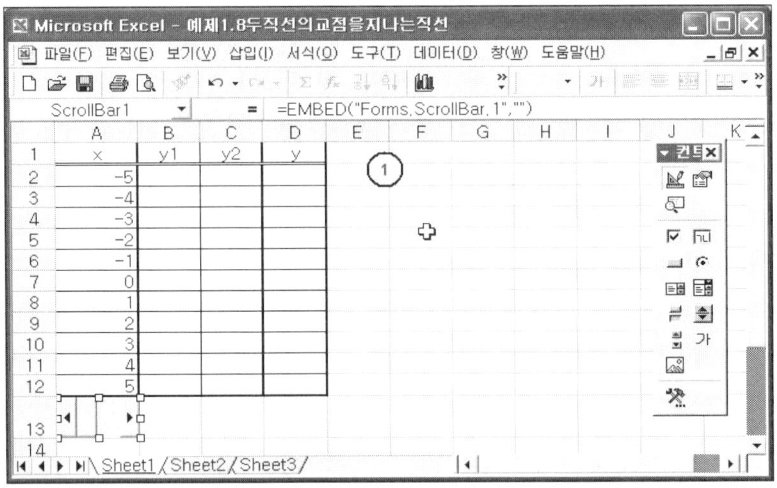

예제 1.1.3에서는 두 일차함수의 그래프를 한 좌표평면에 나타낼 때 정의역과 치역을 둘 다 만들어 주었지만 여기서는 정의역을 하나만 만들어 다른 방법으로 계열을 추가하여 서로 다른 세 직선을 한 좌표평면에 나타내어 보겠다.

② 스크롤 막대의 속성을 다음과 같이 지정하자.

속　　성	값
LinkedCell	AA1
Max	20
Min	0
LargeChange	2
SmallChange	1

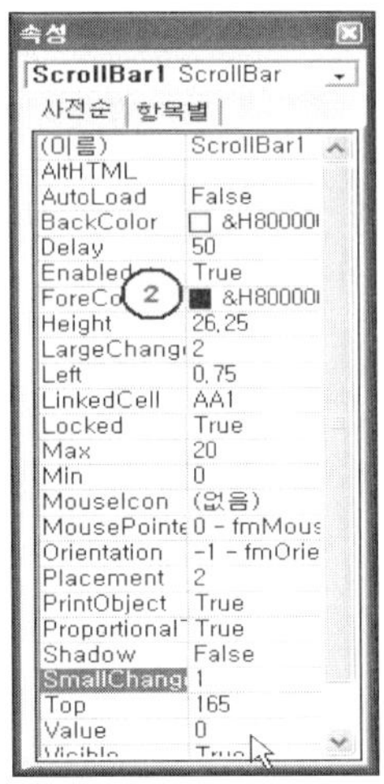

③ 『컨트롤 도구 상자』에서 디자인 모드 끝내기( ) 단추를 누른 후 B13 셀에 수식 「=AA1 − 10」을 입력하여 스크롤 막대( )를 클릭하면 두 직선의 교점을 지나는 직선의 방정식

$(3x+2y-2)+k(2x-3y-1)=0$에 사용한 k의 값이 B13 셀에 나타난다.

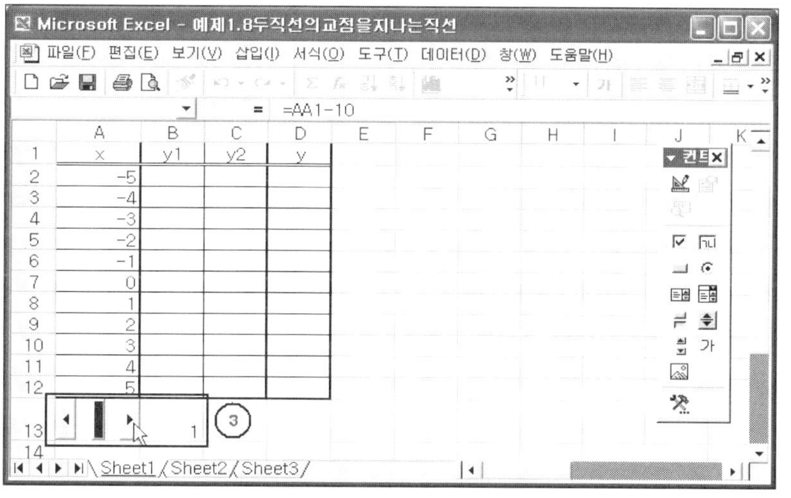

④ B2 셀부터 B12 셀까지 직선의 방정식 $3x+2y-2=0$의 y좌표를 나타내자. 먼저, B2 셀에 수식 「= −(3/2)*A2 + 1」를 입력하여 x값이 −5일 때의 함수값을 찾고, B2 셀의 수식을 복사하여 B3 셀부터 B12 셀까지 붙여넣기를 하면 모든 x값에 대한 함수값을 얻을 수 있다.(참고, 예제 1.1.7)

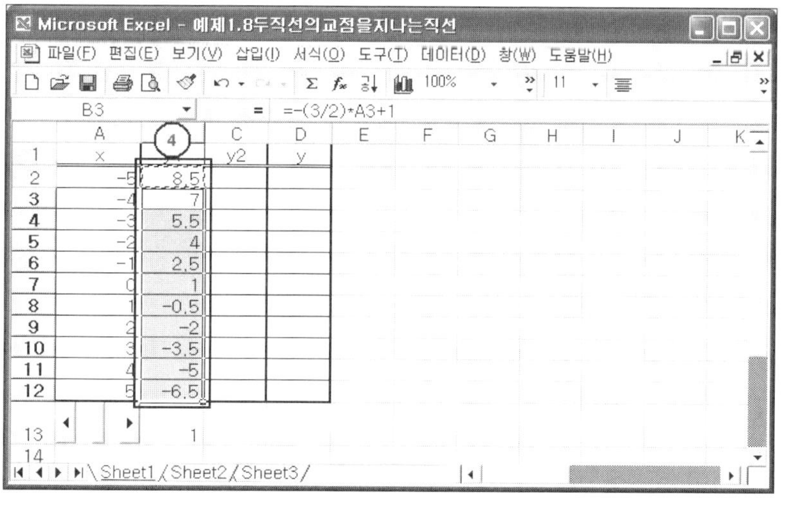

⑤ 같은 방법으로 함수 $2x-3y-1=0$의 모든 함수값을 다음 그림과 같이 C2 셀부터 C12 셀까지 만들어 보자.

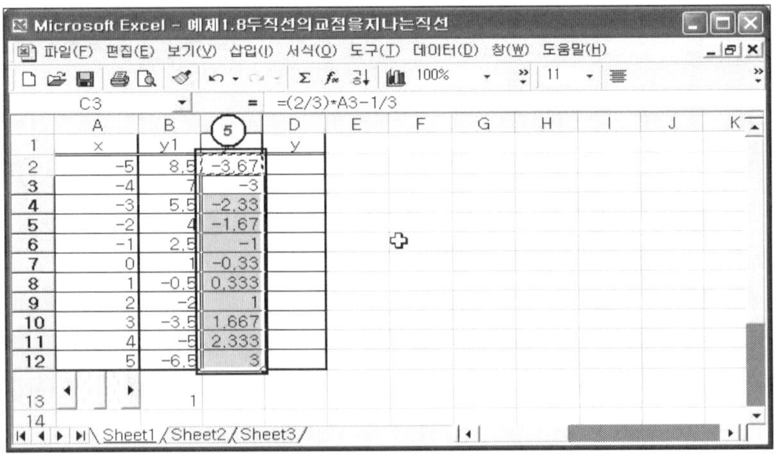

⑥ 두 직선의 교점을 지나는 직선의 함수값을 D2 셀부터 D12 셀까지 만들기 위해 직선의 방정식을 다음과 같이 바꾸어 보자.

$$(3x+2y-2)+k(2x-3y-1)=0$$

$$y=\left(\frac{2k+3}{3k-2}\right)x+\left(\frac{-k-2}{3k-2}\right)$$

먼저, D2 셀에 수식 「=(2*$B$13 +3)/(3*$B$13 −2)*A2 +(−$B$13 −2)/(3*$B$13 −2)」을 입력하자. 그러면 x 값이 -5일 때 두 직선의 교점을 지나는 직선의 함수값이 나타난다.

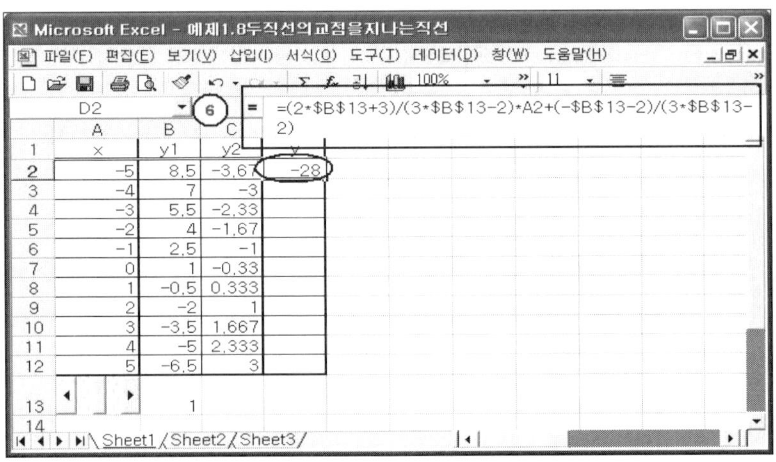

⑦ D2 셀의 수식을 복사하여 D3 셀부터 D12 셀까지 붙여넣기를 하면 모든 함수값을 구할 수 있다.

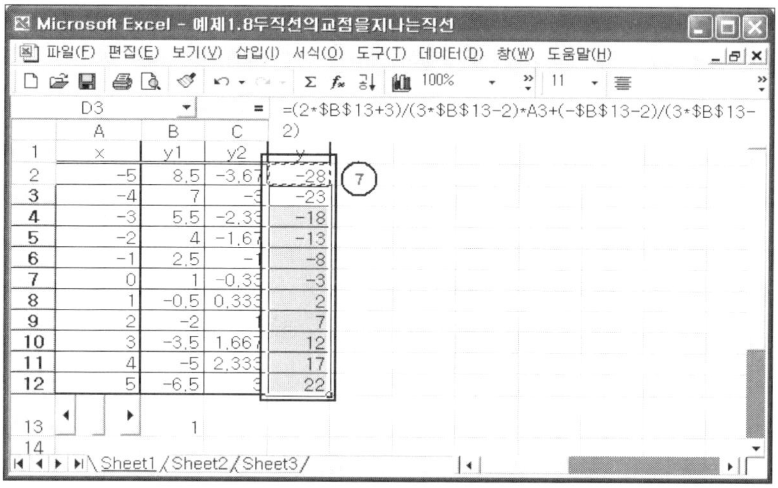

⑧ 먼저, 한 직선 $3x+2y-2=0$을 좌표평면에 나타내어 보자. 앞의 예제와 같은 방법으로 A2 셀부터 B12 셀까지 선택한 뒤 차트 마법사에 등록된 '추세선이 포함된 기본좌표평면'를 선택하면 다음과 같은 좌표평면이 나타난다.

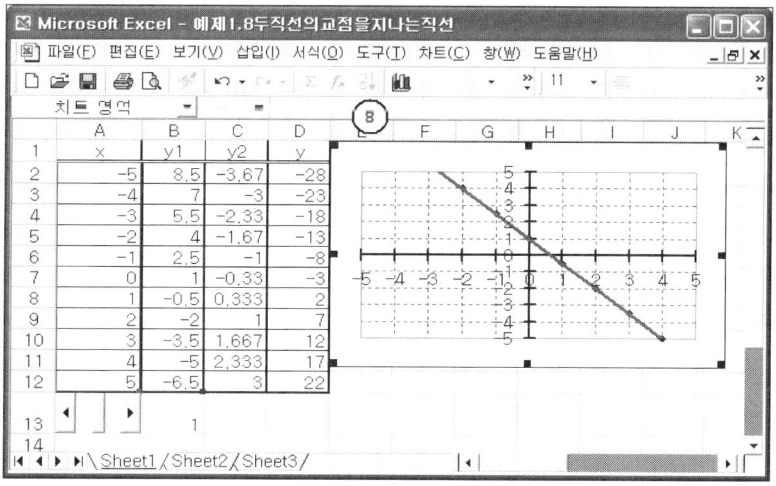

⑨ 위의 그림에서 두 번째 직선의 함수값을 차트에 추가하자. 물론 원본 데이터에서 계열을 추가하여도 상관은 없으나 함수값들을

선택하여 차트에 바로 등록하자. 먼저, 두 번째 직선의 함수값들이 있는 C2 셀부터 C12 셀까지 마우드로 드래그하여 선택한다. 마우스 포인터를 선택된 영역의 경계에 갖다 대면 마우스 포인터가 아래 그림과 같은 화살표 모양으로 바뀐다. 왼쪽 마우스를 누른 상태에서 좌표평면에 마우스 포인터를 옮기면 '+'모양이 화살표 위에 나타나며 이때 왼쪽 마우스를 놓으면 직선 $2x-3y-1=0$ 위의 추세선이 없는 점의 좌표만 좌표평면에 나타난다.

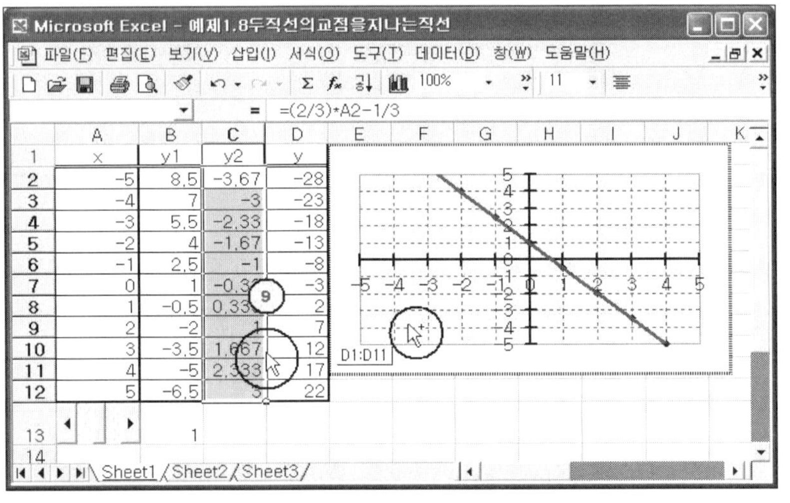

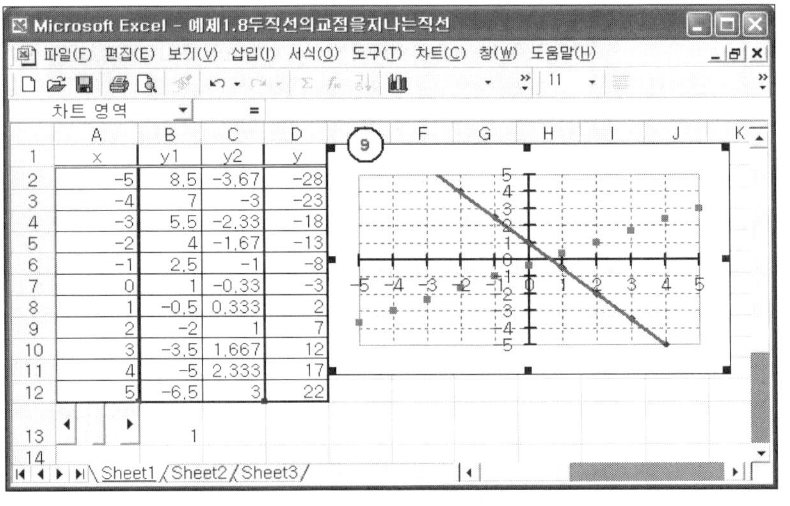

⑩ 같은 방법으로 두 직선의 교점을 지나는 직선의 y좌표를 차트에 추가하자.

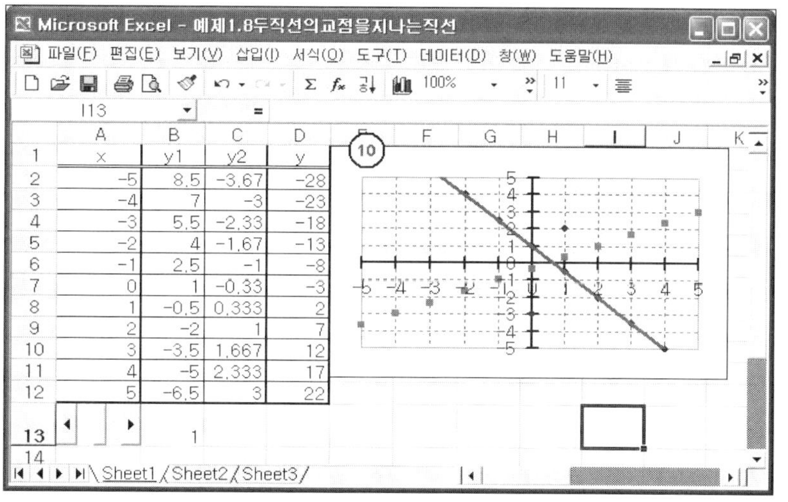

⑪ 추가된 두 직선의 점의 좌표에 추세선을 추가하고 이 추세선에 적당한 서식(색, 두께 등)을 지정하면 다음과 같이 세 직선의 그래프가 그려진 좌표평면이 완성된다.

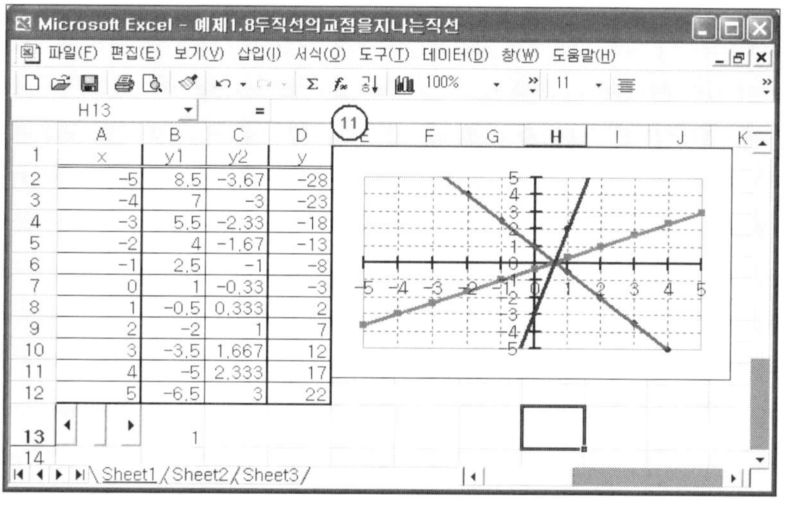

⑫ 좌표평면의 크기를 적당하게 조절하여 축의 비율을 맞추고 스핀 단추를 클릭하면 k의 값에 따라 변하는 두 직선의 교점을 지나는 직선을 확인할 수 있다.

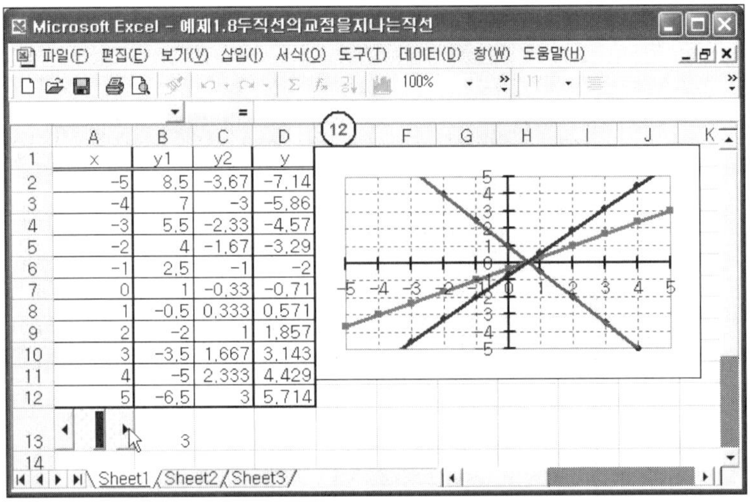

	A	B	C	D
1	x	y1	y2	y
2	-5	8.5	-3.67	-7.14
3	-4	7	-3	-5.86
4	-3	5.5	-2.33	-4.57
5	-2	4	-1.67	-3.29
6	-1	2.5	-1	-2
7	0	1	-0.33	-0.71
8	1	-0.5	0.333	0.571
9	2	-2	1	1.857
10	3	-3.5	1.667	3.143
11	4	-5	2.333	4.429
12	5	-6.5	3	5.714
13			3	

연습문제 1.1

문제 1.1.1

일차함수 $y=-x+1$의 그래프를 정의역 $\{x \mid -5 \leq x \leq 5\}$에서 다음 그림과 같이 나타내시오.

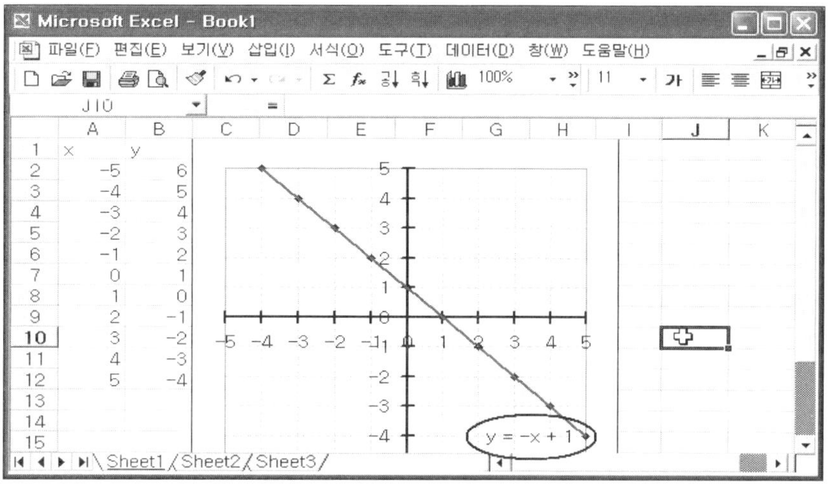

문제 1.1.2

함수 $y=2x-2$, $y=3-x$의 그래프를 정의역 $\{x \mid -5 \leq x \leq 5\}$에서 한 좌표평면에 나타내시오.

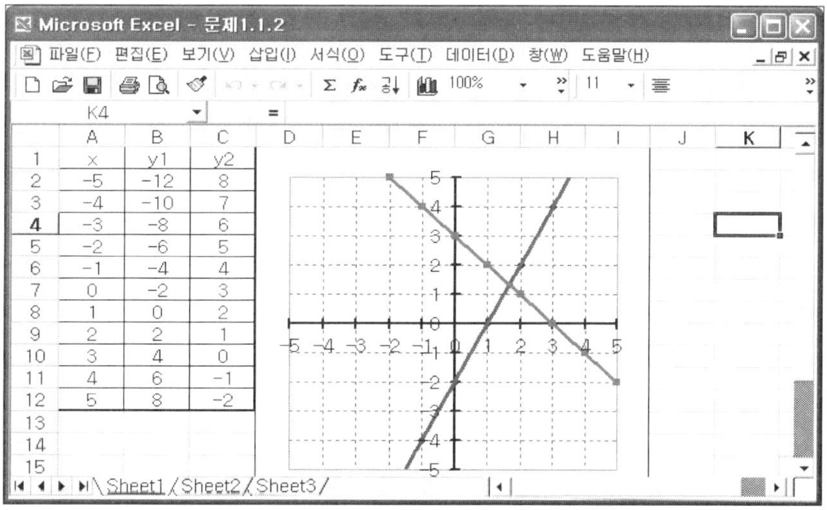

문제 1.1.3

스핀 단추( ) 또는 스크롤 막대( )를 이용하여 변하는 a, b의 값에 따른 점의 좌표 (a, b)를 좌표평면에 나타내시오.(단, a는 −5부터 5까지 1씩 변하고, b는 −3부터 3까지 0.5씩 변하게 만들자.)

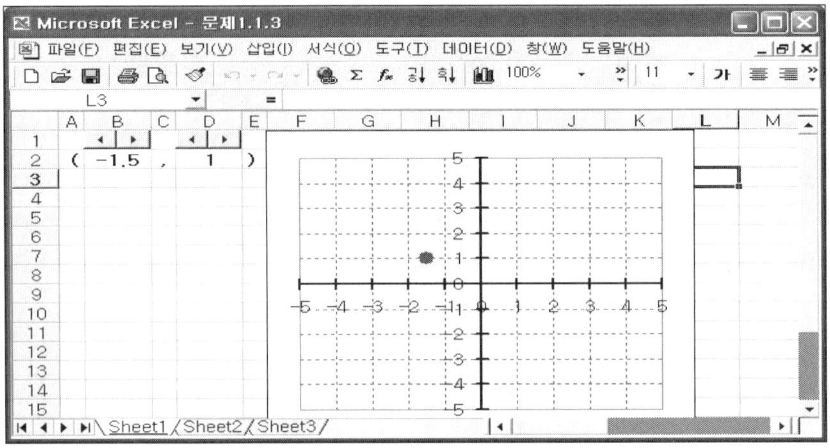

문제 1.1.4

예제 1.1.8의 두 직선의 교점을 지나는 직선의 방정식을 다음과 같이 k의 위치를 바꾼 후 좌표평면에 나타내시오. 또, k의 위치에 따라 그려진 그래프에는 어떠한 차이점이 있겠는가? $k(3x+2y-2)+(2x-3y-1)=0$

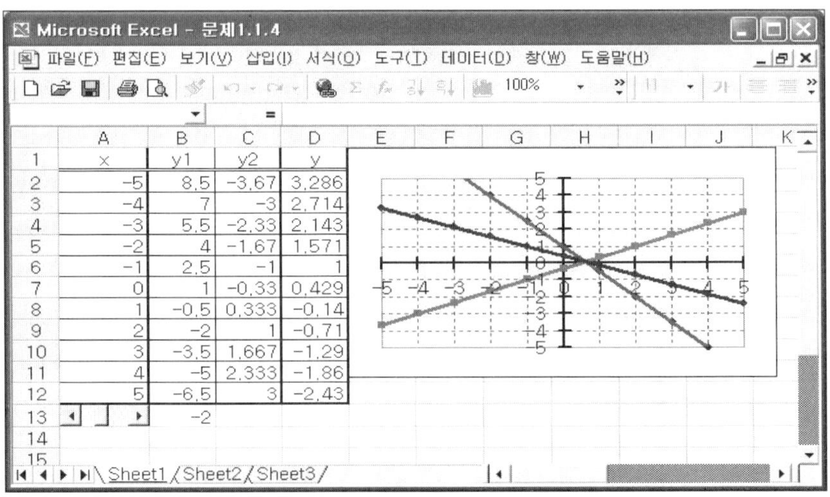

x	y1	y2	y
-5	8.5	-3.67	3.286
-4	7	-3	2.714
-3	5.5	-2.33	2.143
-2	4	-1.67	1.571
-1	2.5	-1	1
0	1	-0.33	0.429
1	-0.5	0.333	-0.14
2	-2	1	-0.71
3	-3.5	1.667	-1.29
4	-5	2.333	-1.86
5	-6.5	3	-2.43
	-2		

1.2 이차함수

예제 1.2.1 이차함수 $y=x^2$의 그래프 모양

추세선을 활용하면 이차함수의 그래프를 정확하게 표현할 수 있다. 이번 예제에서는 이차함수의 그래프를 세 점의 좌표를 직선으로 연결하여 나타내고 이 세 점 사이에 여러 개의 점의 좌표를 계속해서 추가하여 점들을 직선으로 연결하여도 포물선의 모양이 나타나는 것을 보이고자 한다. 중학교 3학년 과정에서 이와 같은 과정으로 이차함수의 그래프 모양을 결정하면 학생들의 이해를 높이는 데 도움이 되지 않을까 하는 생각이 든다. 다음과 같은 과정으로 만들어 보자.

① 다음 그림과 같이 이차함수 위의 세 점의 좌표를 임의의 셀에 만들어 보자.

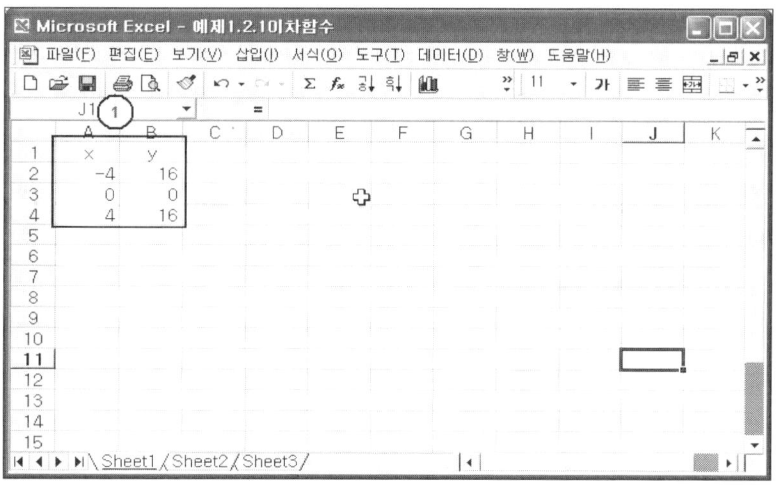

② 위 세 점의 좌표를 선택하여 차트 마법사( )를 불러낸 뒤 [차트 마법사 1단계]에서 '차트 종류'는 '분산형', '하위 종류'는 '데이터 표식이 없이 꺾은선으로 분산형'을 선택한다. 차트 마법사 2단계, 3단계, 4단계에서 적절하게 차트에 대한 옵션을 부여하자.

단, 여기에서는 3단계 차트 옵션의 [범례] 탭에서 '범례표시'는 생략하여 나타내겠다.

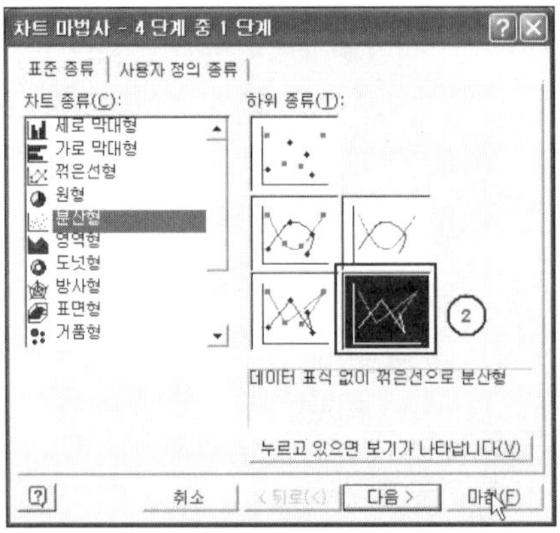

③ 세 점의 좌표 사이에 선분으로 연결된 ∨ 모양의 도형이 나타난다. ∨ 모양의 그래프에서 오른쪽에 점의 좌표를 추가하면 그래프가 어떻게 바뀌는지 관찰하자. 먼저, A4, B4 셀을 마우스로 선택한 뒤 메뉴의 『삽입 ⇒ 셀』을 선택하면 [삽입] 대화 상자가 나타난다.

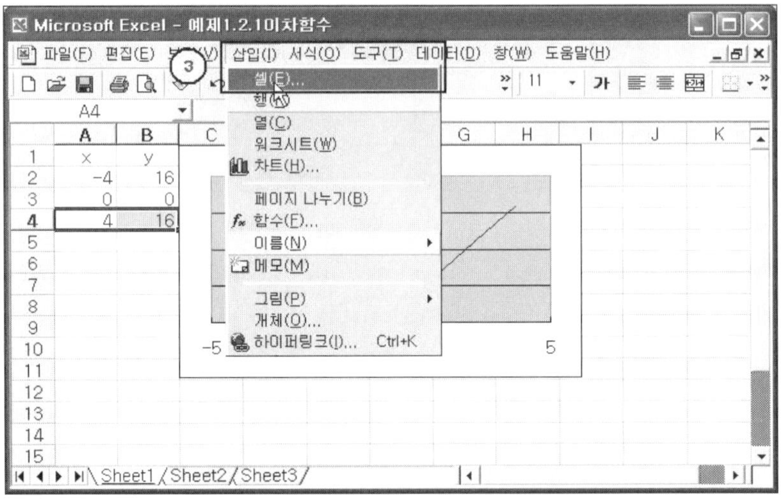

④ [삽입] 대화 상자에서 '셀을 아래로 밀기' 항목을 선택하여 **확인**을 클릭하면 점 (4,16)이 입력된 두 셀이 아래로 내려가고 빈 두 셀이 나타난다.

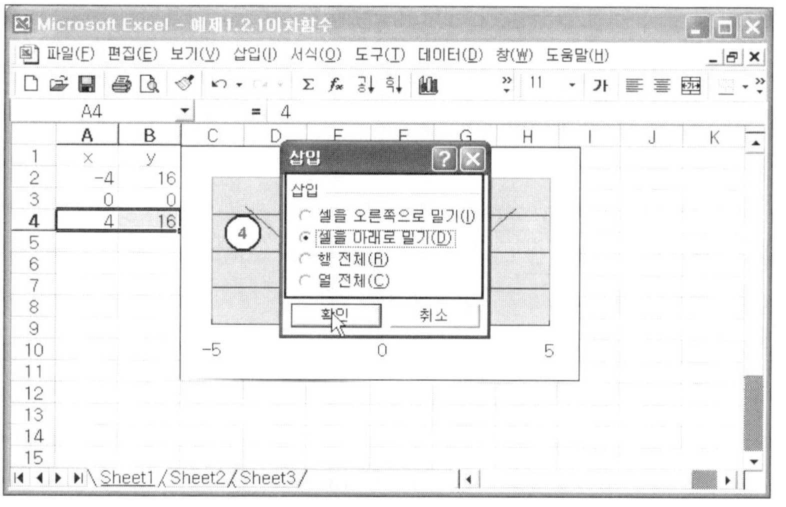

[삽입] 대화 상자에서 '셀을 오른쪽으로 밀기' 항목을 택하면 처음 선택한 셀을 오른쪽으로 옮기면서 셀을 삽입하며, '셀을 아래로 밀기' 항목을 택하면 처음 선택한 셀을 아래로 옮기면서 셀을 삽입한다. 또, '행 전체' 항목을 택하면 행 전체의 항목을 아래로 옮기면서 선택된 행의 수만큼 행을 삽입하며, '열 전체' 항목을 선택하면 선택된 열 전체의 항목을 오른쪽으로 옮기면서 선택된 열의 수만큼 열을 삽입한다.

⑤ 빈 두 셀이 생기면 좌표평면에 있는 그래프의 오른쪽이 나타나지 않는다. 두 점 (0,0), (4,16) 사이의 빈 셀 때문에 그래프가 나타나지 않는 것이다. 빈 두 셀에 각각 아래와 같은 수식을 입력하여 점의 좌표 (2,4)를 만들어 주면 세 점 (0,0), (2,4), (4,16)을 이은 선분이 나타난다.

「=(A3 +A5)/2」, 「=B4^2」

물론 두 A4, B4 셀에 점의 좌표 (2,4)를 직접 입력하여도 상관은 없으나 계속해서 점의 좌표를 추가할 때에는 수식으로 입력하여야만 함수값을 나타내기가 간단해진다.

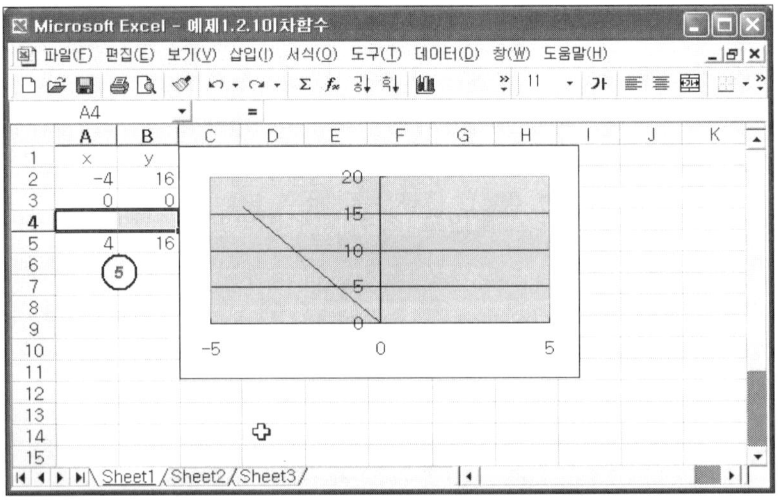

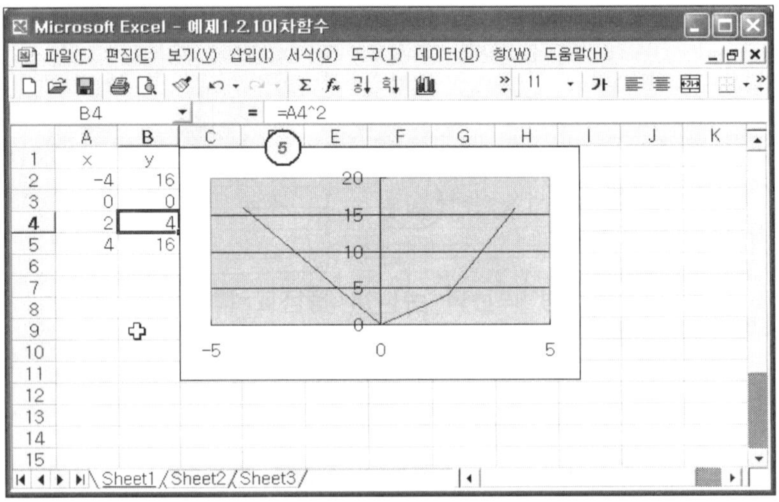

⑥ 같은 방법으로 A4, B4 셀을 선택하여 셀을 삽입하고 두 셀에 수식 「=(A3+A5)/2」, 「=B4^2」을 입력하면 두 점 (0,0), (2,4) 사이에 점의 좌표 (1,1)을 만들 수 있고 좌표평면에 함수의 그래프가 나타난다.

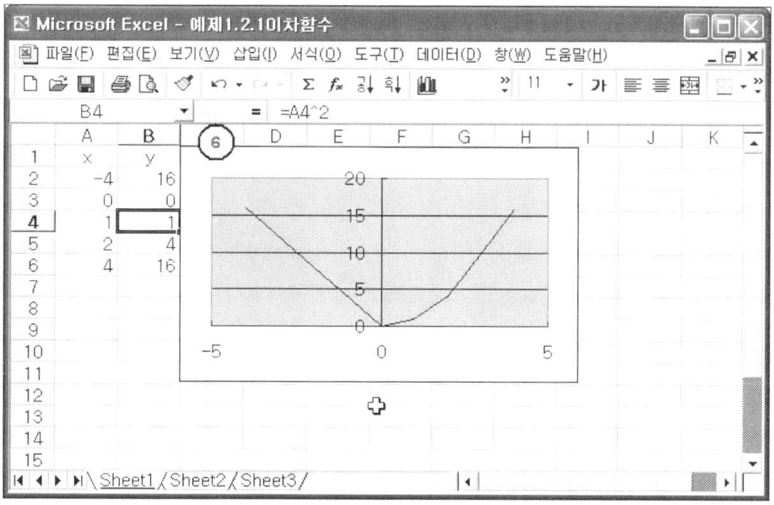

⑦ 또, A6, B6 셀을 선택하여 셀을 삽입하고 두 셀에 수식「=(A5+A7)/2」, 「=B6^2」을 입력하면 두 점 (2,4), (4,16) 사이의 점의 좌표 (3,9)을 만들 수 있고 좌표평면에 함수의 그래프가 나타난다.

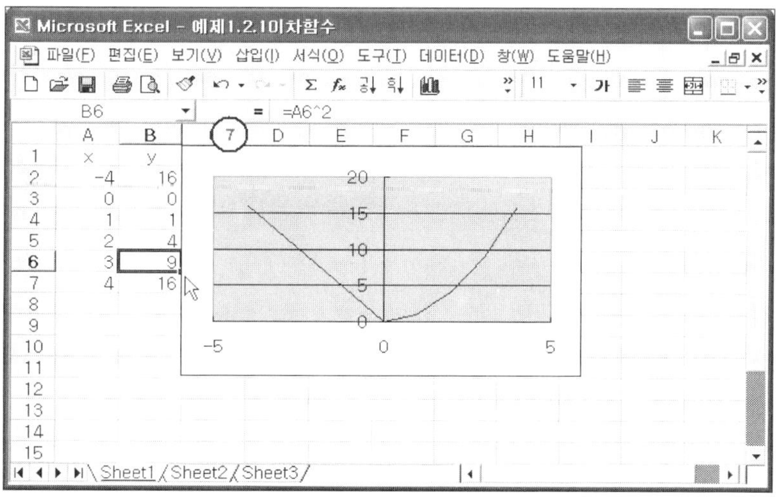

⑧ 위와 같은 방법으로 점 (0,0), (1,1), (2,4), (3,9), (4,16) 사이에 점의 좌표를 추가하면 다음 그림과 같이 Y축 오른쪽 함수의 그래프 모양이 이차함수의 모양에 가까워지는 것을 확인할 수 있다.

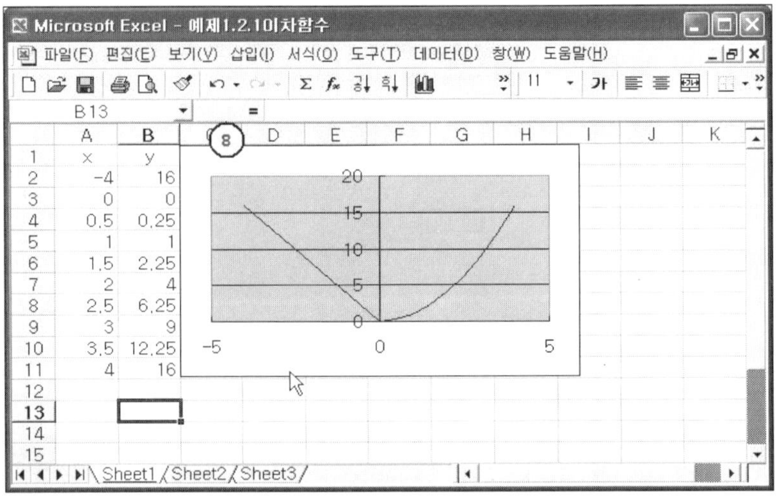

이차함수의 그래프는 일차함수와 같은 방법으로 추세선을 이용하여 나타낼 수 있다. 한 번 더 추세선을 이용하여 만들어 보고 추세선이 포함된 차트를 차트 종류에 사용자 정의로 등록하여 보자.

예제 1.2.2 이차함수 $y=x^2$의 그래프(단, 정의역 $\{x \mid -5 \leq x \leq 5\}$)

① 다음과 같이 이차함수 $y=x^2$의 점의 좌표들을 만들어 보자.

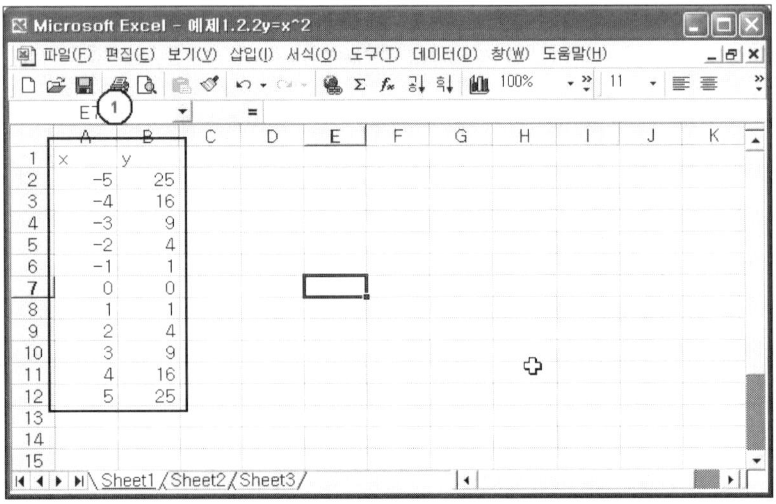

② 11개의 점의 좌표를 선택하여 차트 마법사(📊)의 '사용자 정의'에 등록한 '추세선이 포함되지 않은 기본좌표평면'에 이차함수의 점의 좌표를 나타내자. 차트의 크기를 적당하게 조정하면 다음 그림과 같이 나타낼 수 있다.

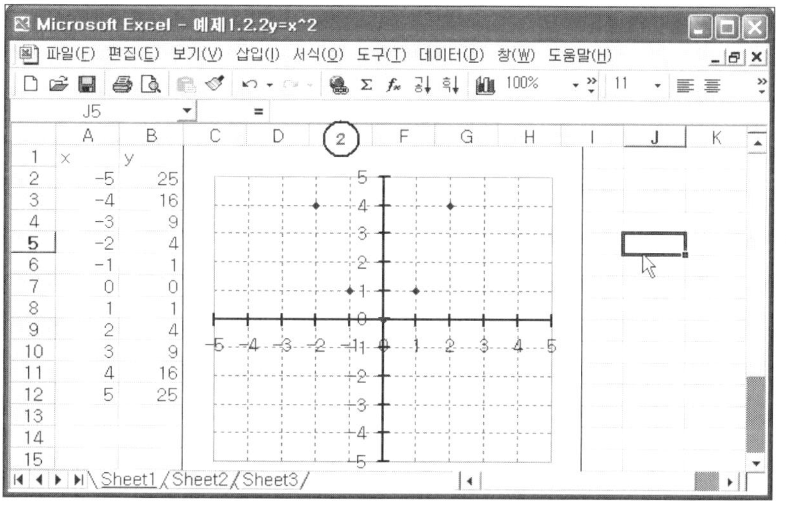

③ 이차함수의 점의 좌표들을 추세선을 이용하여 연결하자. 임의의 점의 좌표를 선택한 후 메뉴의 『차트 ⇒ 추세선 추가』를 선택하여 [추세선] 대화 상자를 불러내자.

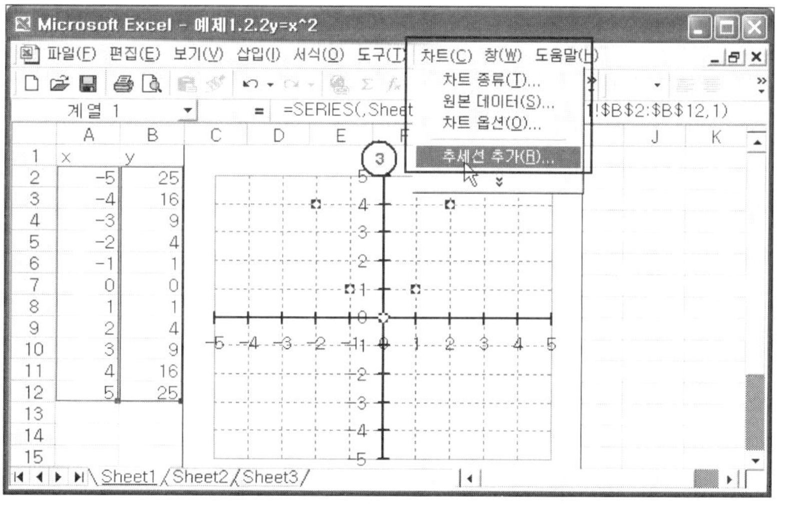

④ [추세선] 대화 상자의 [종류] 탭에서는 '다항식' 항목에 차수를 "2"로 하자. 또, [옵션] 탭에서는 '수식을 차트에 표시' 항목만 선택하여 **확인**을 클릭하자.

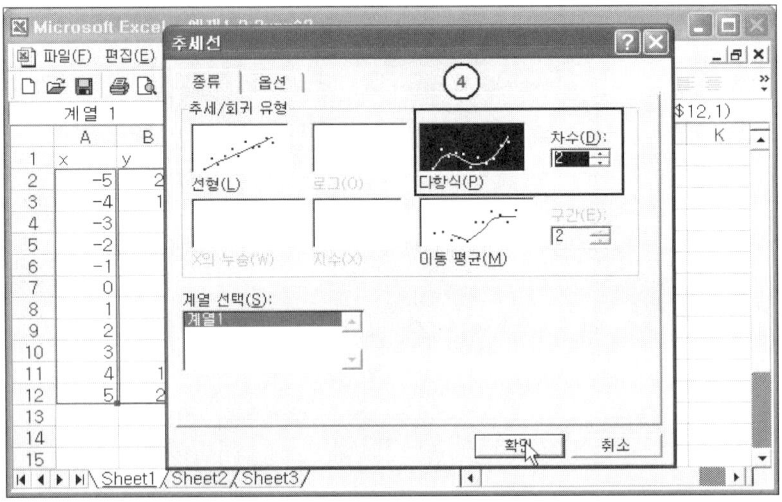

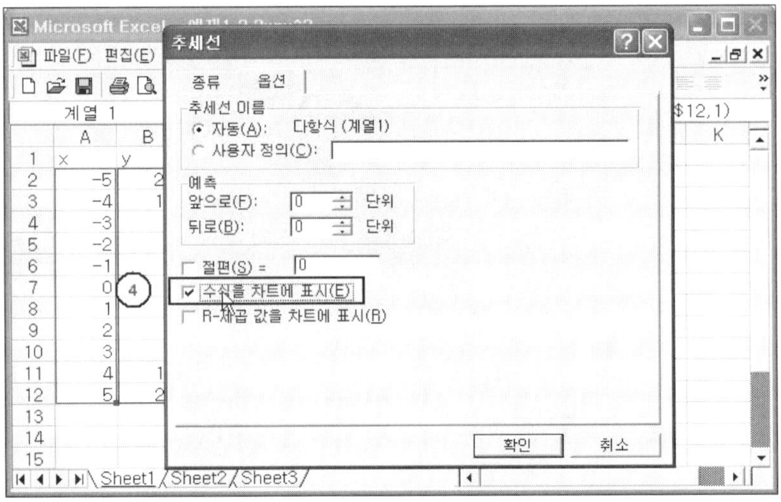

⑤ 좌표평면에 이차함수의 그래프와 수식이 다음과 같이 나타난다.

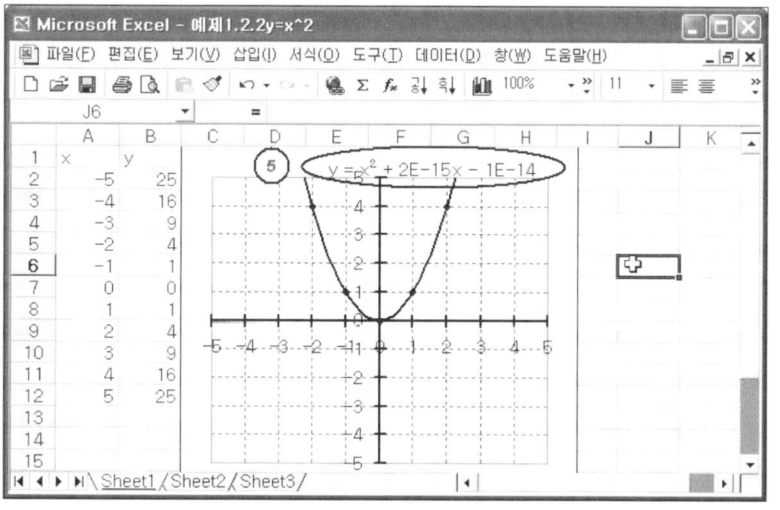

위의 좌표평면에 수식이 조금 이상하게 나타나있다. 이 수식에 대하여 조금 알아보면 일차항의 계수에 값 “$2E-15$”가 주어져 있는데 이것은 “2×10^{-15}”의 값을 뜻하는 것으로 0에 아주 가까운 값을 나타내고 있다. 정확하게 0으로 나타나야 하지만 엑셀의 계산에서 약간의 오차가 발생하는 것 같다. 추세선의 수식이 항상 정확한 값을 나타내지 못하는 경우가 많아서 좌표평면에 수식을 나타내지 않는 것이 하생들의 이해를 돕기가 좋을 것이다. 따라서 차트에서 수식을 지워버리자.

⑥ 추세선의 색과 두께를 적당하게 조정하여 나타낸 후 추세선으로 나타난 차트를 『차트 종류』에 ‘사용자 정의’로 등록하자. 차트를 등록하기 전 차트를 선택한 후 메뉴의 『차트 ⇒ 차트 종류』를 선택하여 [차트 종류] 대화 상자를 불러내자.

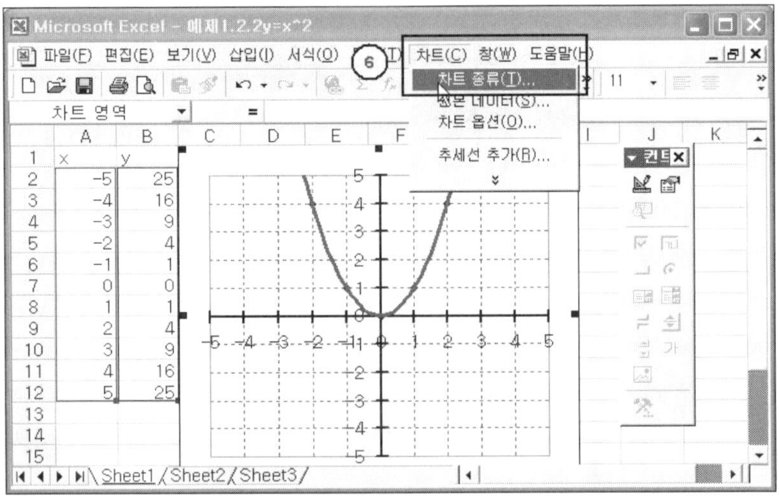

⑦ [차트 종류] 대화 상자의 [사용자 정의 종류] 탭에서 사용할 서식은 '사용자 정의'로 하여 밑의 추가를 클릭하자.

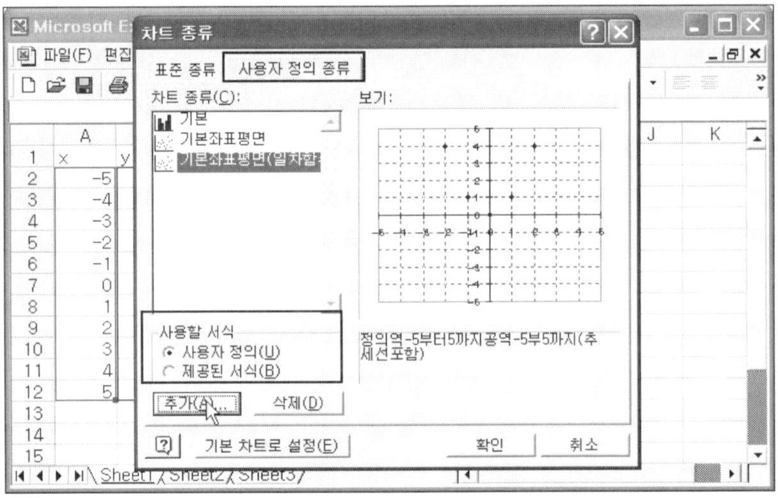

⑧ [사용자 정의 차트 종류 추가] 대화 상자에서 차트 이름을 "이차함수차트(추세선)", 차트의 설명은 "정의역 −5+5 공역 −5+5"로 입력하고 확인을 클릭하면 [차트 종류] 대화 상자에서 등록한 차트가 새롭게 생긴 것을 확인할 수 있다.

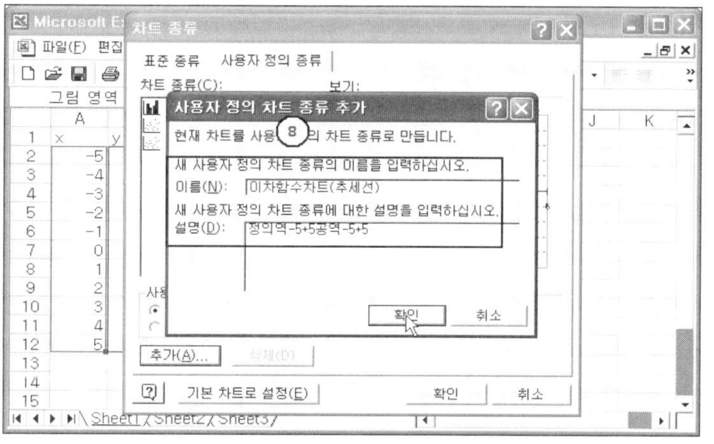

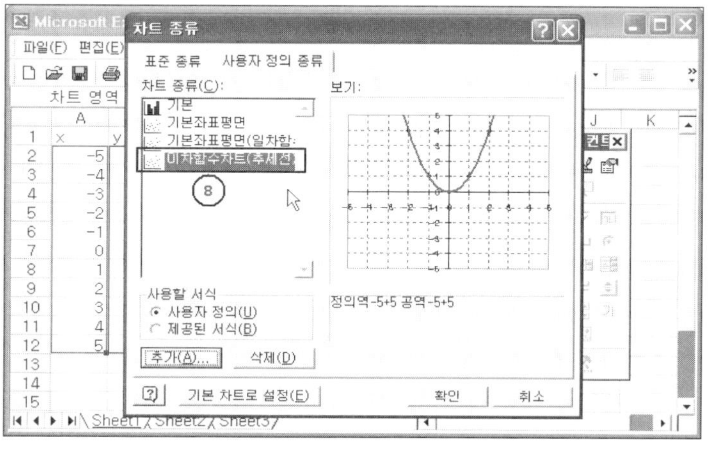

예제 1.2.3 이차항 a값에 따른 이차함수 $y = ax^2$의 그래프

① 아래 그림과 같이 임의의 셀에 스핀 단추(⬍)를 하나 만들자.

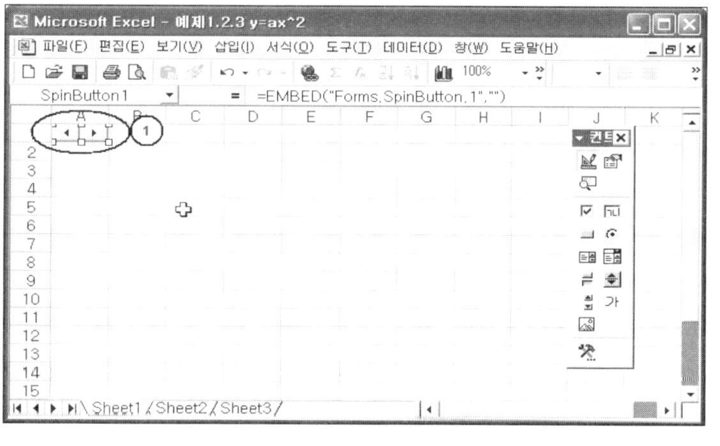

② 스핀 단추에 대한 속성을 다음과 같이 부여하자.

속　성	값
LinkedCell	AA1
Max	10
Min	0
SmallChange	1

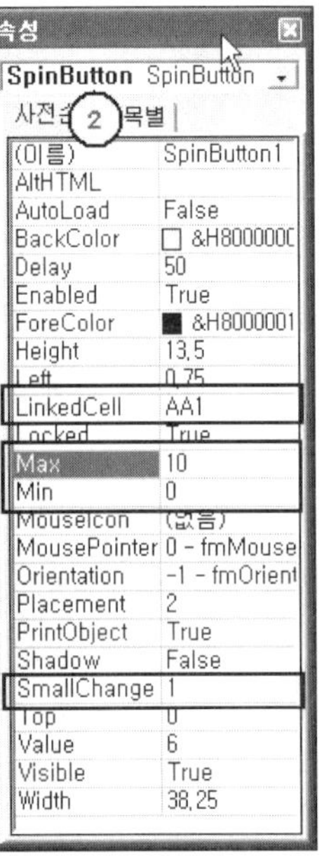

③ B2 셀에 수식 「=AA1 − 5」을 입력하여 이차항의 계수 a값이 −5부터 5까지 1씩 변할 수 있도록 하자. 디자인 모드 끝내기 () 단추를 누른 후 스핀 단추()를 클릭하면 이차항의 계수가 변하는 모습을 확인할 수 있다.

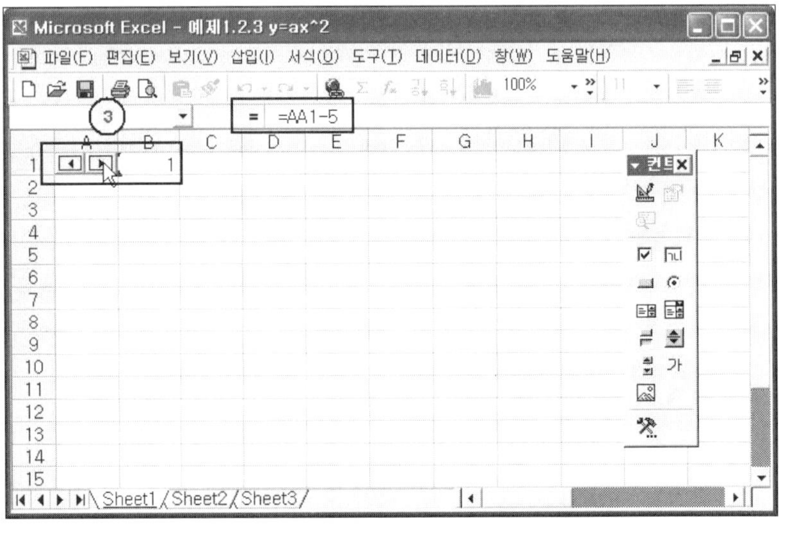

④ 임의의 셀에 이차함수의 정의역을 만들고 그 정의역에 대한 함수값도 다음과 같이 만들어 보자. 함수값을 만들 때 B4 셀은 수식「=B4*A4^2」을 사용하여 만들고, 이 수식을 복사하여 나머지 B5 셀부터 B14 셀까지 붙여넣기를 하면 된다.

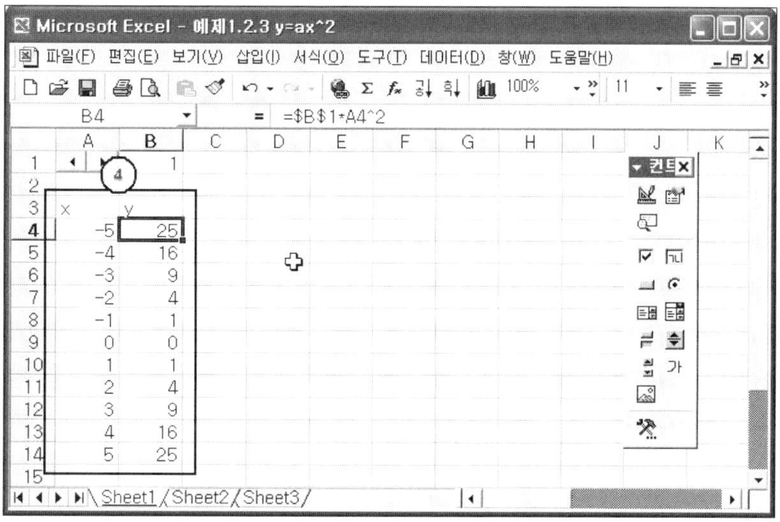

⑤ 차트 마법사의 1단계에서 이미 등록된 이차함수의 차트를 이용하여 이차함수의 그래프를 나타내자. [차트 종류] 대화 상자의 [사용자 정의 종류] 탭에서 앞에서 등록한 이차함수차트(추세선)을 선택하고 **마침**을 클릭하면 이차함수의 그래프가 나타난다.

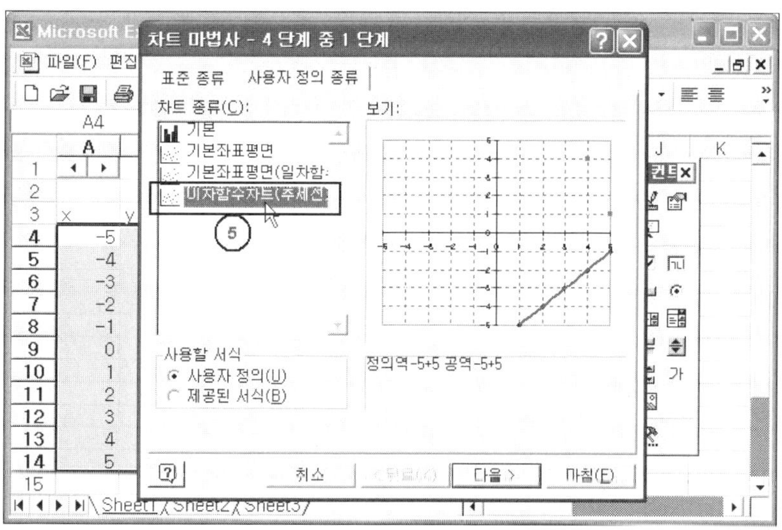

⑥ 차트 크기를 적당하게 조정한 후 스핀 단추를 클릭하면 변하는 이차항의 계수에 따른 이차함수의 그래프가 아래 그림과 같이 나타난다.

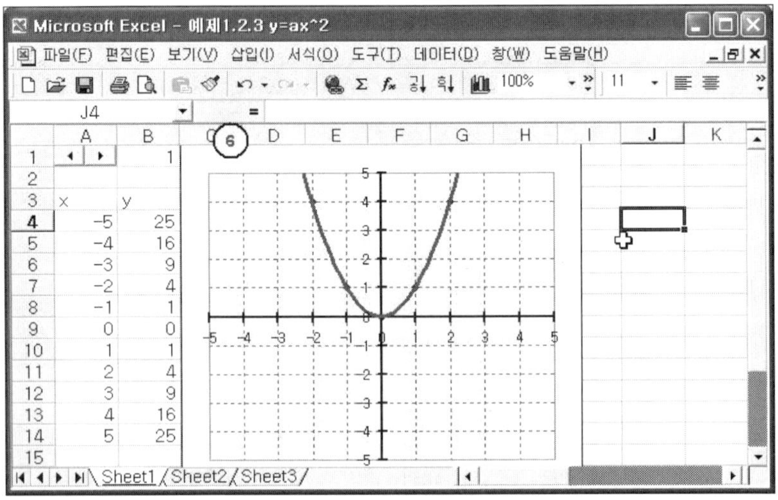

예제 1.2.4 $y=ax^2$과 $y=a(x-p)^2$, $y=a(x-p)^2+q$의 그래프

앞의 예제에 두 이차함수 $y=a(x-p)^2$, $y=a(x-p)^2+q$의 그래프를 추가하여 p와 q값에 따른 이차함수의 그래프를 확인하여 보자. 또, 함수값을 만들 때 수식에 절대주소를 사용하지 않고 셀의 이름을 부여하여 함수값을 만들어 보자.

① 다음 그림과 같이 p와 q에 사용할 스핀 단추( ) 두 개를 더 만들고 그 속성을 다음과 같이 지정하자.

속 성	LinkedCell	Max	Min	SmallChange
p값	AA2	12	0	1
q값	AA3	12	0	1

p와 q의 값은 -3부터 3까지 0.5씩 변하게 만들기 위해 Max, Min의 값을 각각 위와 같이 만들었다.

② B2, B3 셀에 각각 수식 「=(AA2 – 6)/2」, 「=(AA3 – 6)/2」을 입력하면 –3부터 3까지 0.5씩 변하는 p, q의 값을 만들 수 있다. 스핀 단추를 클릭하면 변하는 값을 확인할 수 있다.

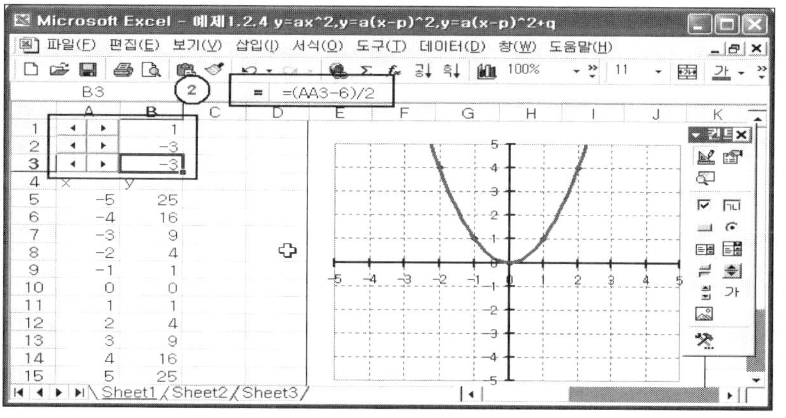

C열에 이차함수 $y=a(x-p)^2$의 함수값을 만들기 위해서는 C5 셀에 수식 「=$B$1*(A5 – $B$2)^2」을 입력한 후 이 수식을 복사하여 나머지 C6 셀부터 C15 셀까지 붙여넣기를 하면 된다. 하지만 이번에는 수식을 입력할 때 절대주소와 상대주소가 아닌 다른 방법으로 함수값들을 만들어 보자. a값, p값, q값이 만들어진 B1, B2, B3 셀의 이름을 각각 정의하여 이 셀들의 이름을 이용하여 만든 수식을 사용하여 함수값들을 만들 수 있다.

③ B1 셀을 선택한 상태에서 메뉴의 『삽입 ⇒ 이름 ⇒ 정의』를 선택한다.

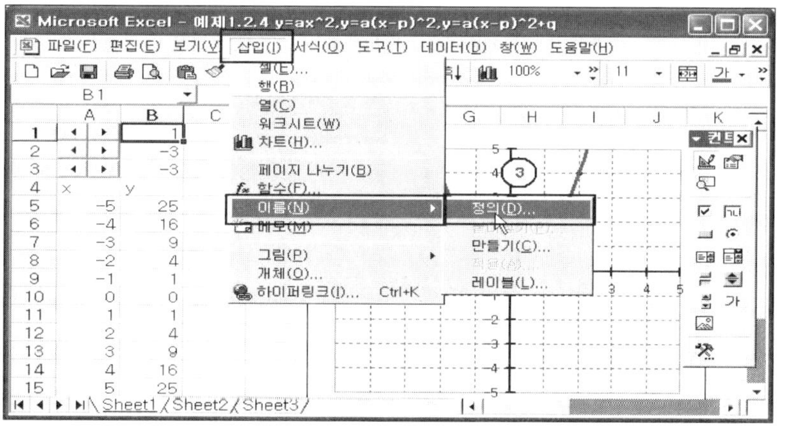

④ [이름 정의] 대화 상자의 '정의된 이름'에 "a값"이라고 입력하자. 대화 상자의 아래 부분의 '참조'란은 정의할 셀의 주소를 나타낸다. 여기서는 Sheet1의 B1 셀에 정의한 것을 나타내고 있다. 오른쪽의 추가 단추를 클릭하여 다른 셀들을 정의하자.

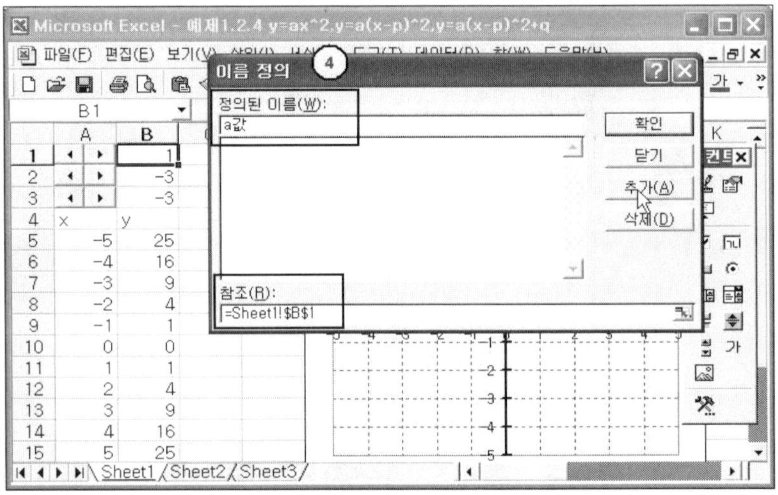

⑤ 추가 단추를 클릭한 후 정의된 이름 부분이 활성화되면 "p값"을 입력하자. 또, 아래쪽 '참조' 부분에 셀의 주소 "=Sheet1!$B$2"를 입력하면 p값에 해당되는 셀의 주소가 지정된다.

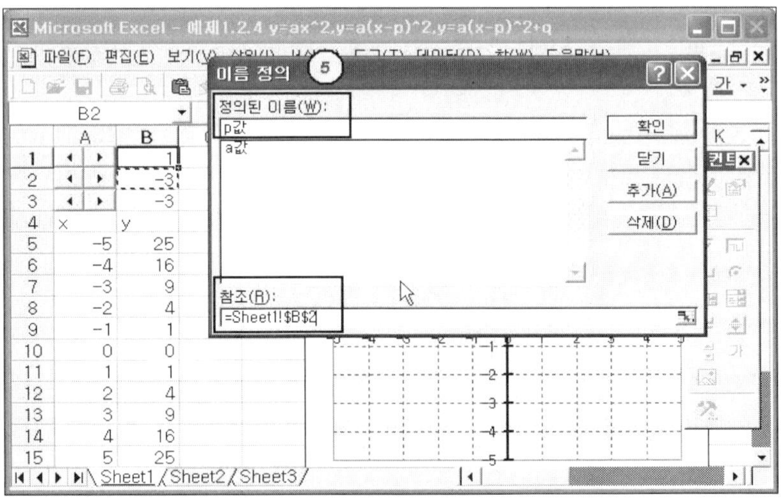

⑥ 같은 방법으로 q값에 B3 셀을 지정하면 [이름 정의] 대화 상자에 다음 그림과 같이 정의된 모든 셀의 이름이 나타난다.

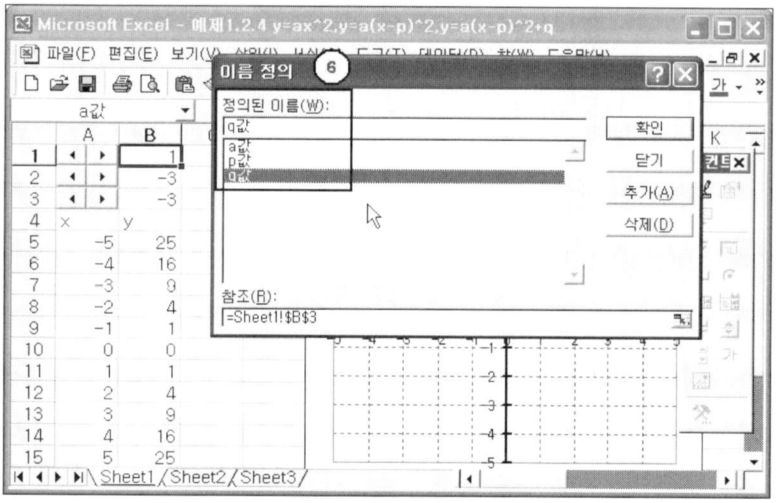

⑦ [이름 정의] 대화 상자에서 **확인**을 클릭하면 모든 값에 이름이 정의가 되며, 이름이 지정된 셀을 선택하면 아래 그림과 이름 상자 부분에 정의된 이름이 나타난다.

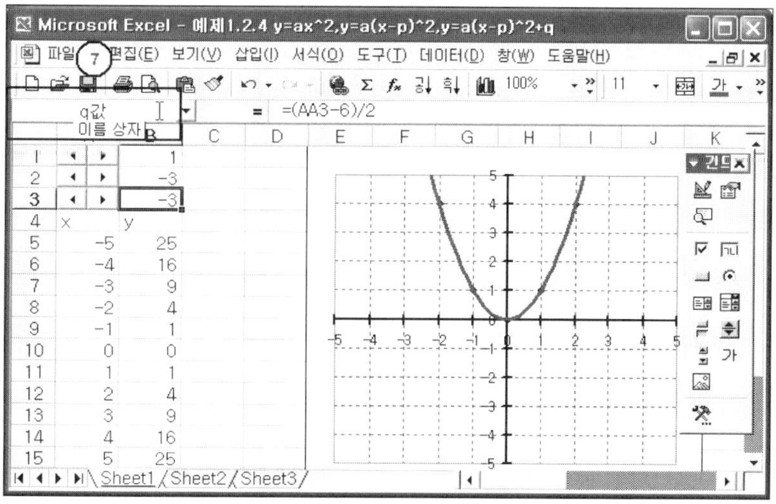

⑧ C5 셀에 수식 「=a값*(A5 − p값)^2」을 입력하면 x값 -5에 대한 이차함수 $y=a(x-p)^2$의 함수값을 얻을 수 있다.

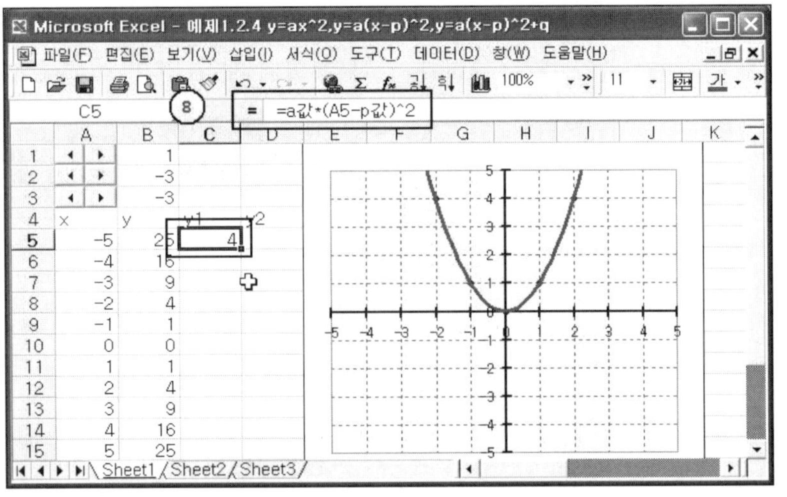

보통 셀에 수식을 입력할 때, 위의 그림처럼 C5 셀에 수식을 직접 입력하여도 상관은 없으나 셀의 주소를 나타내는 부분에서는 마우스로 선택하여도 동일한 셀 주소가 입력된다. 예를 들면, C5 셀에 수식 「=a값*A5^2」을 입력하려고 할 때 키보드를 이용하여 직접 수식을 입력하지 않고 C5 셀이 선택된 상태에서 "="키를 누른 뒤 셀 이름 "a값"이 정의된 B1 셀을 마우스로 선택하면 "=" 뒤에 자동적으로 "a값"이 생긴다. 그 다음에 "*" 키를 누른 뒤 A5 셀을 마우스로 선택하고 키보드를 이용하여 "^2"입력하면 수식 「=a값*A5^2」이 입력된다. 이와 같이 수식을 입력할 때 마우스를 활용하면 쉽게 수식을 나타낼 수 있다.

⑨ C5 셀의 수식을 복사하여 C6 셀부터 C15 셀까지 붙여넣기를 하면 모든 함수값을 얻을 수 있지만 여기서는 붙여넣기를 하지 않고 다른 방법으로 수식을 복사하여 보자. C5 셀을 선택하면 선택된 셀의 오른쪽 아래 부분에 검은 정사각형 모양이 나타난다. 이것을 보통 채우기 핸들이라 한다. 이 채우기 핸들에 마우스 포인터를 갖다대면 포인터의 모양이 '+'로 바뀌며 이 채우기 핸들을 더블 클릭하면 모든 함수값을 간단하게 얻을 수

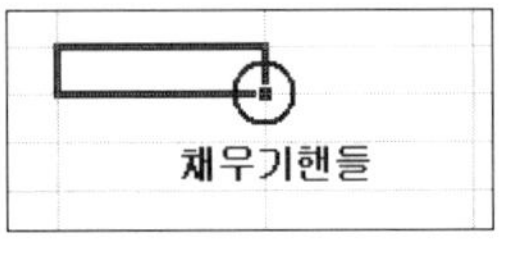

있다. 물론 채우기 핸들을 마우스로 드래그하여도 같은 수식을 얻을 수 있으나 정의역의 값이 많으면 드래그하기가 쉽지 않은 경우도 있다.

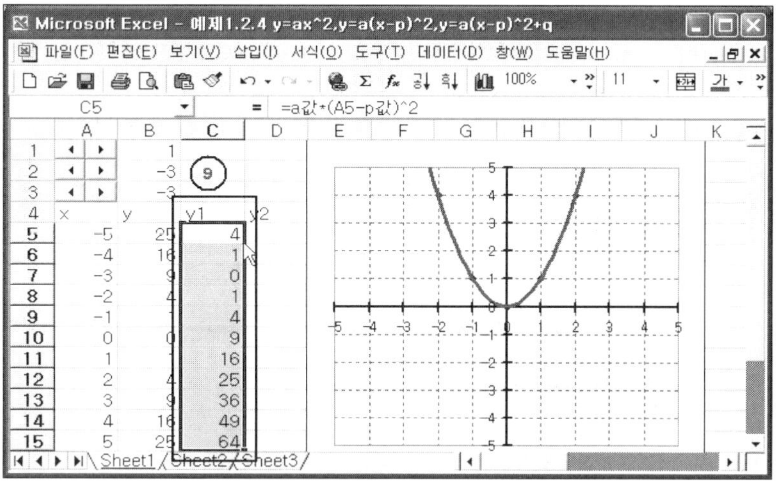

⑩ C열의 함수값들을 선택하여 마우스로 끌어 오른쪽 좌표평면에 이차함수 $y=a(x-p)^2$의 함수값들을 추가하자.

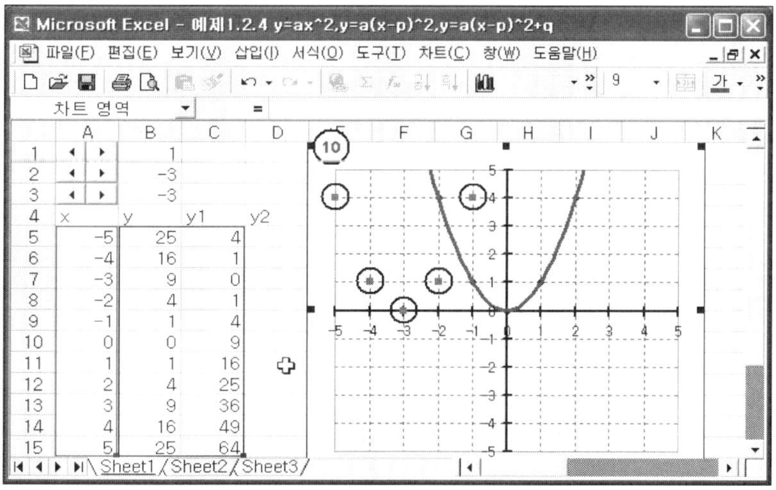

⑪ 이차함수 $y=a(x-p)^2+q$의 함수값에 D열을 같은 방법으로 만들고 좌표평면에 함수값들을 추가하여 다음 그림과 같이 만들자.

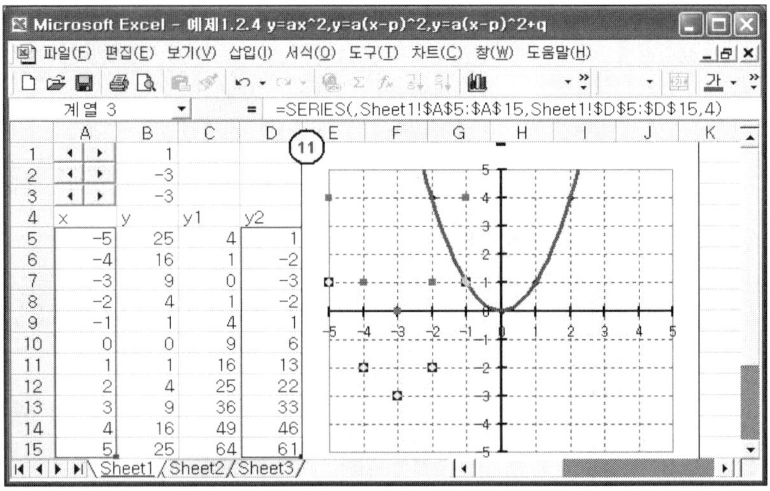

⑫ 좌표평면에 추가된 두 이차함수의 점의 좌표에 추세선을 추가하고 형식(색, 두께 등)을 지정하면 다음 그림과 같이 나타난다. 이때, 스핀 단추를 클릭하면 a, p, q값에 따른 이차함수의 그래프가 변하는 모습을 관찰할 수 있다.

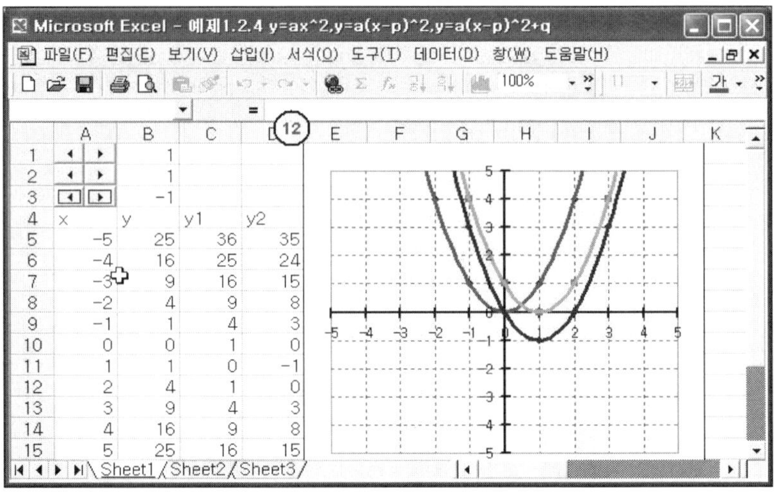

예제 1.2.5 『목표값 찾기』를 이용하여 이차함수 $y=ax^2+bx+c$가 x축과 만나는 점의 x좌표의 근사값을 구하여보자.

① 임의의 이차함수의 x절편의 근사값을 구하는 방법을 알아보자. 먼저 다음과 같이 스핀 단추( )를 세 개 만들고 그 속성을 다음과 같이 지정하자.

속 성	LinkedCell	Max	Min	SmallChange
a값	AA1	12	0	1
b값	AA2	12	0	1
c값	AA3	12	0	1

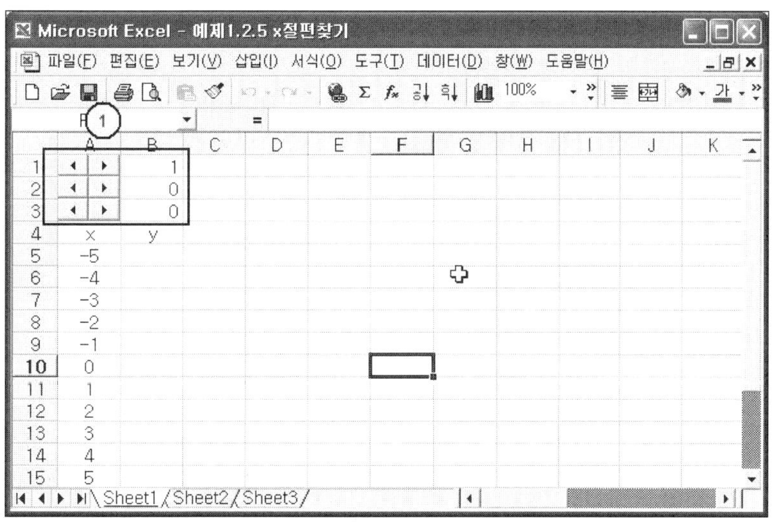

② 이차함수 $y=ax^2+bx+c$의 각 항의 계수 a, b, c의 값이 있는 B1, B2, B3 셀에 이름을 부여하자. 셀에 이름을 부여할 때에는 한글과 영문, 어떤 것을 사용하여도 상관이 없으나 셀의 주소와 비슷한 이름을 사용할 수는 없다. 예를 들면, AA는 AA열과 같으므로 AA로 셀의 이름을 부여할 수 없다. 여기서는 각각 a값, b값, c값이라고 이름을 부여하겠다. 물론 셀의 이름을 부여할 때에 예제 1.2.4와 같이 메뉴의 『삽입 ⇒ 이름 ⇒ 정의』를

선택하여 [이름 정의] 대화 상자에서 셀의 이름을 부여할 수도 있으나 이번에는 조금 더 간편한 방법을 사용하겠다. 앞의 예제 1.2.4의 ⑦을 보면 이름 상자라는 것이 있다. 이 이름 상자에 부여할 셀의 이름을 바로 입력하면 된다.

먼저, 이름을 부여할 B1 셀을 선택한 상태에서 마우스로 이름 상자를 클릭하면 셀의 이름을 입력할 수 있게 활성화된다. 이름 상자에 "a값"이라고 입력하고 Enter↵ 키를 누르면 셀의 이름이 간단히 정의된다.

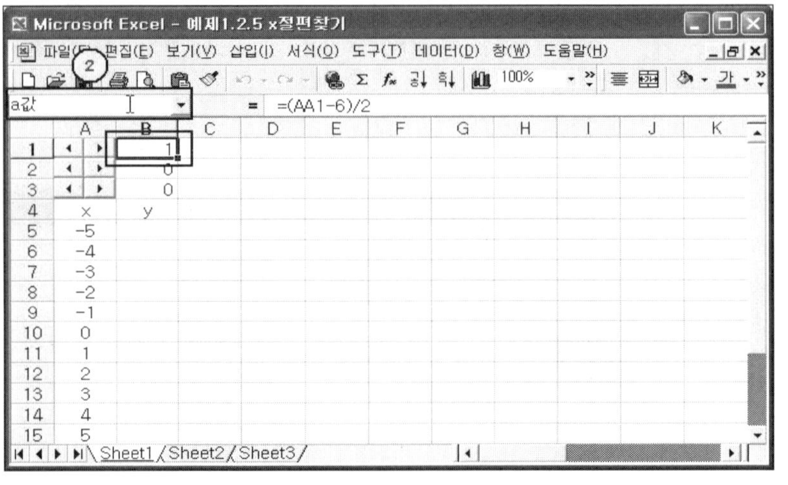

③ 같은 방법으로 B2, B3 셀의 이름을 각각 "b값", "c값"이라고 정의하자.

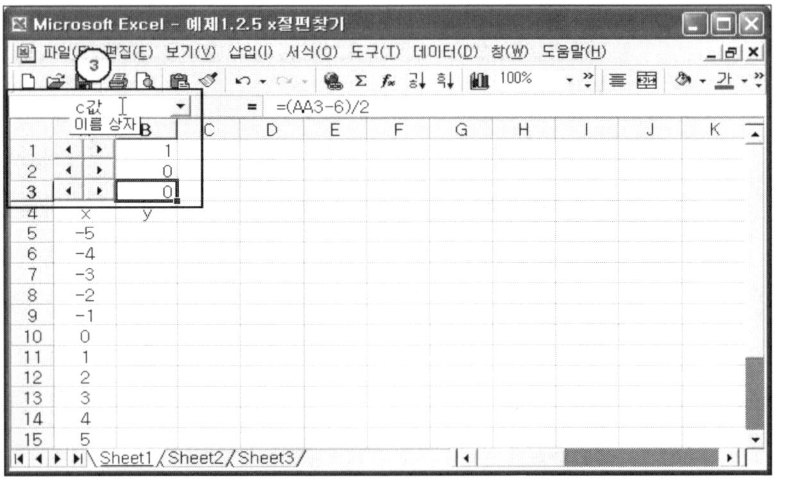

④ B5 셀부터 B15 셀까지 이차함수 $y = ax^2 + bx + c$의 함수값을 얻기 위해 먼저 B5 셀에 수식 「=a값*A5^2+b값*A5+c값」을 입력하자. 그러면 x값이 -5일 때의 함수값을 얻을 수 있으며, B5 셀을 선택한 상태에서 채우기 핸들을 더블 클릭하면 모든 x값에 대한 함수값을 얻을 수 있다.

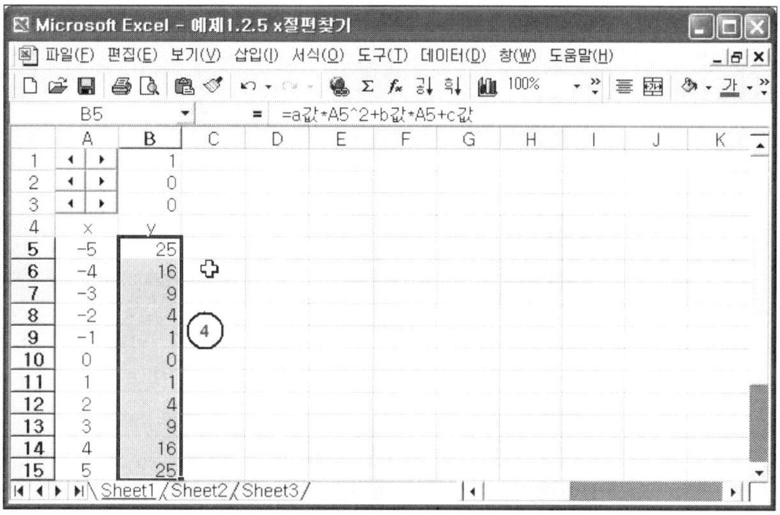

⑤ 차트 마법사를 이용하여 추세선이 포함된 이차함수의 그래프를 다음 그림과 같이 나타내자.('사용자 정의'에 등록된 좌표평면을 이용한다.)

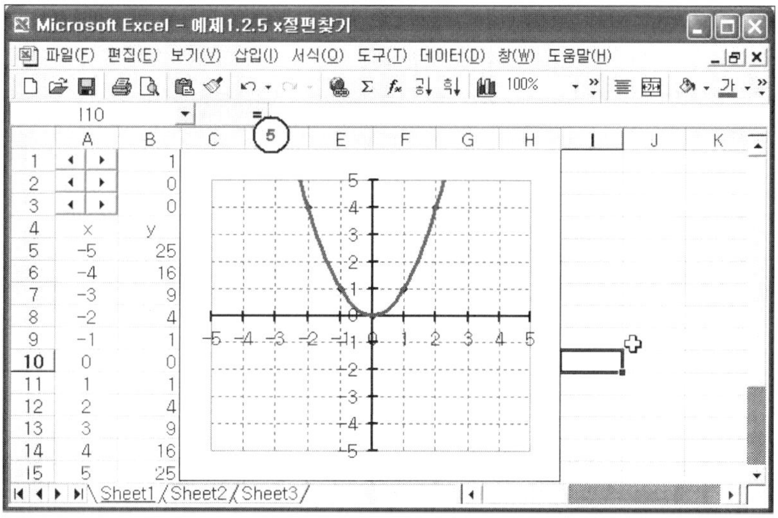

⑥ 스핀 단추를 클릭하면 이차함수의 각 항의 계수에 대한 그래프가 나타난다. a값은 이차함수가 아래로 볼록, 위로 볼록한 상태를 나타내며, b값은 a값과 부호가 같으면 대칭축이 y축의 왼편에 있으며 부호가 다르면 대칭축이 y축의 오른쪽에 있는 것을 나타낸다. 또, c값은 y축과 만나는 y절편을 나타내는 것을 확인할 수 있다. 스핀 단추를 클릭하여 a, b, c의 값을 1, -2, -3으로 만들면 이차함수 $y=x^2-2x-3$의 그래프가 좌표평면에 나타난다. 이때, 이 이차함수의 x절편의 근사값을 만들어 보자.(물론, x절편은 -1, 3이다.) 먼저, J2, K2 셀에 각각 -2와 4의 값을 입력하자.

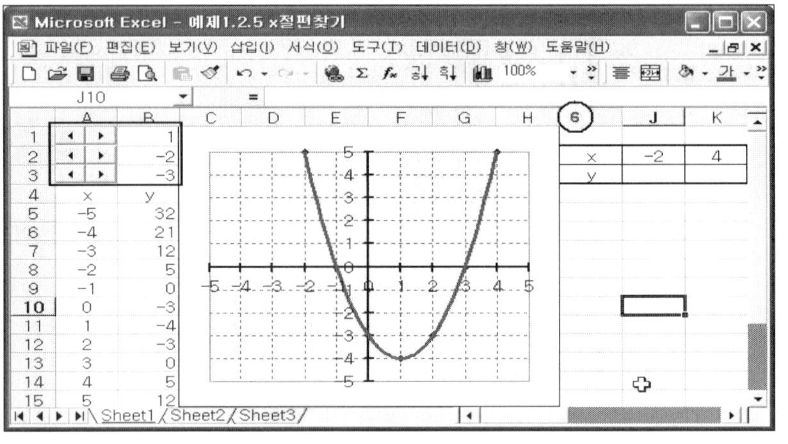

⑦ J3, K3 셀에 각각의 x값에 대한 함수값을 만들자.

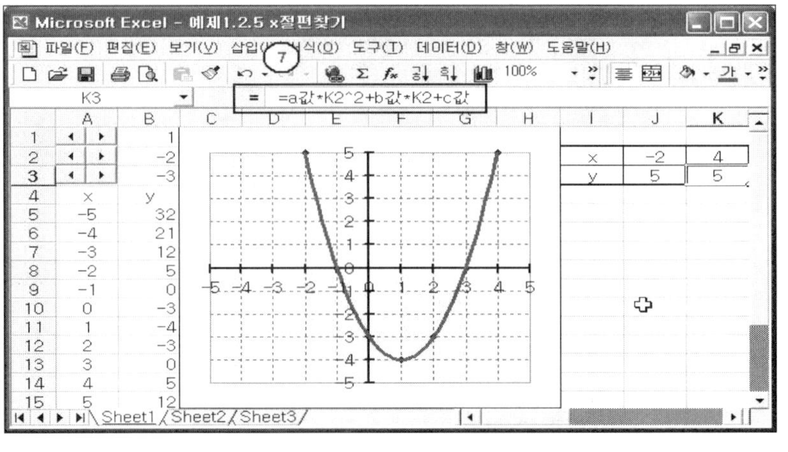

⑧ 『목표값 찾기』라는 것을 활용하여 함수값이 0이 되는 x값을 찾고자 한다. 먼저, J3 셀을 선택한 후 메뉴의 『도구 ⇒ 목표값 찾기』를 선택한다.

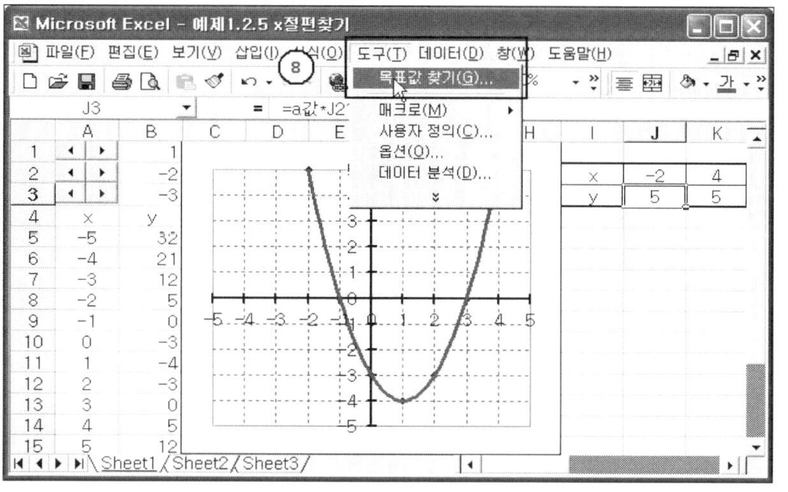

⑨ [목표값 찾기] 대화 상자에 '수식' 셀은 "J3", '찾는 값'은 "0", '값을 바꿀 셀'은 "J2"을 입력하고 **확인**을 클릭한다.

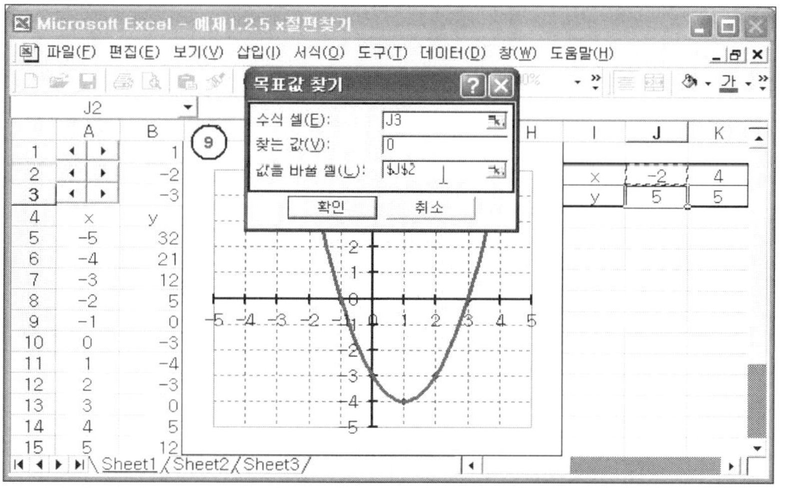

※ 목표값 찾기 항목

- 수식 셀 : 이차함수의 수식이 사용된 셀의 주소를 나타낸다.
- 찾는 값 : 찾고자 하는 이차함수의 값. 여기서는 x축과 만나는 y 좌표값 0을 나타낸다.
- 값을 바꿀 셀 : y 좌표값이 0이 되는 x값을 나타낼 주소. 수식에 사용된 정의역의 주소를 입력하여야 한다.

⑩ [목표값 찾기 상태] 대화 상자가 나타나는데 주어진 이차함수에 대한 y좌표의 값이 0이 되는 값을 찾았지만 현재값은 0.000278226이라는 0에 아주 가까운 값을 찾았다. 정확히 0이라는 값을 찾으면 더욱 좋겠지만 엑셀은 근사값을 찾아준다. 또, J3 셀에는 "3E-04"라는 값이 나왔는데, 이것은 근사값으로 "3×10^{-4}"이라는 것을 의미하며 J2 셀은 이 때 x의 근사값이 "-1"이라는 것을 의미한다.

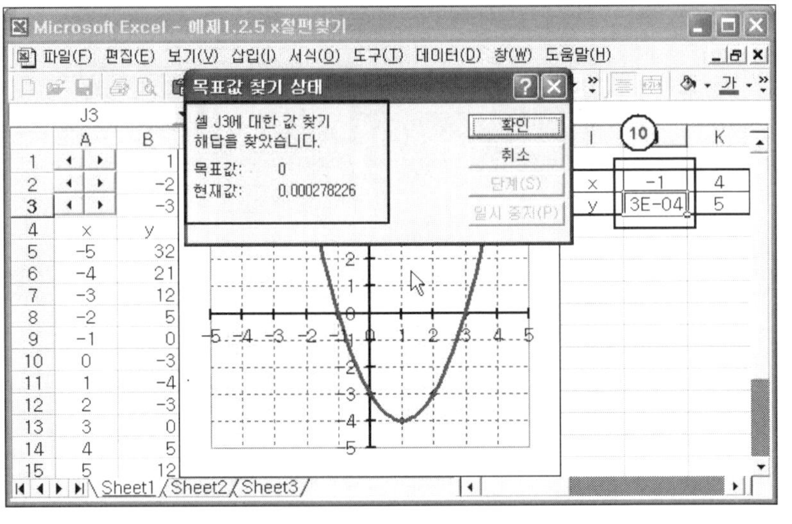

⑪ J열의 간격을 조금 더 넓혀주면 다음 그림과 같이 목표값에서 찾은 값 0.000278226이 나타나며, 이때의 x값이 -1.000069555라는 것을 알 수 있다.

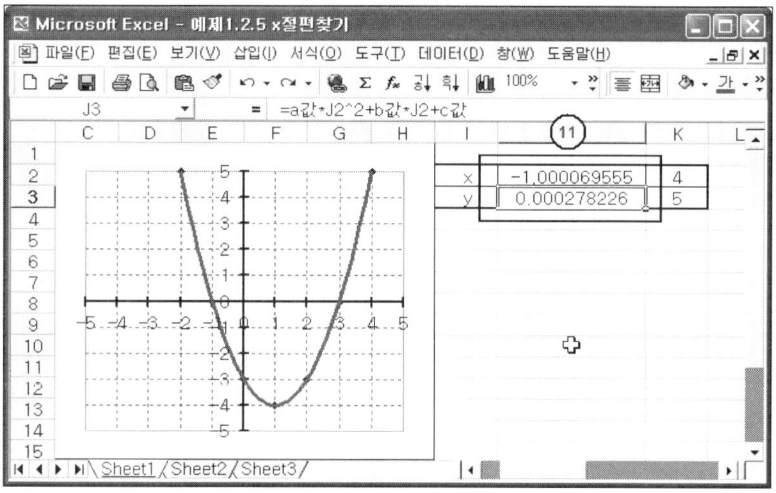

엑셀에서 목표값을 찾는 방법을 정확하게 알 수는 없지만 방정식의 해를 구하는 방법 중 뉴튼법(Newton's Methed)을 이용하여 구하지 않을까 추측이 된다. 물론 학생들에게 정확한 값을 보여주는 것도 중요하지만 다항방정식이 아닌 삼각함수나 지수·로그함수가 사용된 방정식의 해를 찾을 때에는 근사값을 구할 수 있다는 것도 하나의 방법이 되지 않을까 싶다.

⑫ 앞의 방법과 같은 방법으로 K3 셀을 선택하여 『목표값 찾기』를 실행하면 다음 그림과 같이 x절편의 값을 잦을 수 있다.

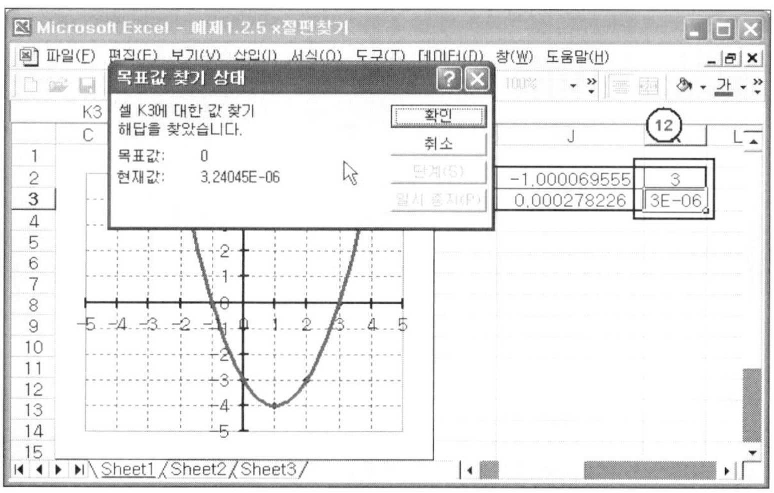

위의 이차함수 $y=x^2-2x-3$의 x절편이 -1과 3이므로 목표값으로 이와 같은 값을 찾기 위해서는 처음 x값이 -1보다 작은 값과 3보다 큰 값을 이용하여 찾아야만 서로 다른 두 개의 x절편을 찾을 수 있다. 만약 처음 두 개의 x 값을 3보다 큰 값으로 하면 동일한 x절편의 값만을 찾을 수 있다. 이와 같이 함수의 x절편의 값을 찾기 위해서는 먼저, 함수의 그래프를 확인한 뒤 절편을 찾아야 할 것이다.

이차함수 $y=ax^2+bx+c$와 일차함수 $y=mx+n$에 대하여 두 함수의 교점을 구하는 이차방정식 $ax^2+(b-m)x+c-n=0$에서 판별식을 D라 할 때,

i) $D>0 \Leftrightarrow$ 두 함수의 그래프가 서로 다른 두 점에서 만난다.
ii) $D=0 \Leftrightarrow$ 두 함수의 그래프가 한 점에서 만난다.(접한다)
iii) $D<0 \Leftrightarrow$ 두 함수의 그래프가 만나지 않는다.

두 함수 사이의 위치관계를 엑셀을 이용하여 나타내어 보자.

예제 1.2.6 이차함수 $y=ax^2+bx+c$과 일차함수 $y=mx+n$의 위치관계

① 이차함수의 각 항의 계수와 일차함수의 각 항의 계수에 사용될 스핀 단추( )를 다음 그림과 같이 5개 만들고 그 속성을 지정하자.

속 성	LinkedCell	Max	Min	SmallChange
a값	AA1	12	0	1
b값	AA2	12	0	1
c값	AA3	12	0	1
m값	AA4	12	0	1
n값	AA5	12	0	1

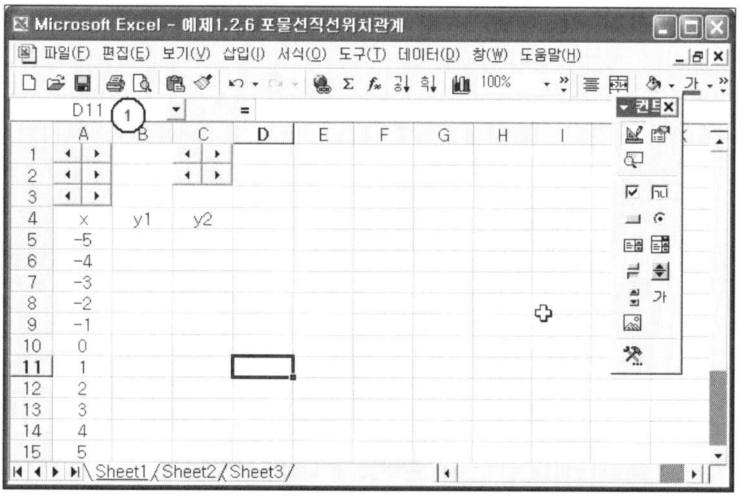

② 각 항의 계수값을 나타내기 위해 B1, B2, B3, D1, D2 셀에 수식 「=(AA1-6)/2」, 「=(AA2-6)/2」, 「=(AA3-6)/2」, 「=(AA4-6)/2」, 「=(AA5-6)/2」을 입력하자. 디자인 모드 끝내기() 단추를 클릭하면 모든 계수의 값이 −3부터 3까지 0.5씩 변하는 것을 확인할 수 있을 것이다.

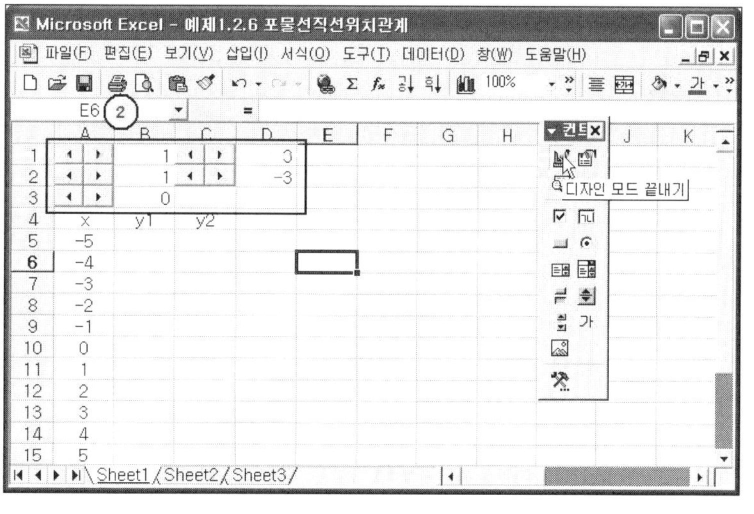

③ 함수의 각 항의 계수에 이름을 다음과 같이 부여하자.

계수	a	b	c	m	n
이름	vala	valb	valc	valm	valn

또, 이차함수와 일차함수의 모든 함숫값을 구하자.

④ 차트 마법사(📊)를 이용하여 두 함수의 그래프를 다음 그림과 같이 만들어 보자.

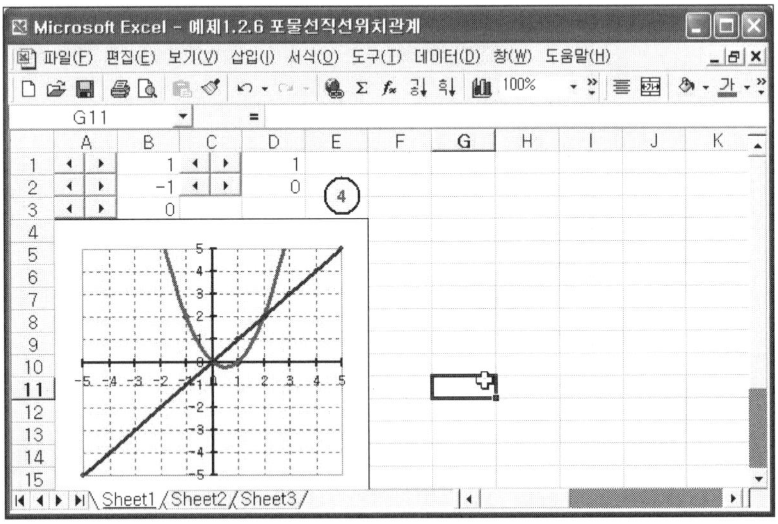

⑤ 두 함수의 교점의 x좌표는 이차방정식 $ax^2+(b-m)x+c-n=0$의 실근이므로 교점의 개수에 따라 실근의 개수가 결정된다. 다시 말하면, 이차방정식의 판별식의 값에 따라 교점의 개수가 결정되므로 임의의 셀에 이 이차방정식의 판별식의 값을 계산하자. 판별식은 $D=(b-m)^2-4a(c-n)$이므로 H3 셀에 수식 「=(valb-valm)^2-4* vala*(valc-valn)」를 입력하여 판별식의 값을 계산하자.

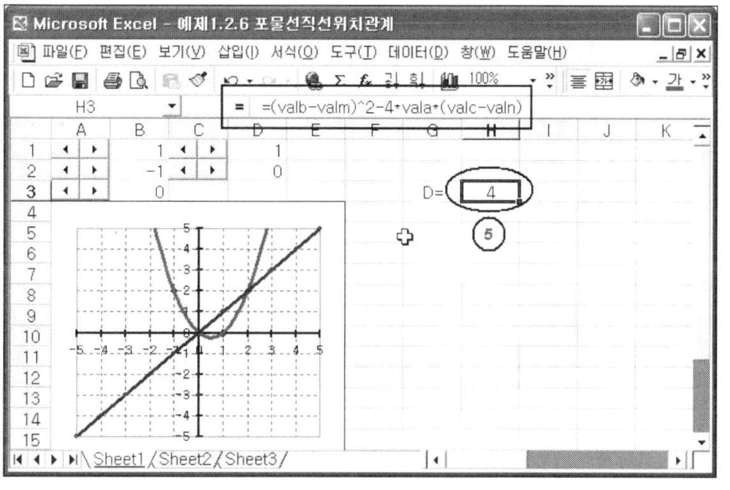

⑥ 위의 그림에서 두 함수는 서로 다른 두 점에서 만나므로 판별식이 양의 값을 가지는 것을 확인할 수 있다. H4 셀에 판별식의 값에 따라 "서로 다른 두 점에서 만난다", "한 점에서 접한다.", "만나지 않는다."라는 말이 자동적으로 나타날 수 있도록 IF문을 사용하여 수식을 만들자. 수식을 「=IF(H3>0, "서로 다른 두 점에서 만난다", IF(H3=0, "한 점에서 만난다", "만나지 않는다"))」라고 입력하면 H3 셀의 값의 부호에 따라 두 함수 사이의 위치관계가 자동적으로 나타난다.

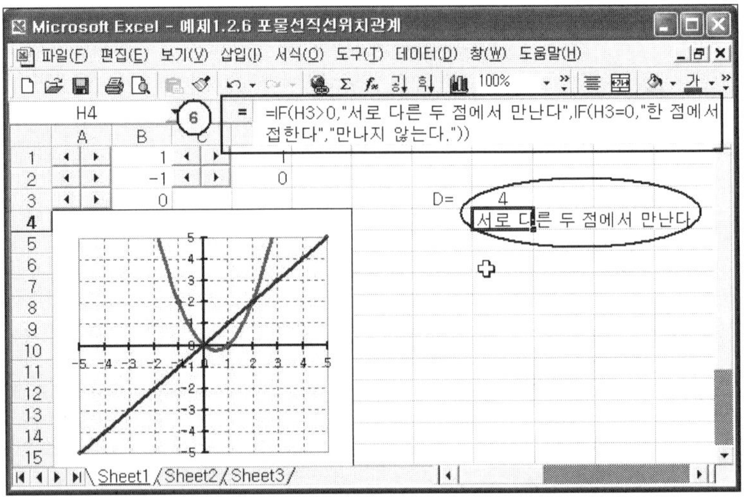

※ IF문의 형식

IF(조건문, a, b)

위의 뜻은 조건문을 만족하면 a를 실행하고 그렇지 않으면 b를 실행하자라는 것이다. 예를 들어, H4 셀에 수식 「=IF(H3>0,H3,−H3)」을 입력하는 것은 H3 셀 값이 양이면 H4 셀에 H3 셀의 값을 나타내고, 양이 아니면 H4 셀에 H3 셀 값의 부호를 바꾸어서 나타내자는 것이다. 보통 셀의 값을 나타낼 때에는 셀의 주소를 그대로 나타내면 되지만, 위의 그림과 같이 문장으로 나타내려고 할 때에는 문장을 " "로 묶어 "문장"으로 나타내어야 한다.

⑦ 위의 그림에서 예제 1.2.5에서 다루었던 『목표값 찾기』를 이용하여 두 함수의 교점의 x좌표를 구하여보자. 먼저, 스핀 단추를 조정하여 이차함수를 $y=x^2-2x$, 일차함수를 $y=x+1$로 만들자. 두 함수의 교점의 x좌표는 다음과 같다.

$$x^2-2x=x+1$$
$$x^2-3x-1=0$$
$$\therefore x=\frac{3\pm\sqrt{13}}{2}$$

단순히 인수분해하면 x좌표를 얻을 수 없지만 『목표값 찾기』를 이용하여 근사값을 얻을 수 있다.

먼저, H7, I7 셀에 교점의 x좌표보다 먼쪽의 값 -3, 4를 입력하자.

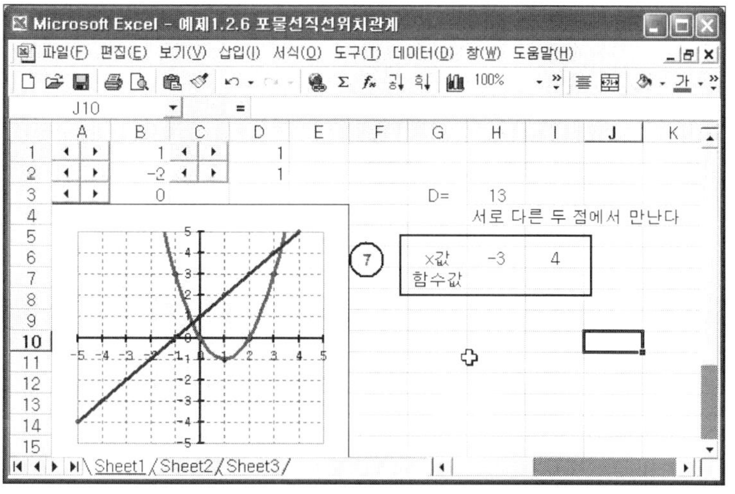

⑧ H8, I8 셀에 수식 「=vala*H6^2+(valb-valm)*H6+valc-valn」, 「=vala*I6^2+(valb-valm)*I6+valc-valn」를 입력하여 각각의 함수값을 구한다.

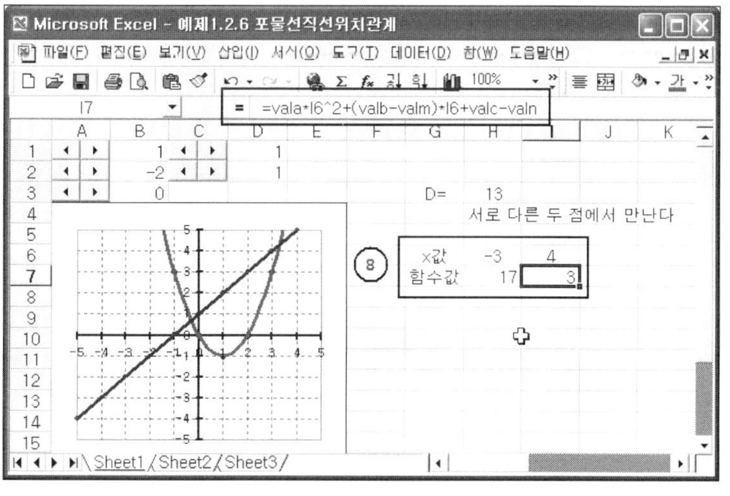

⑨ H7 셀을 선택한 뒤 메뉴의 『도구 ⇒ 목표값 찾기』를 선택하자. [목표값 찾기] 대화 상자에서 '수식' 셀은 "H7", '찾는 값'은 "0", '값을 바꿀 셀'은 "H6"을 입력하고 확인을 클릭하면 두 함수의 만나는 교점의 x좌표의 근사값을 얻을 수 있다.

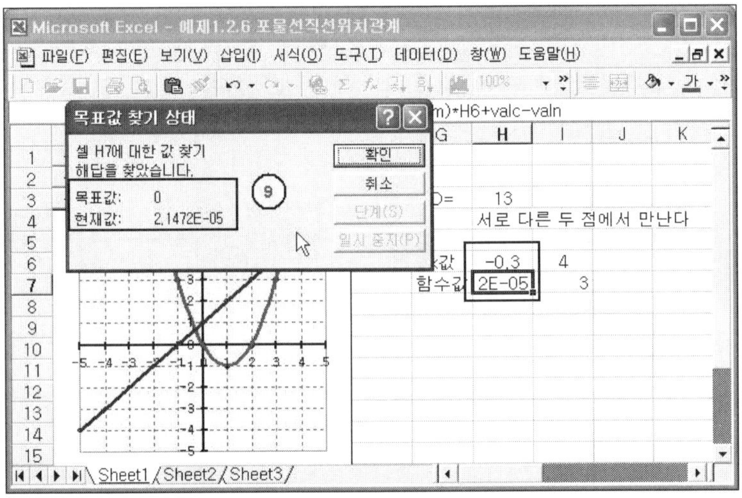

⑩ 같은 방법으로 교점의 x좌표를 하나 더 구하면 다음과 같다.

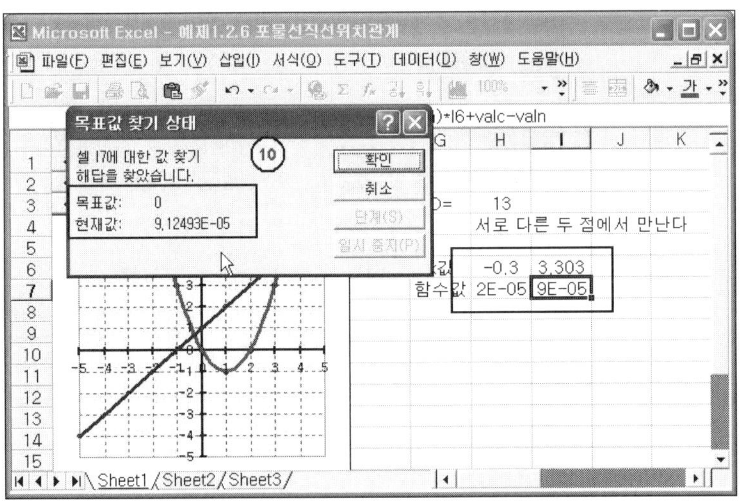

▌연습문제 1.2 ▌

문제 1.2.1

예제 2.1.1에서 음의 x값에 대해서도 같은 방법으로 만들어 이차함수의 그래프를 만들어 보자. 또, 간격을 한 번씩 더 만들어 보자.

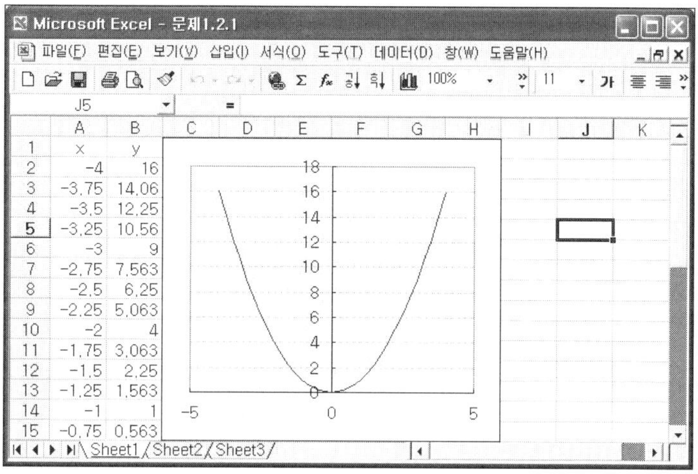

문제 1.2.2

이차함수 $y=2x^2$, $y=-2x^2$의 그래프를 **예제 1.2.2**에서 등록한 좌표평면을 활용하여 나타내어 보자.

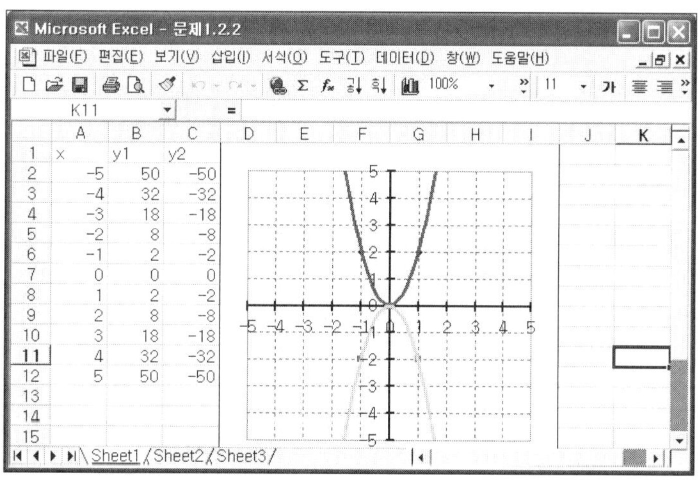

문제 1.2.3

스핀 단추(⬍)를 이용하여 상수 a, b, c의 값이 -3에서 3까지 0.5씩 변하도록 하여 이차함수 $y=ax^2+bx+c$의 그래프를 좌표평면에 나타내시오.

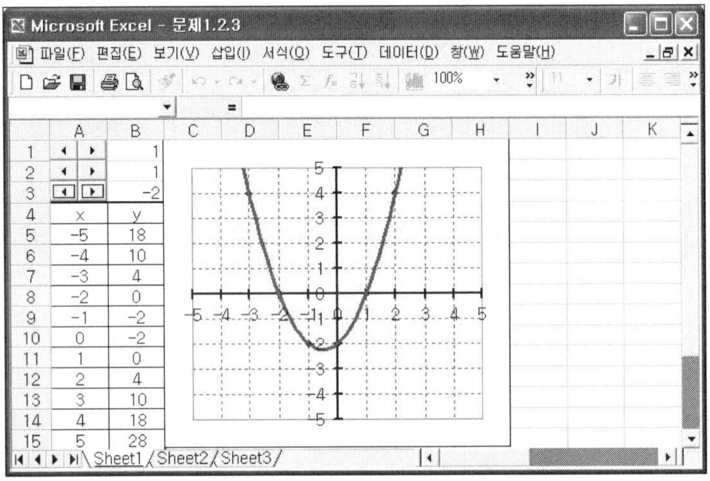

문제 1.2.4

목표값 찾기를 활용하여 다음 이차방정식의 해의 근사값을 구하시오.

① $x^2-x-2=0$ ② $x^2-x-3=0$

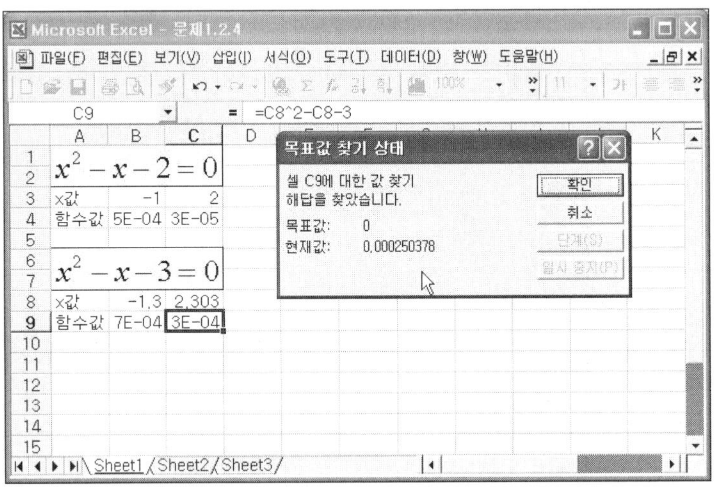

1.3 삼차함수의 그래프

이차함수와 같은 방법으로 삼차 이상의 고차함수의 그래프를 나타낼 수 있다. 먼저, 가장 기본적인 삼차함수 $y=x^3$의 함수의 그래프를 정의역 $\{x \mid -5 \leqq x \leqq 5\}$에서 나타내고 삼차함수의 그래프를 차트 종류에 등록하자.

예제 1.3.1 $y=x^3$의 그래프(정의역 $\{x \mid -5 \leqq x \leqq 5\}$)

① 다음 그림과 같이 정의역의 값과 그 함수값을 입력하자.

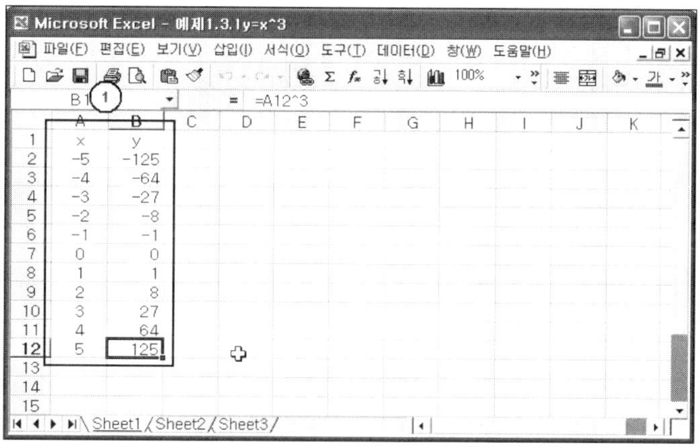

② 점의 좌표를 모두 선택한 뒤 『표준 도구 모음』의 차트 마법사(📊)를 클릭하자.

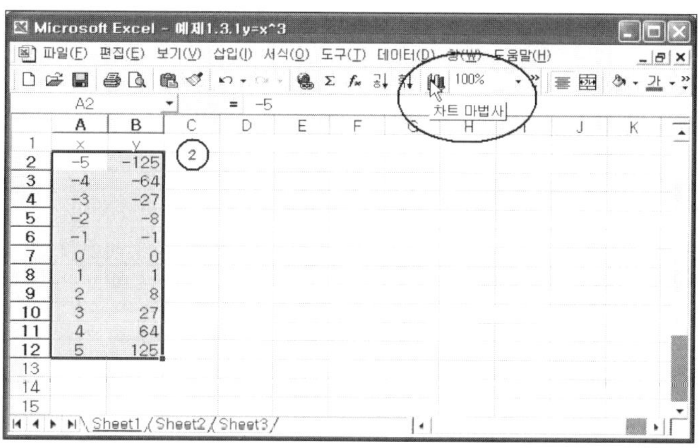

③ [차트 마법사 1단계]에서 '차트 종류'를 '분산형'으로 선택하고 [차트 마법사 3단계]에서 [눈금선] 탭에서는 '주 눈금선'을 X, Y축 둘 다 선택하자. [범례] 탭에서는 범례를 생략하여 **마침**을 클릭하면 다음 그림과 같은 좌표평면에 삼차함수의 점의 좌표만 나타난다.

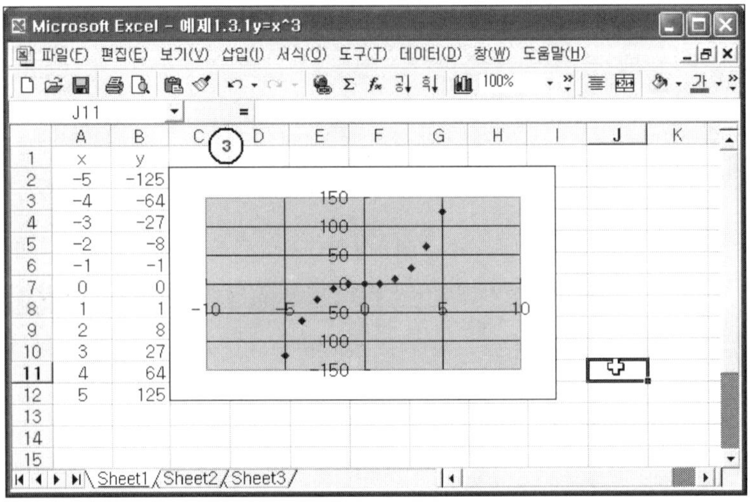

④ 축과 눈금, 그림 영역을 이차함수와 같은 방법으로 지정하면 다음 그림과 같은 좌표평면이 나타난다.

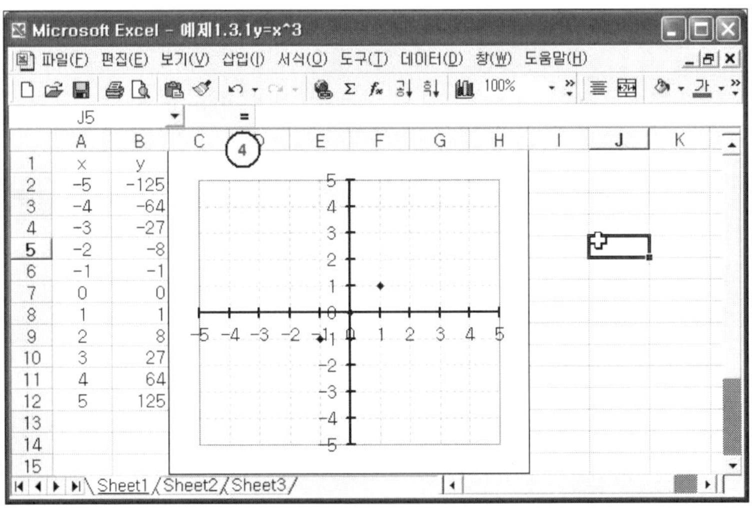

⑤ 좌표평면 위의 임의의 한 점을 선택하여 추세선을 추가하자. [추세선] 대화 상자의 [종류] 탭에서 '추세/회귀 유형'은 '다항식', '차수'는 "3"으로 하여 **확인**을 클릭하자.

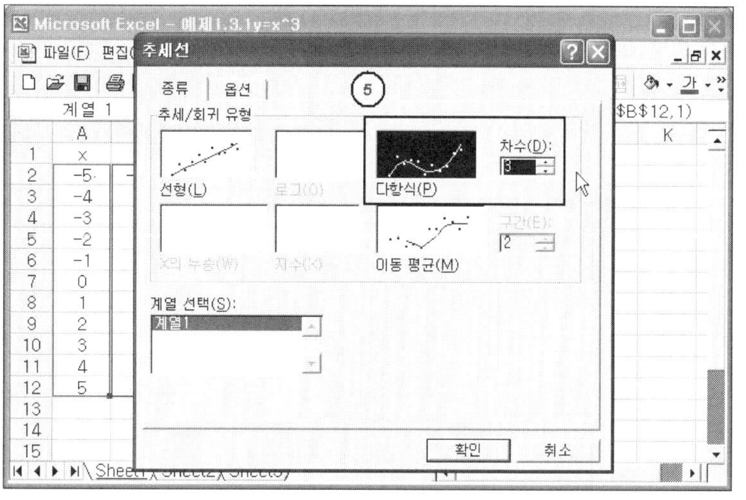

⑥ 다시 삼차함수를 선택하여 삼차함수의 추세선 서식에서 삼차함수의 색, 두께 등을 지정하여 나타내면 다음 그림과 같다.

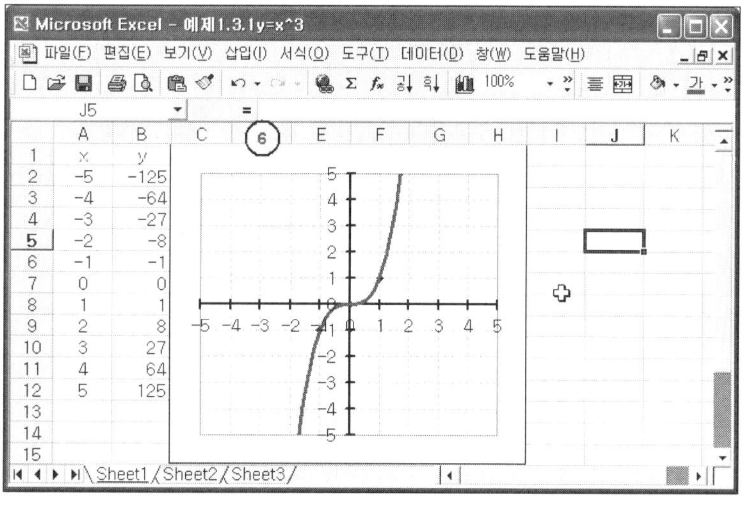

⑦ 삼차함수의 추세선이 지정된 좌표평면을 차트에 등록하자. 차트를 선택한 뒤 메뉴의 『차트 ⇒ 차트 종류』를 클릭하면 [차트 종류] 대화 상자에 나타난다. [차트 종류] 대화 상자에서 [사용자

정의 종류] 탭에서 **추가**를 클릭하면 다음 그림과 같이 [사용자 정의 차트 종류 추가] 대화 상자가 나타나며, 여기서 차트에 대한 '이름'과 '설명'을 입력하여 **확인**을 클릭하면 삼차함수의 좌표평면이 차트에 등록이 된다.

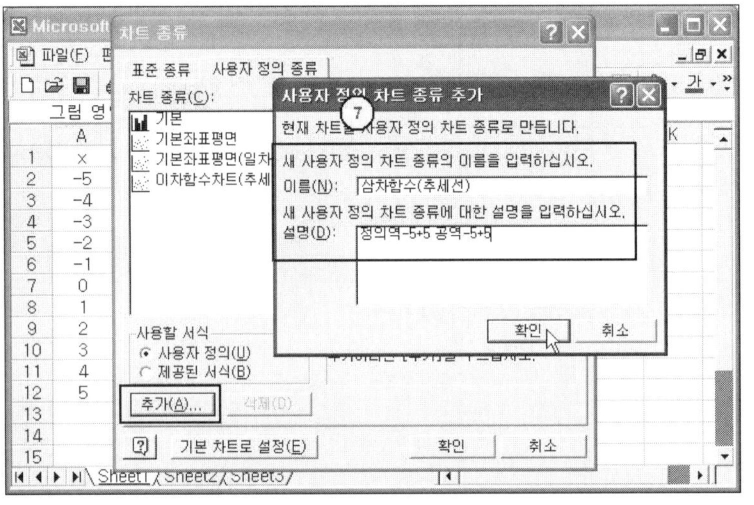

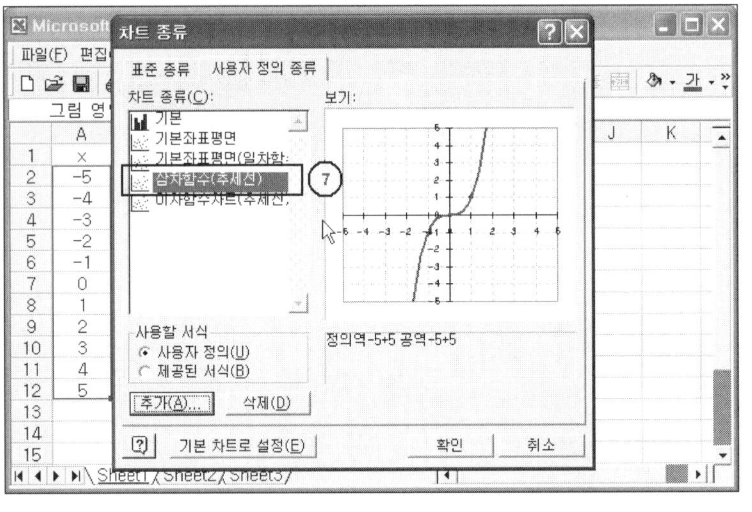

예제 1.3.2 삼차함수 $y = ax^3 + bx^2 + cx + d$의 그래프

스핀 단추( )를 이용하여 변하는 계수의 값에 따른 삼차함수 $y = ax^3 + bx^2 + cx + d$의 그래프를 나타내어 보자.

① 임의의 셀에 스핀 단추(또는 스크롤 막대) 네 개를 만들고 그 속성을 다음과 같이 지정하자. 또, K1, K2, K3, K4 셀에 각각 수식 「=(AA1-6)/2」, 「=(AA2-6)/2」, 「=(AA3-6)/2」, 「=(AA4-6)/2」를 입력하여 -3부터 +3까지 0.5씩 값이 변할 수 있도록 하자.

속 성	LinkedCell	Max	Min	SmallChange
a값	AA1	12	0	1
b값	AA2	12	0	1
c값	AA3	12	0	1
d값	AA4	12	0	1

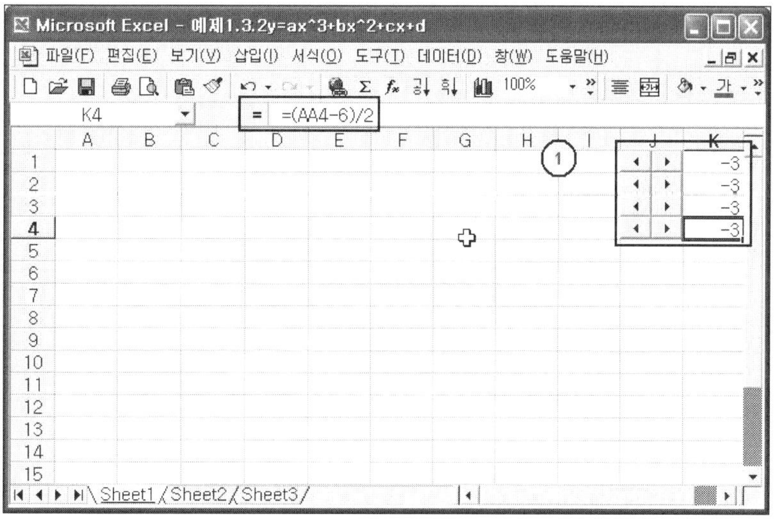

② 이름 상자에 직접 입력하여 각각의 K1, K2, K3, K4 셀의 값에 이름을 "a값", "b값", "c값", "d값"으로 부여하자.

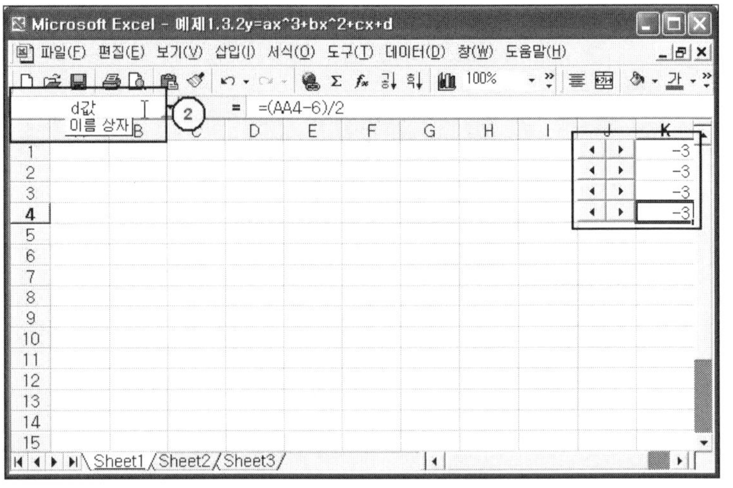

③ A2 셀부터 A12 셀까지 삼차함수의 정의역을 입력하고 B열에 그 함수값을 다음 그림과 같이 만들어 보자. 물론 함수값을 만들 때에는 수식을 이용하여 만들 수 있다.

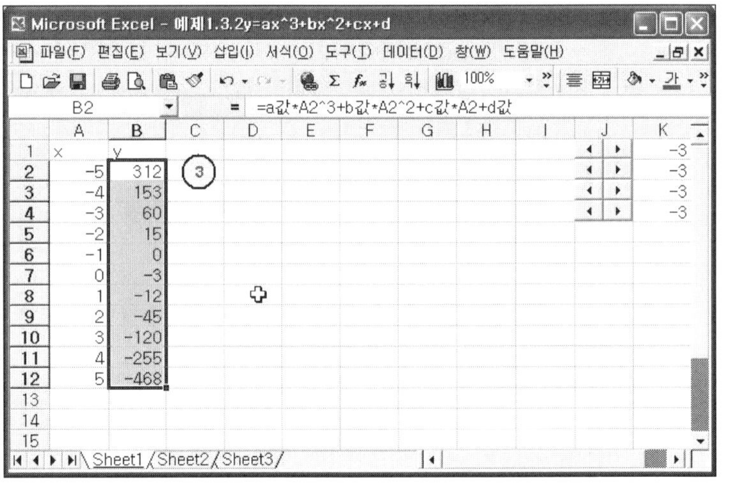

④ 차트 마법사(📊)를 이용하여 삼차함수의 그래프를 차트에 나타내어 보자. 모든 점의 좌표를 선택한 뒤 『표준 도구 모음』의 차트 마법사를 클릭하면 차트 마법사가 나타나며 [사용자 정의 종류] 탭에서 등록한 삼차함수의 차트를 선택하여 **확인**을 클릭하자.

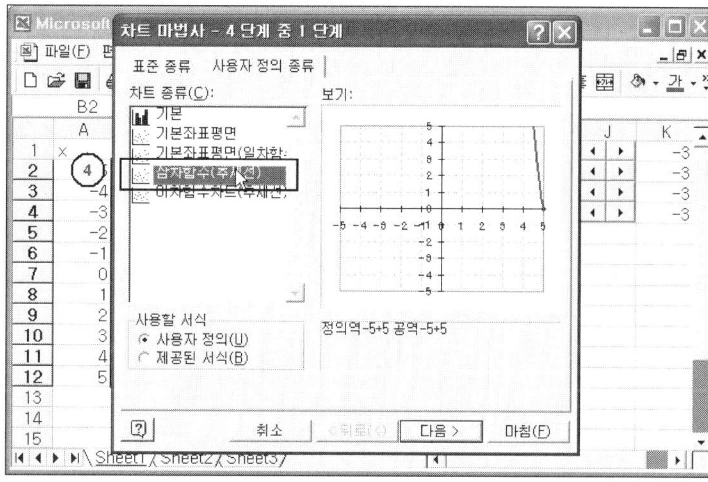

⑤ 스핀 단추를 클릭하면 변하는 각 항의 계수에 따른 삼차함수의 그래프가 나타난다.

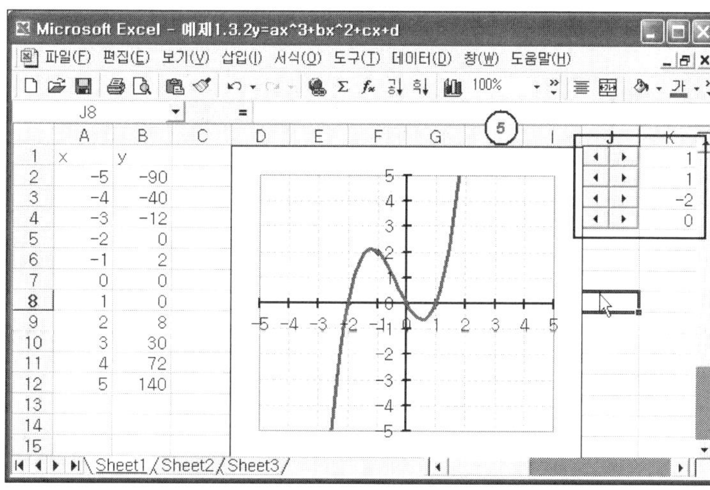

예제 1.3.3 삼차함수 $y = ax^3 + bx^2 + cx + d$와 그 도함수의 그래프

앞의 예제 1.3.2의 삼차함수의 그래프에 그 도함수의 그래프를 추가하여 보자. 삼차함수 $y = ax^3 + bx^2 + cx + d$의 도함수는 $y = 3ax^2 + 2bx + c$ 이므로 이 도함수의 함수값만 적당한 셀에 추가하여 좌표평면에 나타내면 된다.

① x값이 -5일 때 도함수의 함수값을 얻기 위해 C2 셀에 수식 「=3*a값*A2^2+2*b값*A2+c값」을 입력하자.

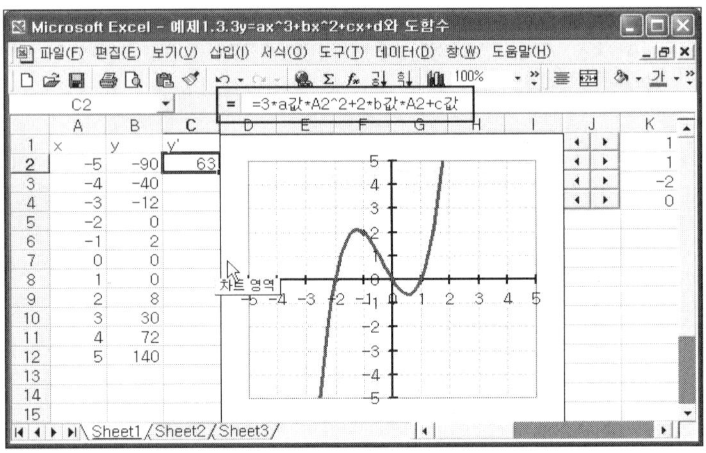

② C2 셀을 복사하여 C3 셀부터 C12 셀까지 붙여넣기를 하면 도함수의 모든 함수값을 얻을 수 있다.

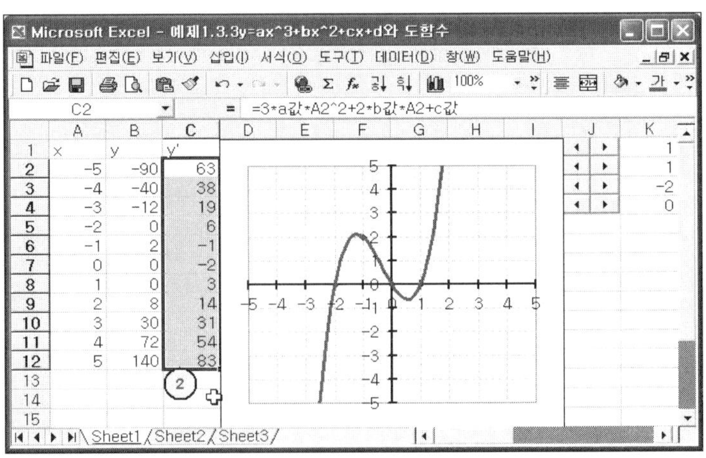

③ C2 셀부터 C12 셀까지 선택한 뒤 마우스 끌기를 이용하여 도함수의 함수값을 차트에 추가하면 다음 그림과 같이 도함수의 점의 좌표가 나타난다.

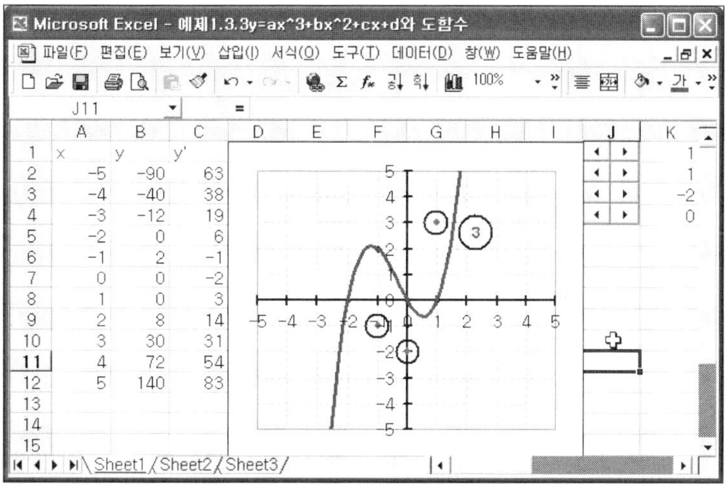

④ 도함수의 점의 좌표 중 임의의 한 점의 좌표를 선택하여 추세선을 추가하자. 삼차함수의 도함수는 이차함수이므로 추세선의 차수를 2로 지정하여 나타내면 다음과 같다.

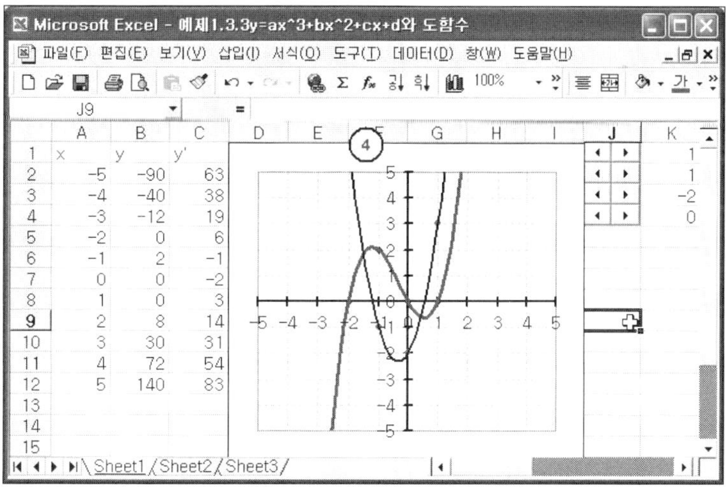

⑤ 도함수의 추세선의 서식(색, 두께 등)을 적당하게 지정하여 스핀 단추를 클릭하면 삼차함수의 각각 계수에 따른 삼차함수와 그 도함수의 그래프가 나타닌다.

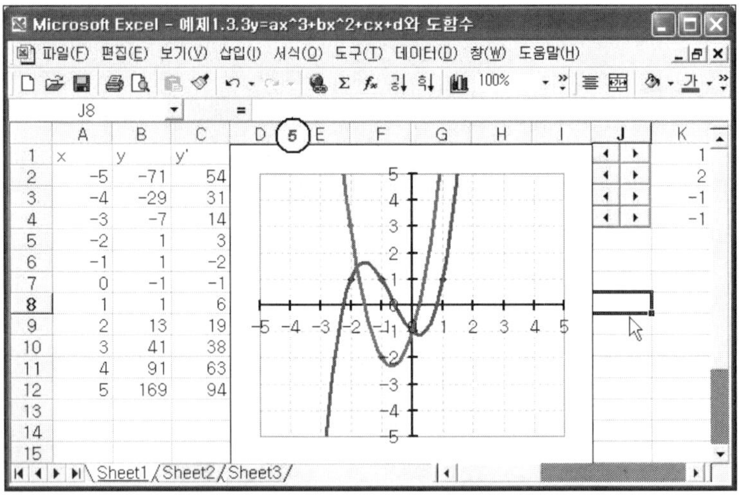

⑥ 삼차함수 위에 있는 변하는 점을 이용하여 함수가 증가하거나 감소할 때, 그 도함수의 값은 어떻게 되는지 관찰할 수 있도록 만들어 보자. 먼저, 임의의 셀에 스크롤 막대( )를 만들고 그 속성을 다음과 같이 지정하자.

속 성	LinkedCell	Max	Min	LargeChange	SmallChange
값	AA5	120	0	10	1

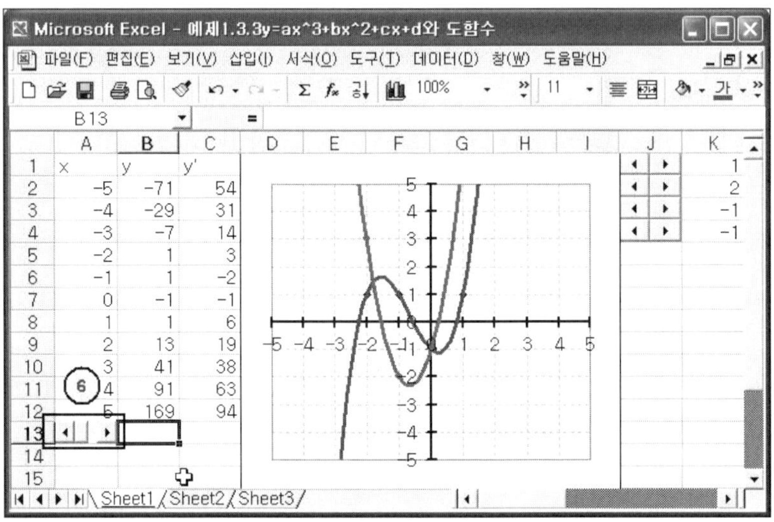

⑦ B13 셀에 수식 「=(AA5-60)/20」을 입력하면 −3에서 +3까지 0.05씩 변하는 값이 만들어진다. 이 값을 삼차함수의 x값으로 사용할 것이다. 또, C13 셀에 수식 「=a값*B13^3+b값*B13^2+c값*B13+d값」을 입력하여 함수값을 구하자.

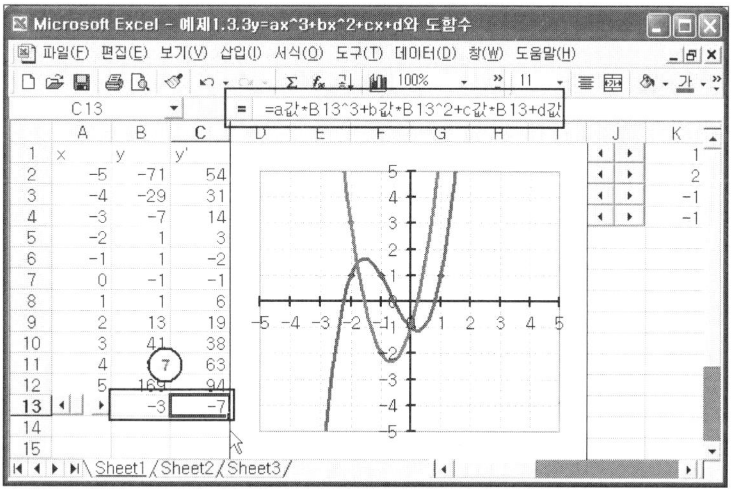

⑧ 차트를 선택한 뒤 메뉴의 『차트 ⇒ 원본 데이터』를 선택한다. [원본 데이터] 대화 상자의 [계열] 탭에서 계열을 추가하면 아래 그림과 같이 '계열 3'이 생긴다. 이 계열 3의 'X값', 'Y값'에 각각 "=Sheet1!$B$13", "=Sheet1!$C$13"을 입력하여 **확인**을 클릭하면 다음 그림과 같이 추가된 점의 좌표가 나타나는 좌표평면이 만들어진다.

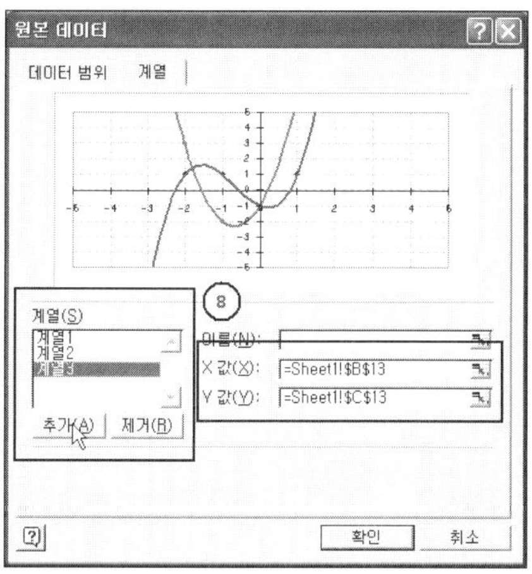

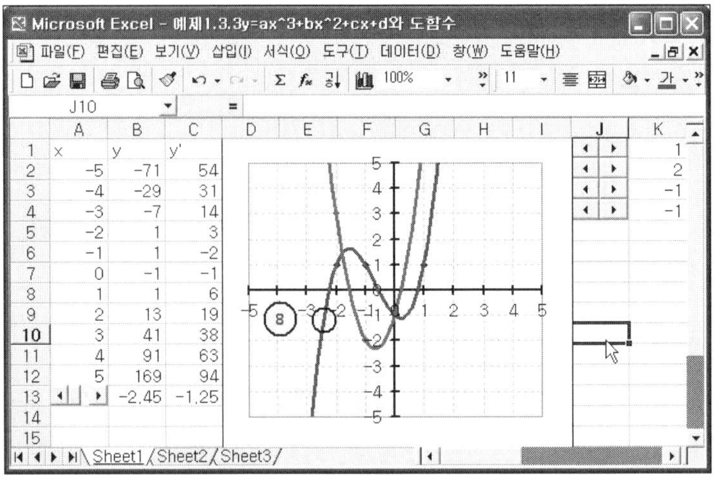

원본 데이터에 계열을 추가하여 점의 좌표를 나타내었지만 아래 그림과 같이 추가된 점이 확인하기가 쉽지 않을 수도 있다. 이런 경우에는 삼차함수의 추세선을 지우고 난 후 점의 모양을 확인하기 쉽게 바꾸어주고 다시 삼차함수의 추세선을 만들면 된다.

⑨ 삼차함수의 추세선을 지우고 움직이는 점의 좌표를 선택한 후 메뉴의 『서식 ⇒ 선택한 데이터 계열』을 선택하여 [데이터 계열 서식] 대화 상자를 불러낸다.

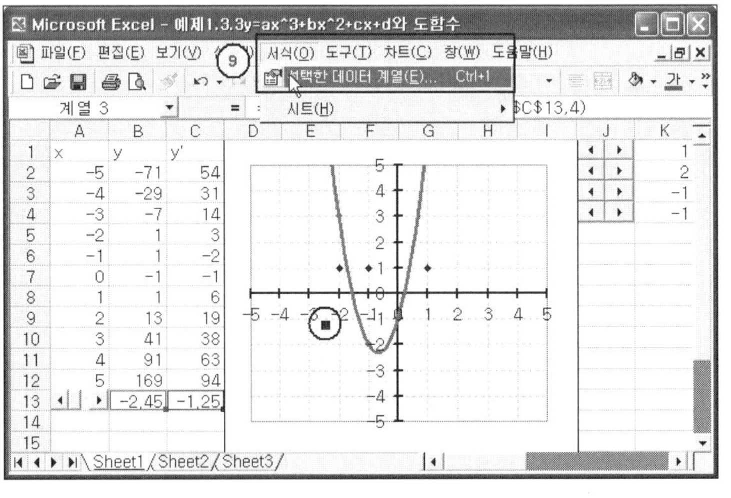

⑩ [데이터 계열 서식] 대화 상자의 [무늬] 탭에서 표식 항목의 '스타일'(점의 모양), '전경', '배경'(점의 색)을 지정하고 그 크기를 조금 크게 하면 다음 그림과 같이 움직이는 점의 모양을 확인할 수 있게 좌표평면에 나타낼 수 있다.

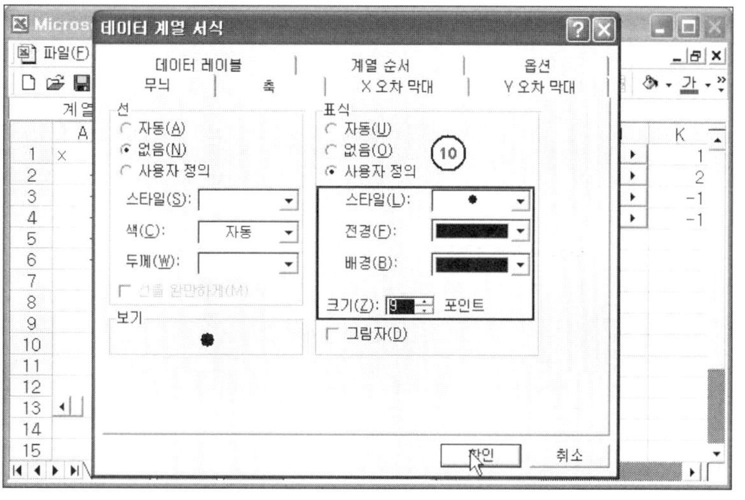

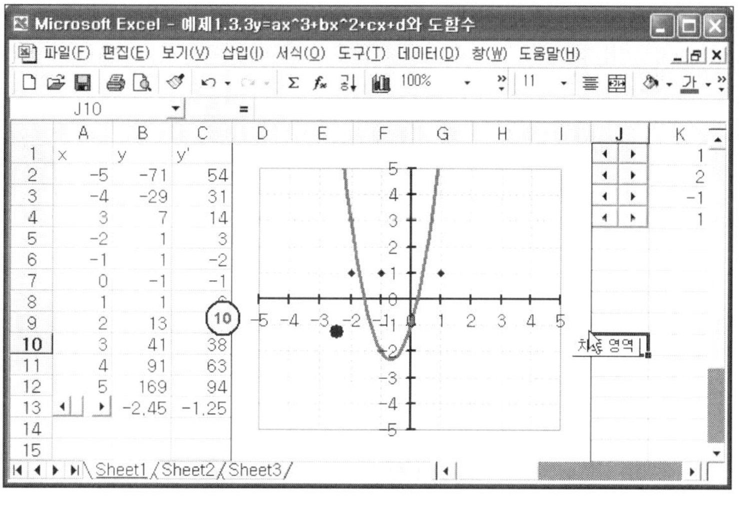

⑪ 삼차함수의 추세선을 다시 추가하여 만들어 주고, *x*값이 B13 셀일 때, 삼차함수의 도함수값을 수식 「=3*a값*B13^2+2*b값*B13+c값」을 이용하여 C14 셀에 나타내자. 이제 스크롤 막대를 클릭하여 삼차함수가 증가할 때 도함수의 값, 감소할 때 도함수

의 값을 관찰하면 증가할 때와 감소할 때의 차이점을 알 수 있을 것이다.

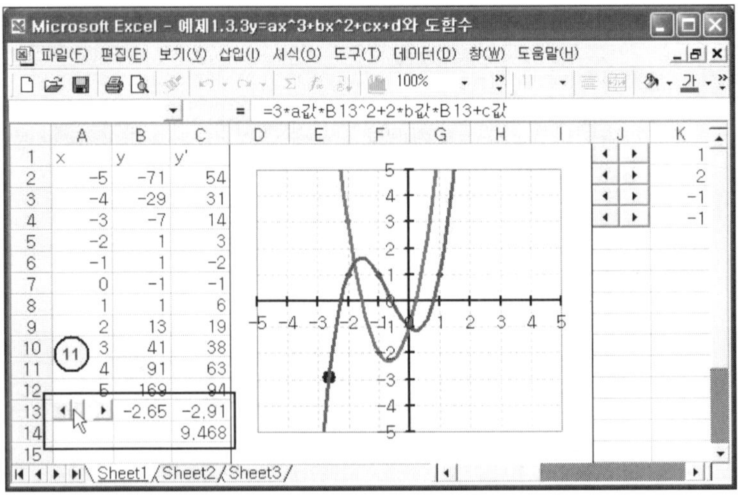

▌연습문제 1.3 ▌

문제 1.3.1

사차함수 $y=ax^4+bx^2+c$의 그래프를 스핀 단추(또는 스크롤 막대)를 이용하여 좌표평면에 나타내시오.

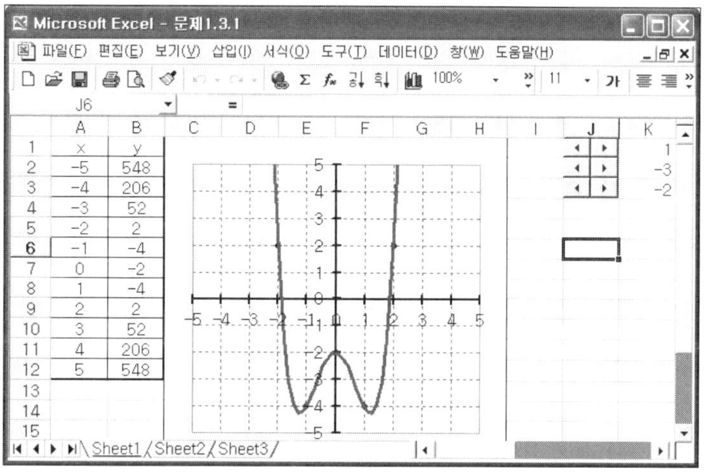

문제 1.3.2

스핀 단추를 이용하여 사차함수 $y=ax^4+bx^3+cx^2+dx+e$의 그래프와 그 도함수의 그래프를 좌표평면에 나타내시오.

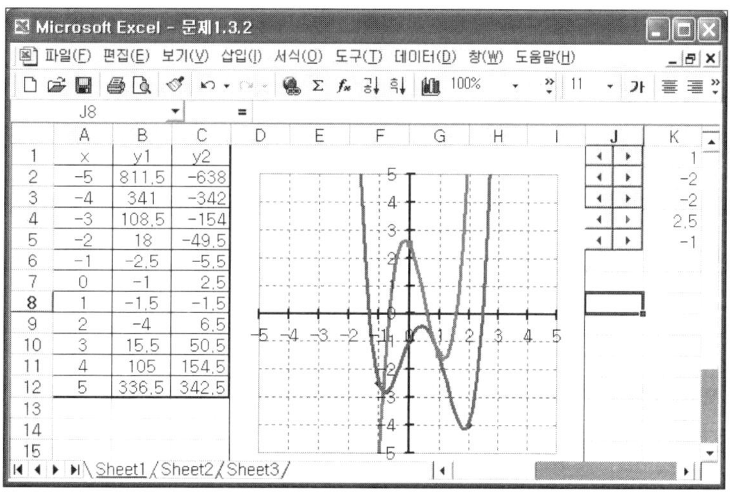

문제 1.3.3

문제 1.3.2에서 목표값 찾기를 이용하여 사차함수의 극값을 갖는 x값을 찾으시오.

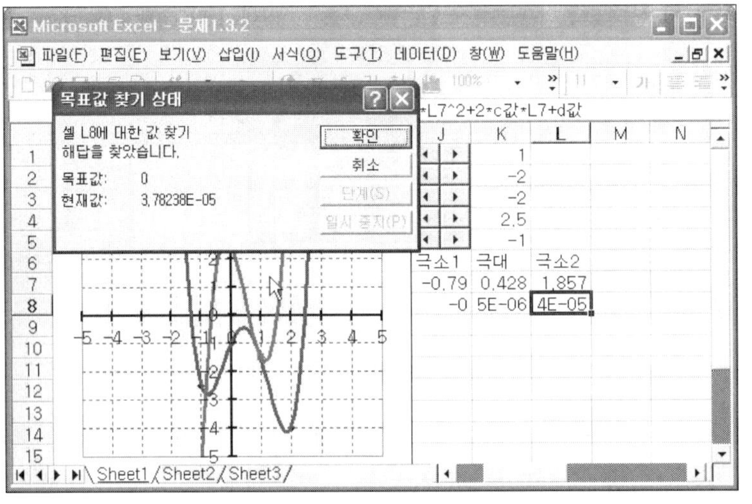

1.4 합성함수와 절대값이 포함된 함수의 그래프

두 함수

$$f: X \to Y, \quad y = f(x)$$
$$g: Y \to Z, \quad z = g(y)$$

에 대하여 X의 임의의 원소 x에 대하여 Z의 원소 $g(f(x))$를 대응시킴으로서 X를 정의역, Z를 공역으로 하는 새로운 함수를 정의할 수 있다.

이 때, 이 함수를 두 함수 f와 g의 합성함수라 하고, 기호로 다음과 같이 나타낸다.

$$g \circ f: X \to Z, \quad (g \circ f)(x) = g(f(x))$$

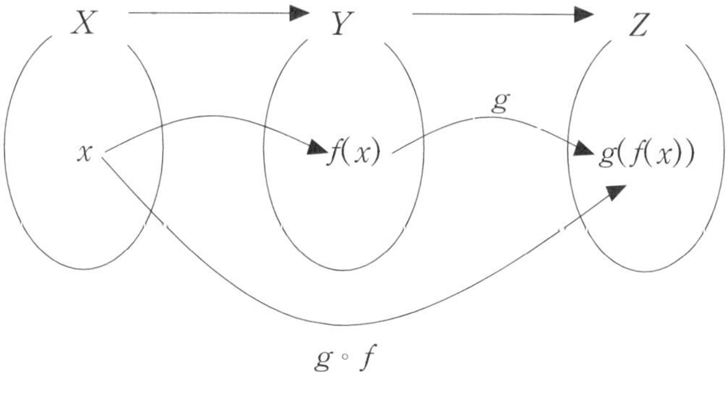

두 함수가 주어졌을 때 엑셀에서 합성함수의 그래프를 간단하게 나타낼 수 있다. 다음 예제를 통하여 두 함수의 합성함수를 나타내는 방법을 알아보자.

예제 1.4.1 두 일차함수 $f(x)=x-1$, $g(x)=2x+1$의 합성함수 $y=(g\circ f)(x)$, $y=(f\circ g)(x)$를 좌표평면에 나타내어라.

① 두 함수 위는 점의 좌표를 만들고 좌표평면에 두 함수의 그래프를 다음 그림과 같이 나타내자.

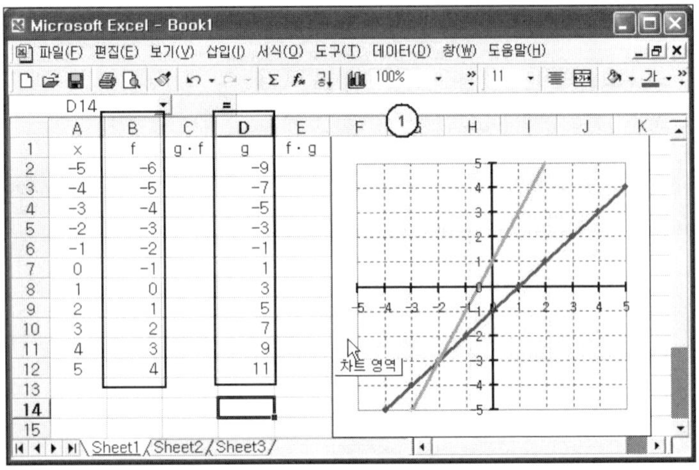

② C열에 두 함수의 합성함수 $y=(g\circ f)(x)$의 함수값을 나타내자. 합성함수 $y=(g\circ f)(x)$는 함수 $y=f(x)$의 치역을 정의역으로 하여 함수 $y=g(x)$를 실행하면 된다. 먼저, C2 셀에 수식 「=2*B2+1」를 입력하면 x값이 -5일 때의 합성함수의 함수값을 얻을 수 있다.

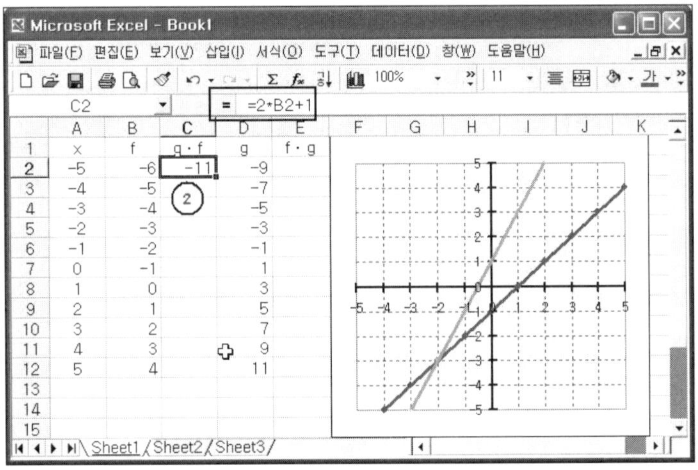

③ C2 셀을 복사하여 나머지 C3 셀부터 C12 셀까지 붙여넣기를 하면 합성함수의 모든 함수값을 얻을 수 있다.

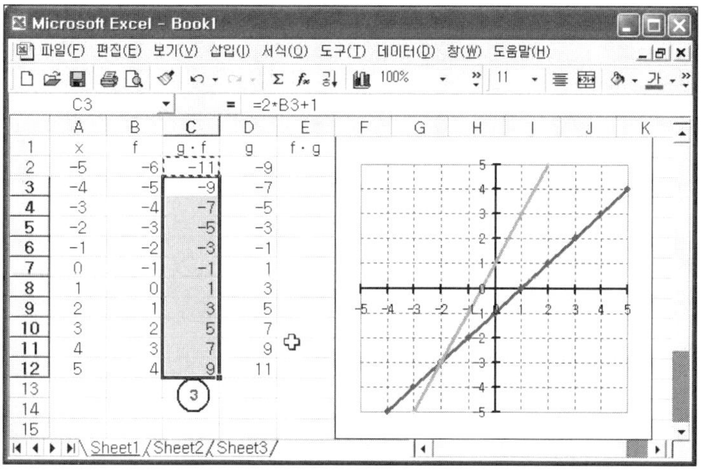

④ 같은 방법으로 합성함수 $y=(f \circ g)(x)$의 함수값도 E열에 구하여 보자.

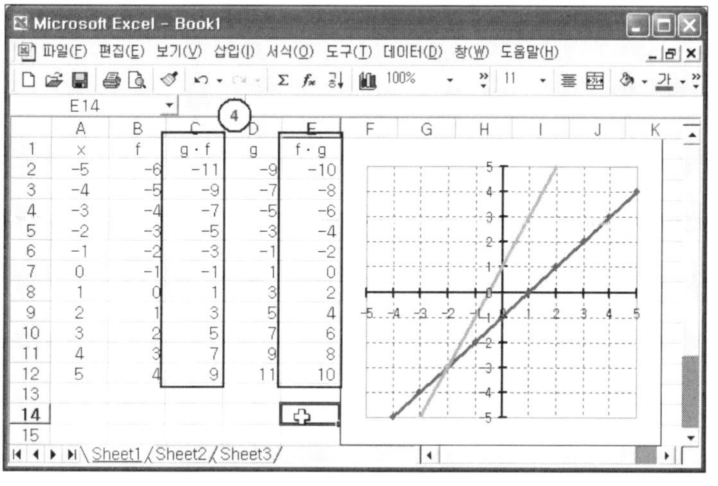

⑤ 합성함수를 좌표평면에 나타낸 후 추세선을 추가하면 다음 그림과 같이 나타나며 일반적으로 두 함수의 합성함수 $y=(f \circ g)(x)$와 $y=(g \circ f)(x)$는 서로 같지 않다는 것을 확인할 수 있다.

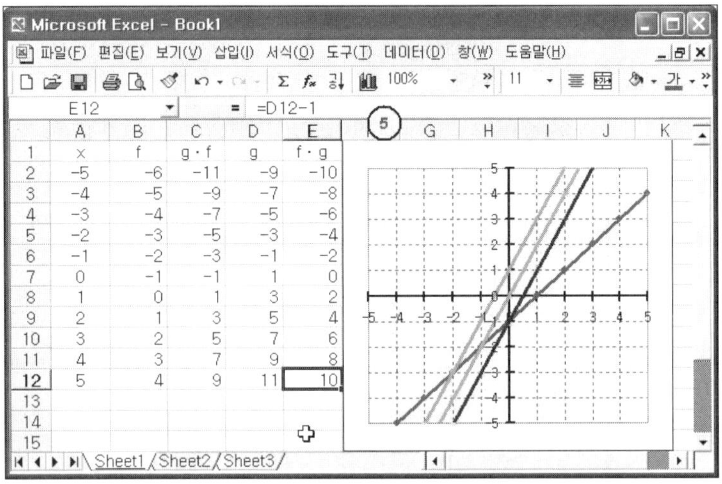

예제 1.4.2 일차함수 $f(x) = mx + n$와 이차함수 $g(x) = ax^2 + bx + c$의 합성함수 스핀 단추를 이용하여 임의의 일차함수와 이차함수의 합성함수를 만들어보자.

① 임의의 셀에 스핀 단추( ) 다섯 개를 만들고 그 속성을 다음과 같이 지정하자.

속 성	LinkedCell	Max	Min	SmallChange
a값	AA1	12	0	1
b값	AA2	12	0	1
c값	AA3	12	0	1
m값	AA4	12	0	1
n값	AA5	12	0	1

또, K1, K2, K3, K4, K5 셀에 수식 「=(AA1-6)/2」, 「=(AA2-6)/2」, 「=(AA3-6)/2」, 「=(AA4-6)/2」, 「=(AA5-6)/2」을 입력하여 -3부터 +3까지 0.5씩 값이 변하도록 하고 각각의 셀의 이름을 "a값", "b값", "c값", "m값", "n값"으로 부여하자.

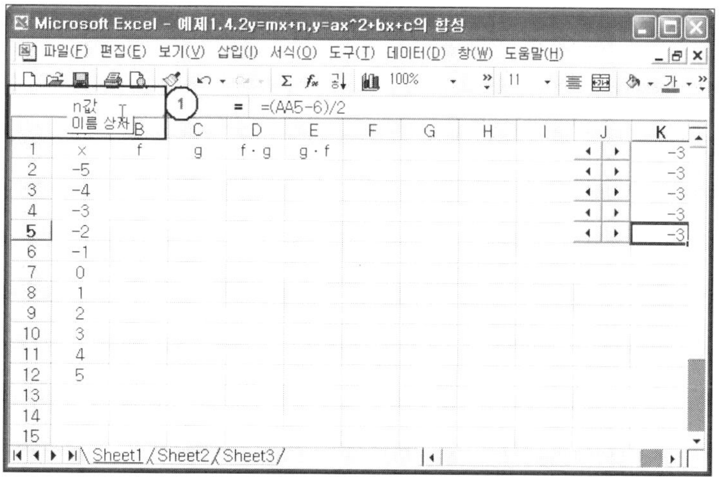

② B열, C열에 두 함수의 함수값을 수식을 이용하여 만들자.

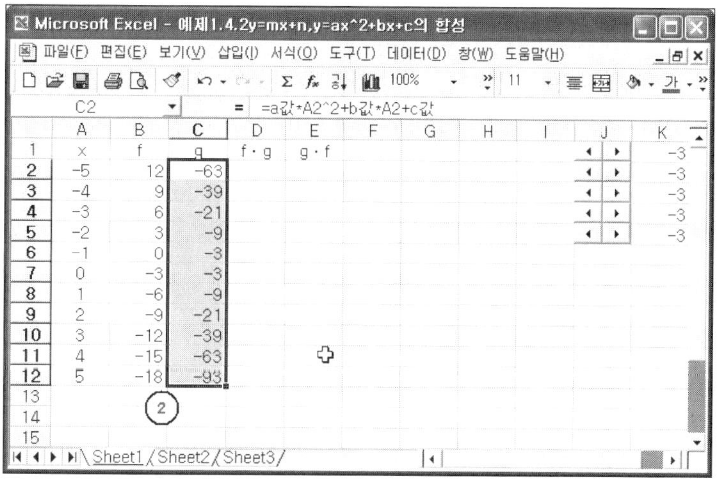

③ D열에 두 함수의 합성함수 $y=(f\circ g)(x)$의 함수값을 만들자. 이 합성함수는 함수 $y=g(x)$의 함수값을 정의역으로 하여 함수 $y=f(x)$의 함수값을 나타내면 된다. 따라서 D2 셀에 수식 「=m값*B2+n값」을 입력하고 이 수식을 복사하여 나머지 B3 셀부터 B12 셀까지 붙여넣기를 하면 모든 함수값을 얻을 수 있다.

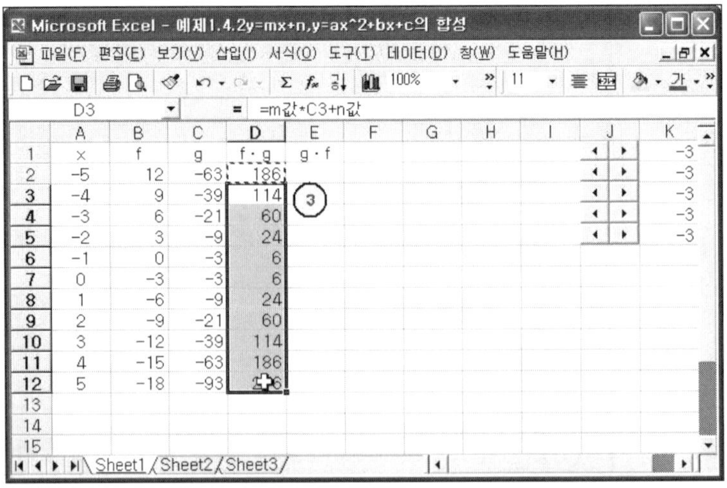

④ 같은 방법으로 E열에도 합성함수 $y=(g\circ f)(x)$의 함수값을 구하면 다음 그림과 같다.

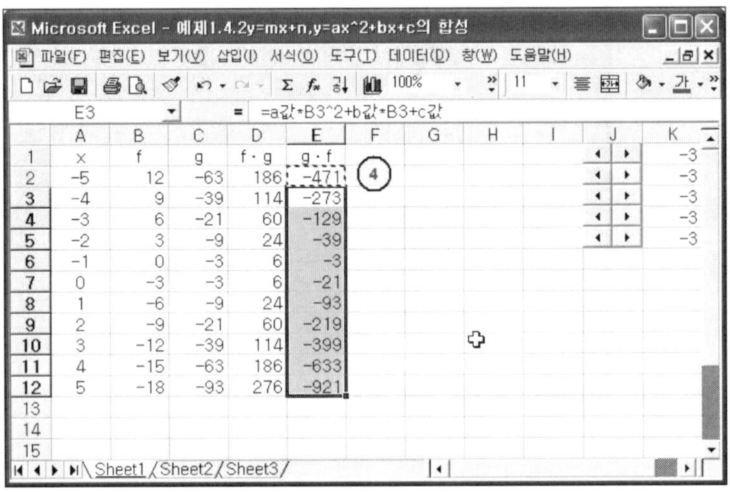

⑤ 차트 마법사를 이용하여 두 함수와 합성함수를 좌표평면에 나타내면 다음 그림과 같다.

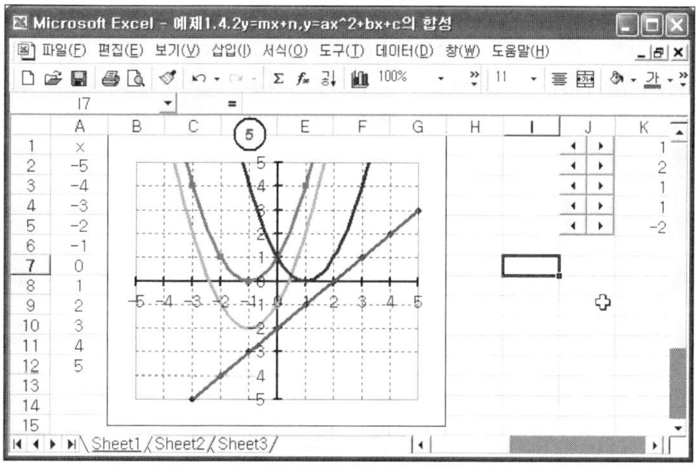

두 합성함수 $y=(f\circ g)(x)$, $y=(g\circ f)(x)$의 그래프를 확인하면 함수의 합성은 교환법칙이 성립하지 않는다는 것을 알 수 있다.

예제 1.4.3 절대값이 포함된 함수 $f(x)=|x-1|$의 합성함수 $y=f(f(x))$의 그래프

① A열에 함수의 정의역을 나타내고 B열에 함수값을 구하자. 먼저, B2 셀에 수식「=ABS(A2-1)」를 입력하면 x값이 5일 때, 함수 $f(x)$의 함수값을 얻을 수 있다.

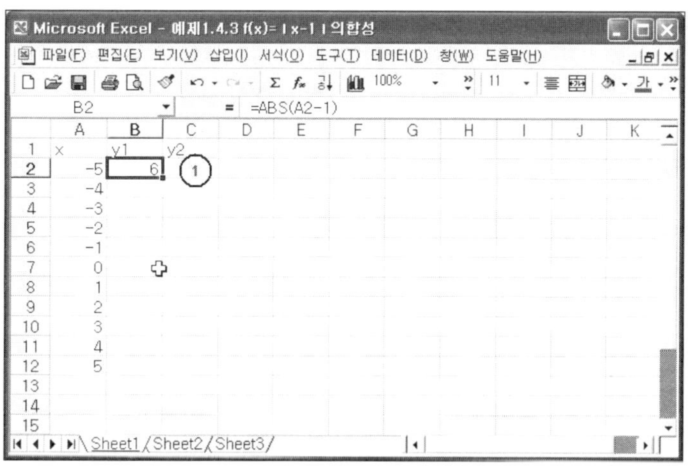

수식「=ABS(A2-1)」을 입력할 때 『표준 도구 모음』에 있는 함수 마법사(f_x)를 사용하여도 상관은 없다.

② B2 셀을 복사하여 B3 셀부터 B12 셀까지 붙여넣기를 하면 모든 함수값을 얻을 수 있다.

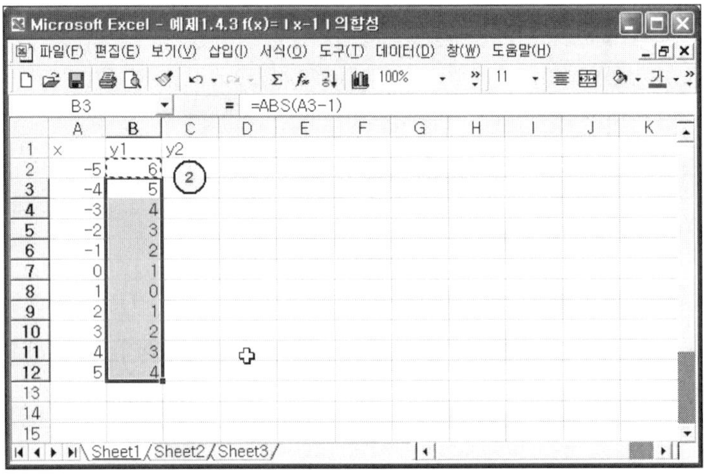

③ B열의 정의역으로 함수 $f(x)$를 다시 구하면 합성함수 $y=f(f(x))$의 함수값을 구할 수 있다. C2 셀에 수식「=ABS(B2)」를 입력하여 함수값을 얻고 이 수식을 복사하여 나머지 셀에 붙여넣기를 하여 모든 함수값을 얻자.

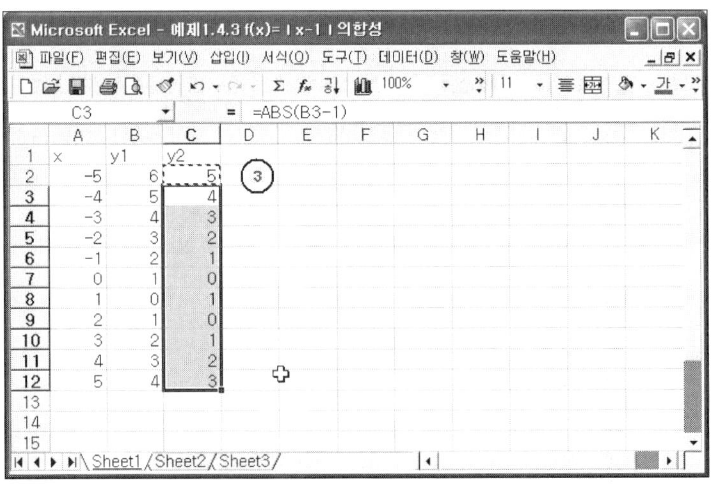

④ 차트 마법사에 등록된 '기본좌표평면'에 함수 $f(x) = |x-1|$, $y = f(f(x))$의 점의 좌표들을 나타내자.

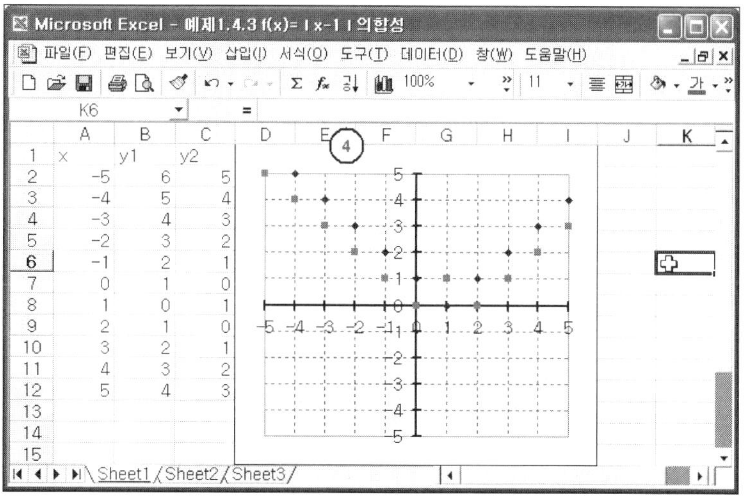

⑤ 절대값이 포함된 함수는 꺾인 직선이므로 차트의 종류를 바꾸어 주자. 차트를 선택한 뒤 메뉴의 『차트 ⇒ 차트 종류』를 선택한다. [차트 종류] 대화 상자의 [표준 종류] 탭에서 '차트 종류'를 '분산형', '하위 종류'를 '데이터 표식 없이 꺾은선으로 분산형'을 선택하면 다음 그림과 같은 함수의 그래프가 나타난다.

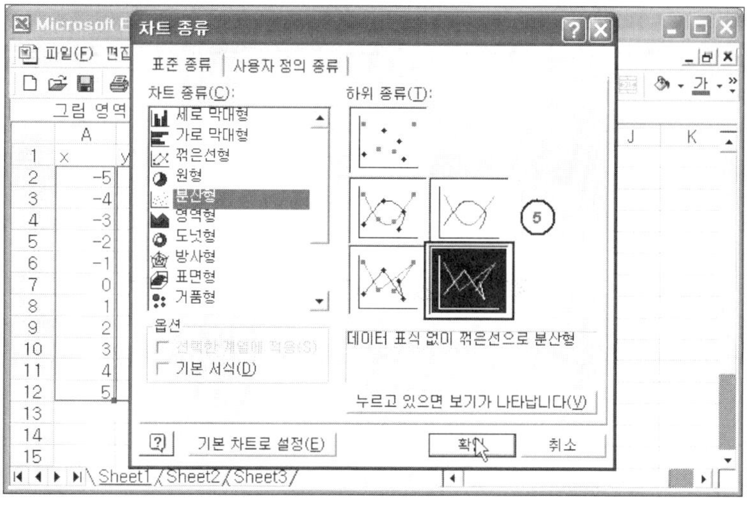

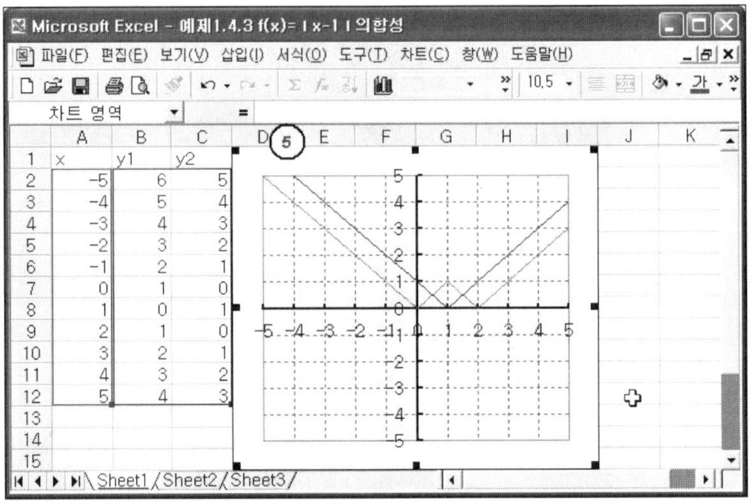

⑥ 함수의 그래프를 추세선을 이용하여 만든 것이 아니므로 함수식을 차트에 나타낼 수는 없으며, 함수의 그래프의 두께와 색을 추세선 서식으로 조정할 수 없다. 함수의 그래프의 두께와 색을 결정하기 위해서는 먼저, 함수의 그래프를 선택한 뒤 메뉴의 『서식 ⇒ 선택한 데이터 계열』을 클릭한다.(또는, 팝업 메뉴의 『데이터 계열 서식』 항목을 선택하여도 상관없다.)

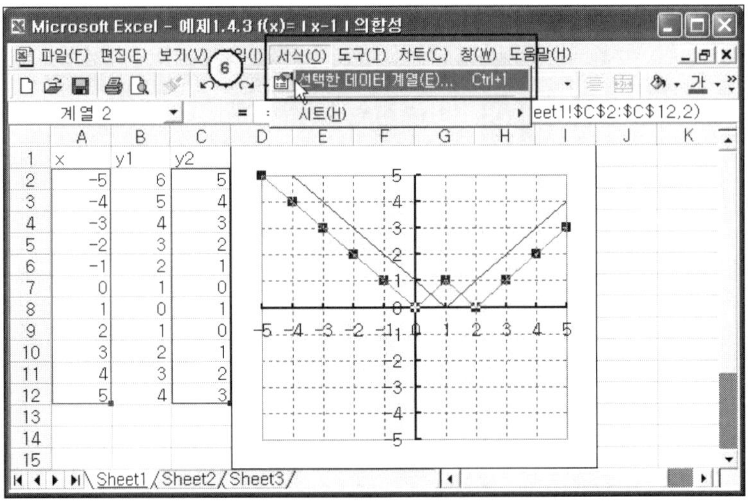

⑦ [데이터 계열 서식] 대화 상자에서 [무늬] 탭의 '선'에서 선의 스타일, 색, 두께 등을 지정하여 함수의 그래프의 서식을 결정하자.

'표식'에서는 점의 모양과 색을 결정하는 것으로 여기서는 생략하면 된다. **확인**을 클릭하면 다음 그림과 같은 함수의 그래프의 서식이 결정된 좌표평면이 나타난다.

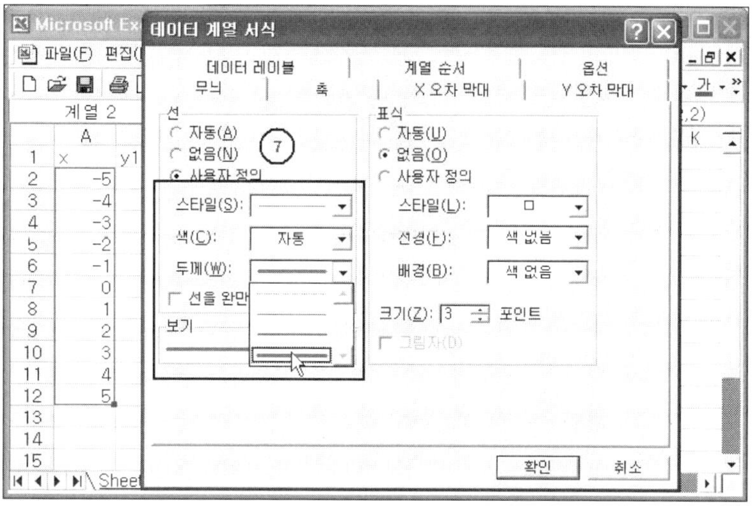

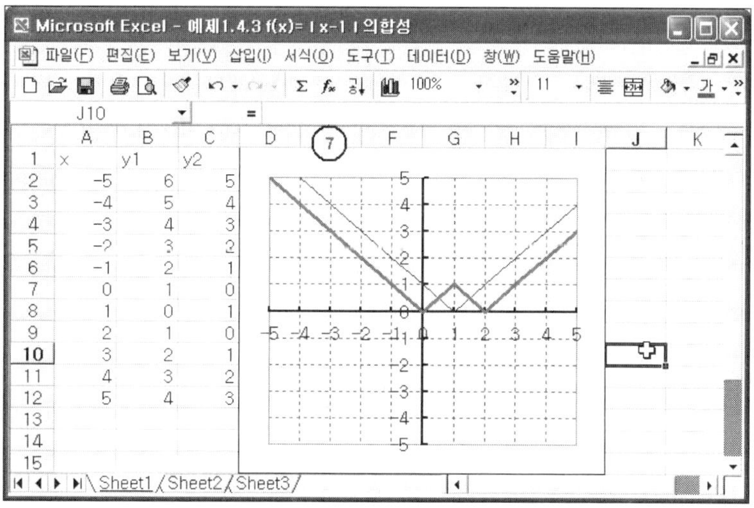

⑧ 나머지 함수의 그래프도 두께와 색을 지정하고 축서식의 주 눈금을 교차로 하여 나타내면 다음 그림과 같이 나타낼 수 있다. 또, 이 좌표평면을 '차트 종류'에 등록하여 놓자.

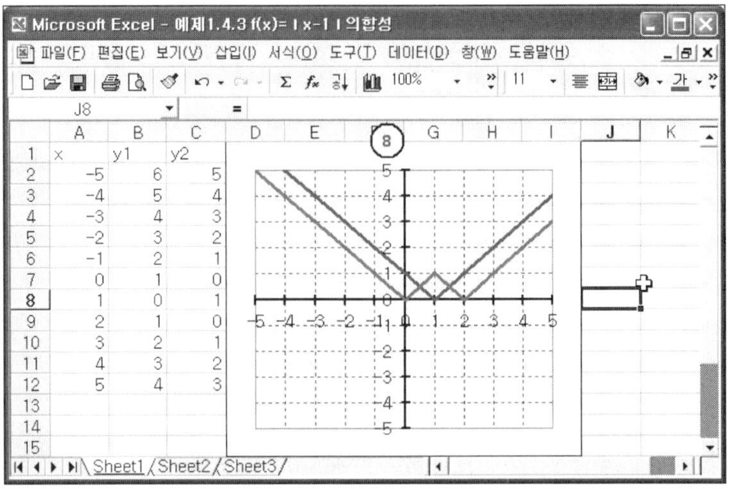

위와 같은 방법으로 주어진 함수 $f(x)=|x-1|$에 대하여 $y=f(f(f(x)))$의 그래프도 나타낼 수 있다.

위에서 만든 차트를 '차트 종류'의 '사용자 정의'에 이름을 "꺾인 직선"으로 등록하여 몇 가지 예제에서 더 사용하도록 하자.

예제 1.4.4 함수 $f(x)=\begin{cases} 2x & (0\leqq x\leqq 2) \\ 8-2x & (2\leqq x\leqq 4)\end{cases}$에 대하여 $y=(f\circ f)(x)(0\leqq x\leqq 4)$의 그래프를 나타내시오.

함수의 그래프는 추세선을 이용하면 가장 정확하게 나타낼 수 있지만 [추세선] 대화 상자에 주어진 함수들은 일차함수, 다항함수, 지수함수, 로그함수뿐이다. 추세선으로 나타낼 수 없는 대부분의 함수들의 그래프는 '차트 종류'의 '분산형'을 활용하여 만든다. 분산형으로 함수의 그래프를 나타낼 때에는 점의 좌표가 많으면 많을수록 정확하게 나타난다. 특히, 삼각함수, 분수함수, 무리함수 등 곡선으로 표현되는 함수는 점의 개수가 많아야 그 그래프가 정확하게 나타난다. 하지만 엑셀에서는 점의 좌표가 많을수록 파일의 용량이 커지므로 점의 개수를 적당하게 하면 좋을 것이다.

이번 예제는 꺾인 직선이므로 점의 개수가 너무 많을 필요는 없다. 정의역의 간격을 0.1로 하여 점의 좌표를 만들어 보자. 동일한 간격으로 데이터을 만들 때에는 여러 가지 방법이 있으나 많은 데이터를 만들 때에는 『연속 데이터』를 활용하면 된다.

① A2 셀에 처음 값 "0"을 입력하고 A2 셀이 선택된 상태에서 메뉴의 『편집 ⇒ 채우기 ⇒ 연속 데이터』를 선택한다.

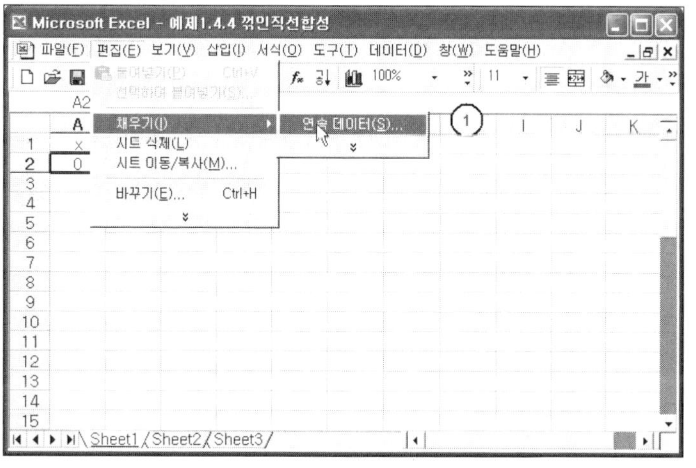

② [연속 데이터] 대화 상자에서 다음과 같이 그 값을 지정하여 확인을 클릭하면 0에서 4까지 0.1씩 증가하는 값이 A열에 나타나는 것을 확인할 수 있다.

항목	방향	종류	단계 값	종료값
값	열	선형	0.1	4

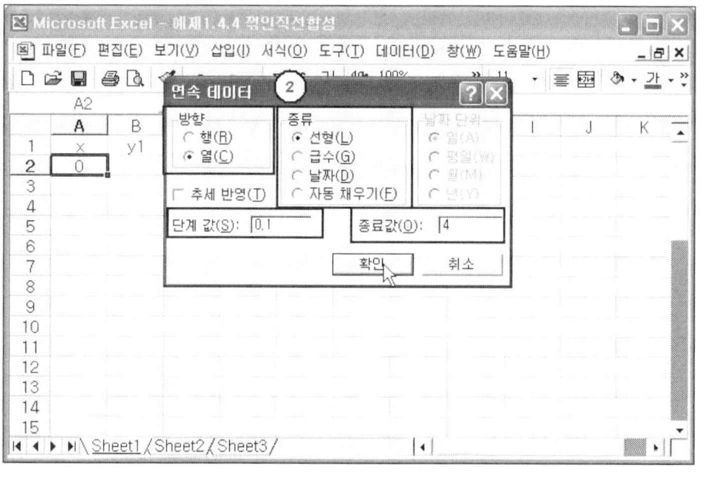

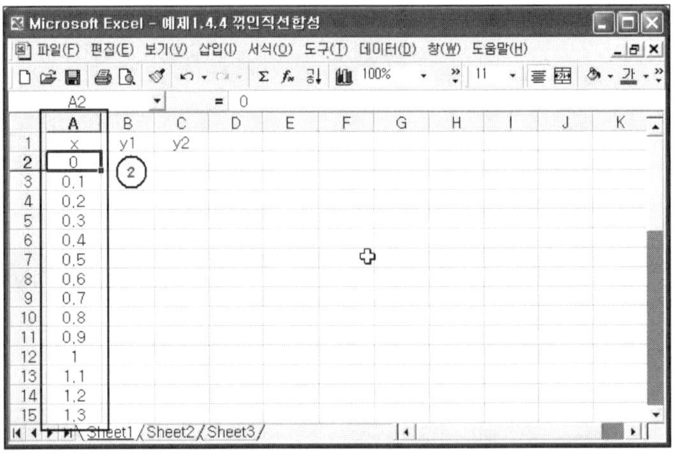

③ B열에 $y=f(x)$의 함수값을 나타내자. x값에 따라 주어진 함수의 함수식이 다르다. x값에 따라 수식이 바꾸어야 하므로 IF문을 이용하여 수식을 입력해야 한다. 먼저, B2 셀에 수식 「=IF(A2<=2,2*A2,8-2*A2)」를 입력하면 x값이 0일 때의 함수값을 얻을 수 있다. 또, 나머지 함수값을 얻기 위해서는 B2 셀의 수식을 복사하여 나머지 모든 셀에 붙여넣기를 해도 되고, 많은 셀에 동일한 수식을 입력할 때 채우기 핸들을 이용하면 간단하게 해결할 수 있다. 수식 IF문의 내용을 간단히 확인하면 A2 셀의 값이 2보다 작거나 같으면 A2 셀의 값에 2배를 한 값을 나타내고, 그렇지 않으면 8에서 A2 셀의 값의 2배를 뺀 값을 나타내라는 것을 의미한다.

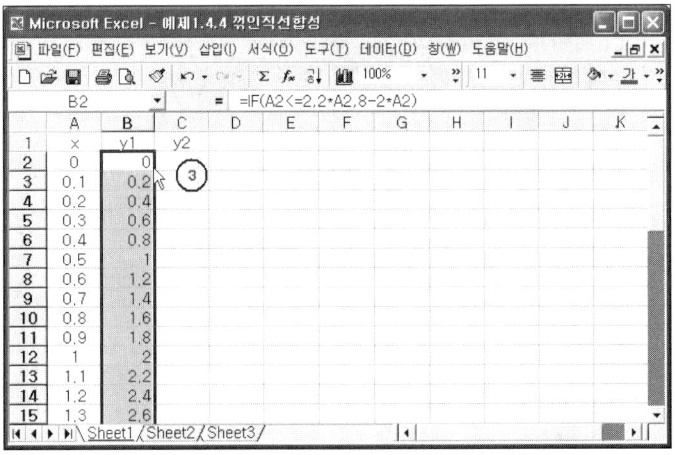

④ 같은 방법으로 합성함수의 값을 C열에 나타내면 된다. 먼저, C2 셀에 수식 「=IF(B2<=2,2*B2,8-2*B2)」을 입력하고 채우기 핸들을 이용하여 나머지 모든 셀에 함수값을 만들면 다음 그림과 같다.

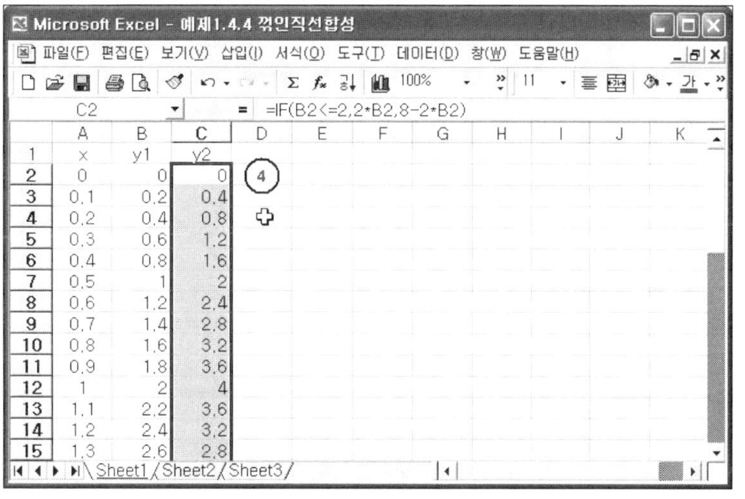

⑤ 앞의 **예제 1.4.3**에서 등록한 차트에 두 함수 $y=f(x)$, $y=(f\circ f)(x)$의 그래프를 좌표평면에 나타내면 다음 그림과 같다.

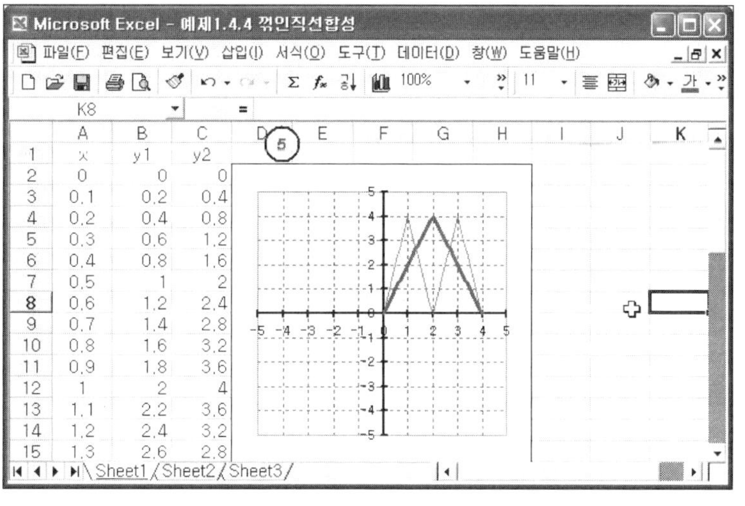

⑥ 함수의 정의역이 $\{x \mid 0 \leq x \leq 4\}$이므로 좌표평면의 축의 범위를 적당하게 조정하면 합성함수의 그래프가 완성이 된다. 또, 이 문제에서 $y=(f\circ f)(x)$와 $y=x$의 교점의 개수를 구하려면 이 합

성합수의 그래프에 함수 $y=x$의 그래프만 추가하면 된다.

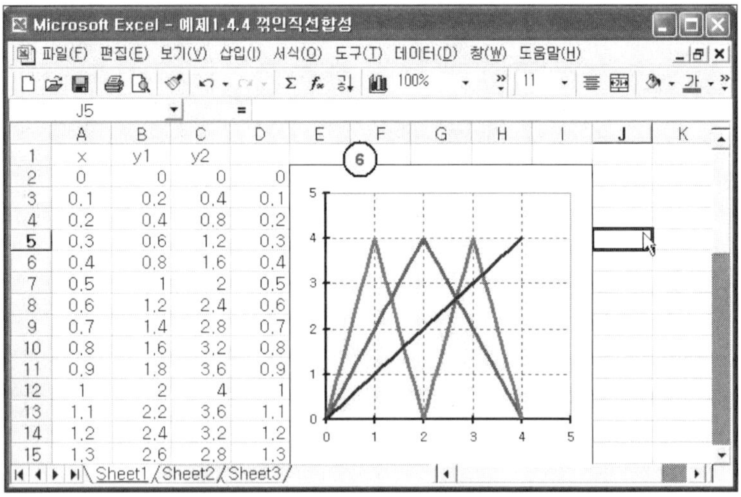

예제 1.4.5 함수 $f(x)=4x^2-4x+1(0\leqq x\leqq 1)$에 대하여 $y=f(x)$, $y=f(f(x))$의 그래프를 나타내고, $y=f(f(f(x)))$와 $y=x$의 교점의 개수를 구하여라.

주어진 함수 $y=f(x)$의 그래프에 대해 합성함수 $y=f(f(x))$의 그래프가 예제 1.4.4의 꺾인 직선과 같은 경우를 예를 들면서 '다음 그림과 같이 합성함수의 그래프가 나타난다'라고 설명하는 책을 간혹 찾아볼 수 있다.

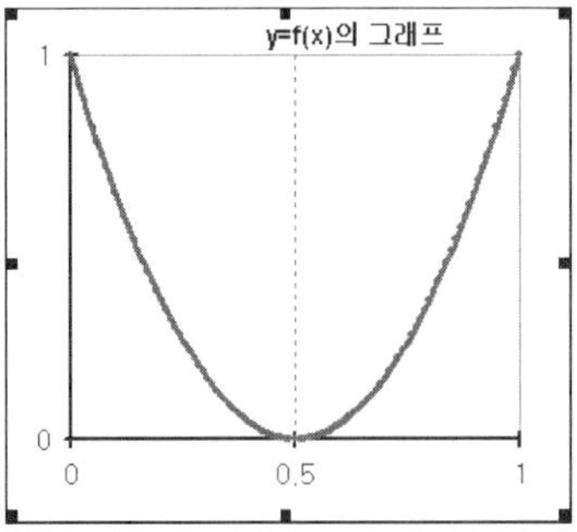

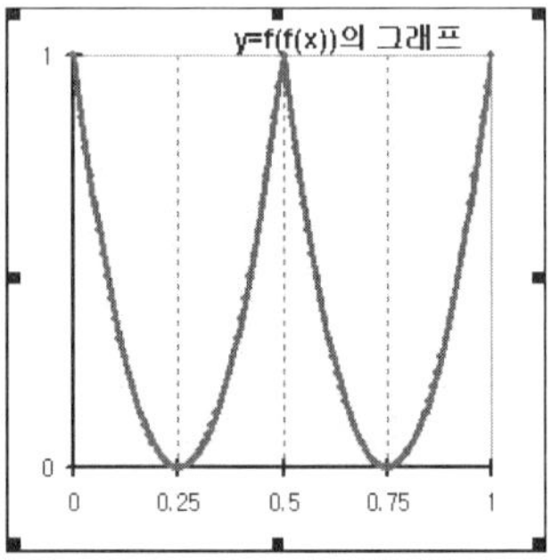

하지만 주어진 함수 $y=f(x)$는 이차함수이며 이 이차함수의 합성함수 $y=f(f(x))$는 4차함수이다. 모든 다항함수가 미분가능하므로

이 합성함수도 미분가능한 함수이어야 한다. 따라서 위와 같은 합성함수의 그래프는 나타나지 않는다. 다음과 같은 과정으로 이 합성함수의 그래프를 확인하여 보자.

함수 $f(x)$의 합성함수 $y=(f\circ f)(x)$는 4차 함수이며, 또 $y=(f\circ f\circ f)(x)$는 8차 함수이다. 추세선으로 8차 다항함수를 나타낼 수 없어서 함수의 그래프를 차트에 나타낼 때 차트 종류를 곡선으로 표현하는 분산형으로 하자. 예제 1.4.4와 같이 추세선으로 나타낼 수 없는 함수의 그래프를 나타낼 때에는 함수의 점의 개수가 많아야 정확한 그래프가 만들어진다. 정의역의 값을 더 많이 만들어 함수의 그래프를 나타내자.

① 다음 그림과 같이 『연속 데이터』를 이용하여 정의역의 x값을 0에서 1까지 0.01씩 증가하도록 만들자. [연속 데이터] 대화 상자의 값을 다음과 같이 지정하면 된다.

항목	방향	종류	단계 값	종료값
값	열	선형	0.01	1

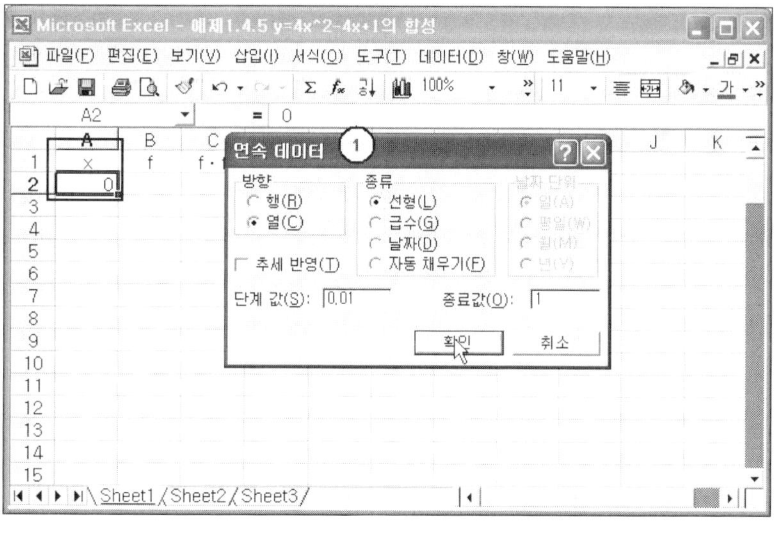

② B열에 함수 $y=f(x)$의 값을 만들기 위해 B2 셀에 수식 「=4*A2^2-4*A2+1」을 입력하고 채우기 핸들을 이용하여 모든 함수값을 만들자.

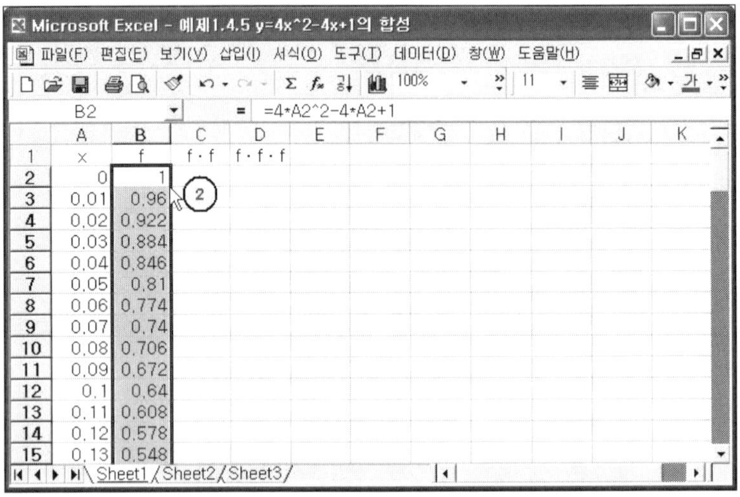

③ 같은 방법으로 C열, D열에 합성함수 $y=f(f(x))$, $y=f(f(f(x)))$의 함수값을 만들기 위해 C2, D2 셀에 수식 「=4*B2^2-4*B2+1」, 「=4*C2^2-4*C2+1」을 입력하고 채우기 핸들을 이용하여 모든 함수값을 다음 그림과 같이 구하자.

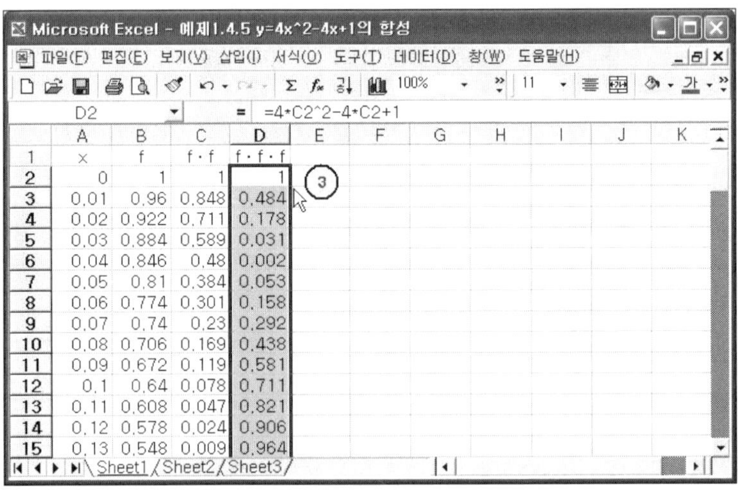

④ 이전까지 여러 개의 함수를 한 좌표평면에 같이 나타낼 때에는 한 함수의 그래프를 먼저 나타낸 뒤 다른 함수들을 추가하였는데 이번에는 여러 개의 함수를 한꺼번에 좌표평면에 나타내자. A2 셀부터 D102 셀까지 선택한 뒤 『표준 도구 모음』의 차트 마법사( )를 실행하자. [차트 마법사 1단계]의 [표준 종류] 탭에서 '차트 종류'는 '분산형', '하위 종류'는 '데이터 표식 없이 곡선으로 연결된 분산형'을 선택한다.

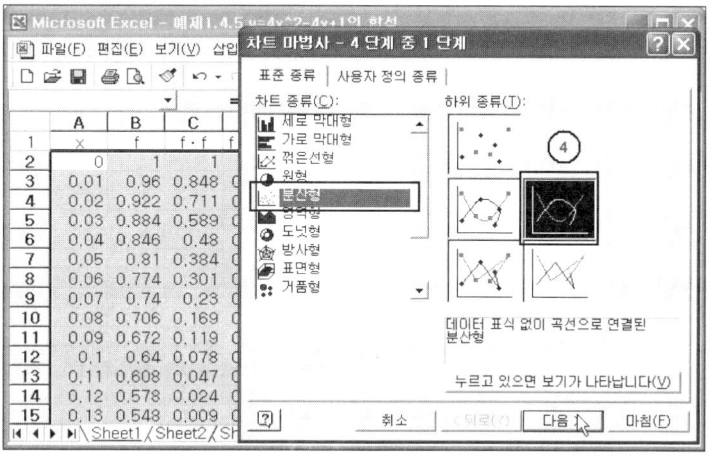

⑤ [차트 마법사 2단계]의 [원본 데이터] 대화 상자의 [데이터 범위] 탭과 [계열] 탭을 확인하여 보자. [데이터 범위] 탭에서 '데이터 범위'는 "=Sheet1!$A$2:$D$102", '계열 위치'는 "열"로 주어져 있다. [계열] 탭에서 '계열'은 "계열 1", "계열 2", "계열 3"으로 세 개의 계열이 주어져있으며 오른쪽은 각각의 계열에 대한 'X값'과 'Y값'이 나타나는 셀 주소가 입력되어 있다. 차트 마법사를 실행하기 전에 A2 셀부터 D102 셀까지 선택하였는데 '계열 위치'를 "열"로 설정했기 때문에 처음에 주어진 A열 전체를 정의역으로 하고, B열, C열, D열을 각각 함수값으로 하는 함수의 그래프가 나타난다.

위의 미리 보기 화면으로 나타날 함수의 그래프를 확인할 수 있다.

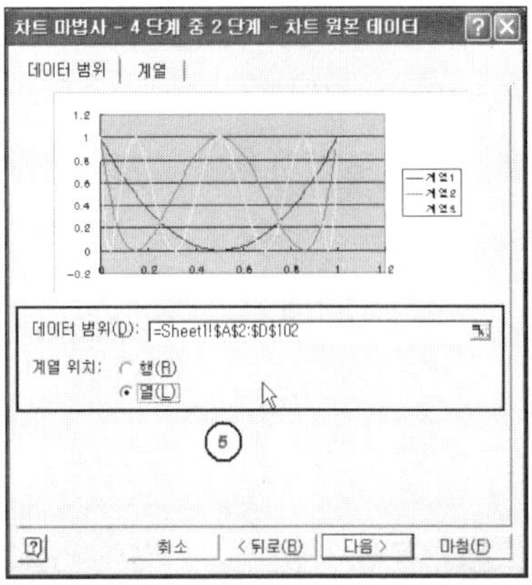

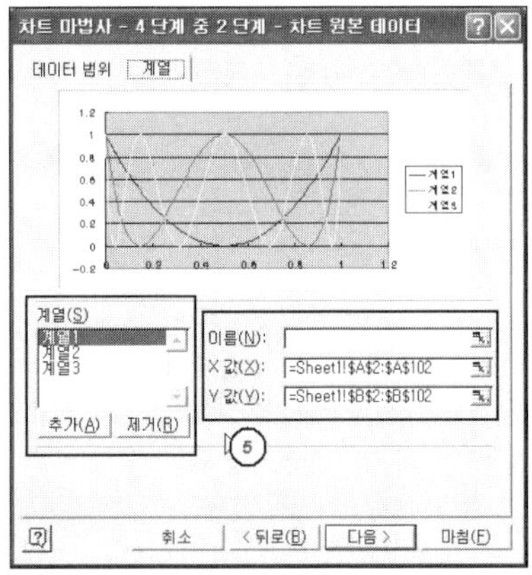

⑥ [차트 마법사 3단계]에서 차트에 대한 눈금선, 범례에 대한 옵션을 부여하고 **마침**을 클릭하여 함수의 그래프를 나타내고 좌표평면의 크기를 적당하게 조정하자.

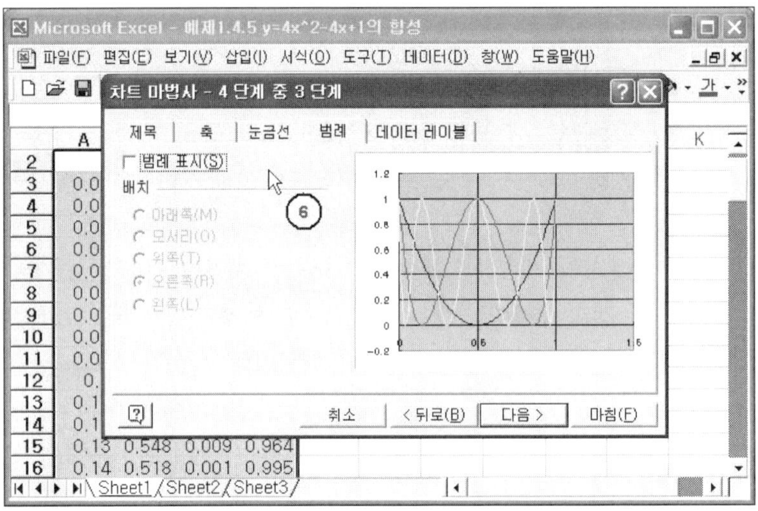

⑦ 함수의 그래프, 축, 눈금선에 대한 서식(두께, 스타일, 색 등)을 결정하여 나타내면 다음 그림과 같이 완성된다.

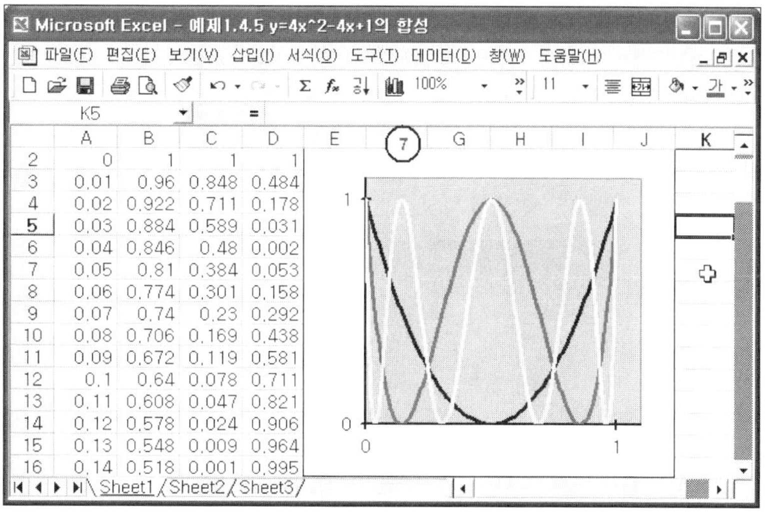

⑧ 함수 $y=f(f(f(x)))$와 $y=x$의 교점의 개수를 확인하기 위해서는 주어진 좌표평면에 $y=x$의 그래프를 추가하면 되는데 다음 그림과 같이 나타난다.

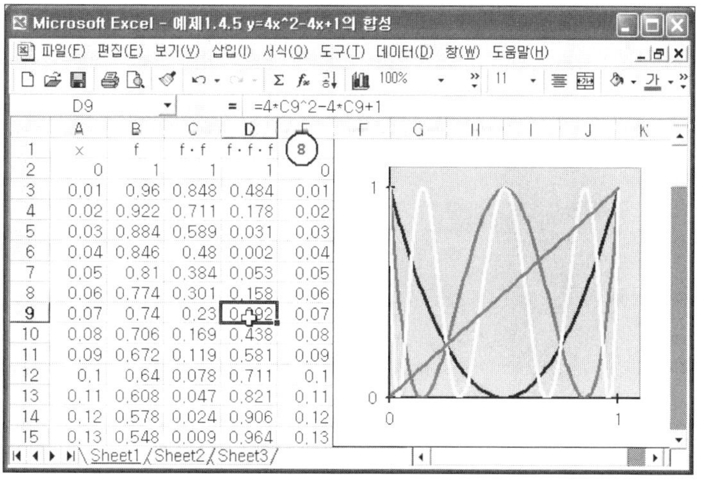

▌연습문제 1.4▐

문제 1.4.1

세 함수 $f(x)=x+1$, $g(x)=x^2$, $h(x)=2x-1$를 이용하여 $f\circ(g\circ h)=(f\circ g)\circ h$가 성립함을 좌표평면에 그래프로 나타내어 확인하시오.

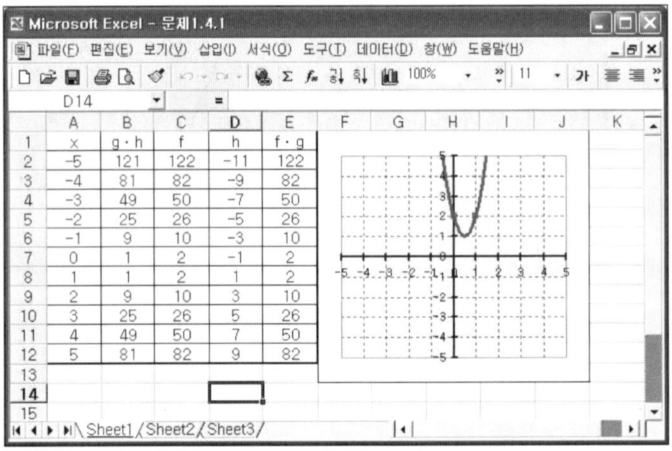

x	g·h	f	h	f·g
-5	121	122	-11	122
-4	81	82	-9	82
-3	49	50	-7	50
-2	25	26	-5	26
-1	9	10	-3	10
0	1	2	-1	2
1	1	2	1	2
2	9	10	3	10
3	25	26	5	26
4	49	50	7	50
5	81	82	9	82

문제 1.4.2

함수 $f(x)=|x|-1$의 합성함수 $y=(f\circ f\circ f)(x)$의 그래프를 정의역 $\{x\,|\,-3\leqq x\leqq 3\}$에서 좌표평면에 나타내시오.

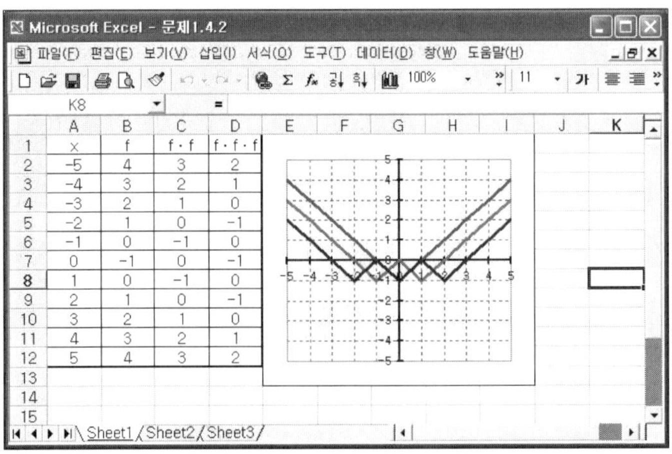

x	f	f·f	f·f·f
-5	4	3	2
-4	3	2	1
-3	2	1	0
-2	1	0	-1
-1	0	-1	0
0	-1	0	-1
1	0	-1	0
2	1	0	-1
3	2	1	0
4	3	2	1
5	4	3	2

문제 1.4.3

두 함수 $y=f(x)$와 $y=g(x)$의 그래프가 다음 그림과 같을 때, 함수 $y=(g\circ f)(x)$의 그래프를 나타내시오.

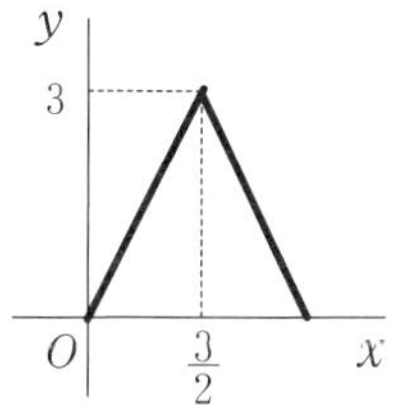

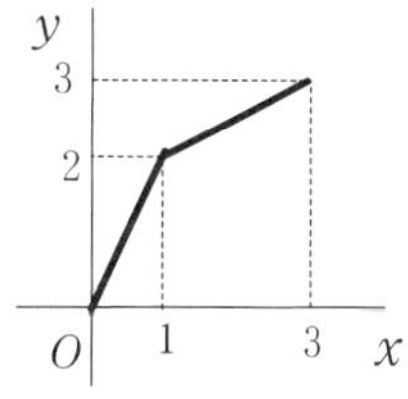

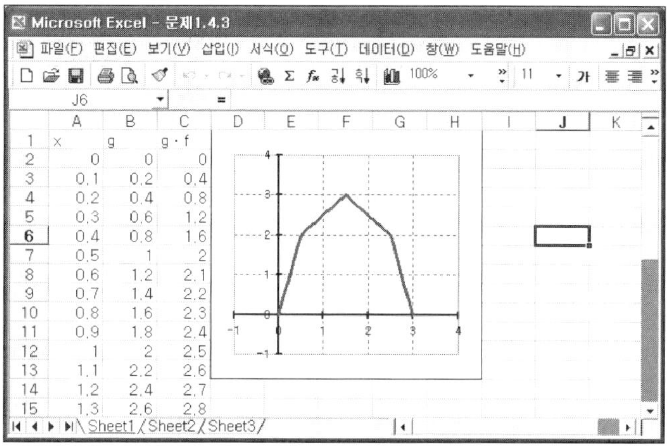

x	g	g · f
0	0	0
0.1	0.2	0.4
0.2	0.4	0.8
0.3	0.6	1.2
0.4	0.8	1.6
0.5	1	2
0.6	1.2	2.1
0.7	1.4	2.2
0.8	1.6	2.3
0.9	1.8	2.4
1	2	2.5
1.1	2.2	2.6
1.2	2.4	2.7
1.3	2.6	2.8

Chapter 2

여러 가지 함수의 그래프

이번 단원에서는 지수함수, 로그함수, 분수함수, 무리함수, 삼각함수 등 주로 고등학교 1학년 10－나 교육 과정에서 다루는 함수의 그래프를 나타내어 보자. 지수·로그함수는 추세선을 이용하여 함수의 그래프를 나타낼 수 있지만 분수함수나 무리함수 등은 추세선으로 나타낼 수 없어서 '데이터 표식 없이 곡선으로 연결된 분산형'을 이용한다.

2.1 지수함수의 그래프

임의의 실수 x에 대하여 $a^x(a>0)$을 대응시키면 단 하나의 값이 정해진다. 이때의 $y=a^x(a>0,\ a\neq1)$를 지수함수라한다. 이 함수를 a를 밑으로 하는 x의 지수함수라고 한다. 이때, $a=1$이면 임의의 실수 x에 대하여 $a^x=1$이므로 $y=1$인 상수함수가 된다. 따라서 지수함수의 밑인 a가 1인 아닌 양수인 경우만 생각하기로 한다.

예제 2.1.1 지수함수 $y=2^x$의 그래프

지수함수의 그래프를 예제 1.2.1과 같은 방법으로 점의 좌표를 계속 추가하여 그 그래프의 모습을 관찰하여 보자.

① 임의의 셀(A2:B4)에 지수함수 위의 세 점의 좌표를 만들자. 함수값을 만들기 위해서는 B2, B3, B4 셀에 수식 「=2^A2」, 「=2^A3」, 「=2^A4」를 입력하면 된다.

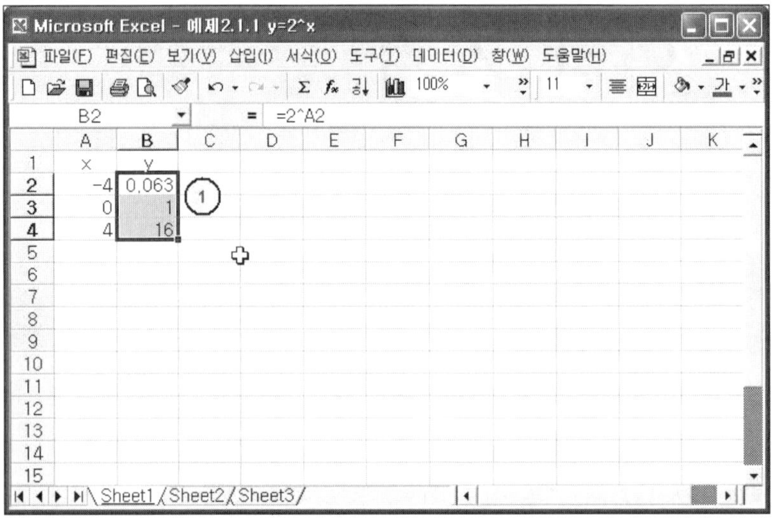

② 지수함수 위의 세 점의 좌표를 선택한 뒤 차트 마법사()를 실행하여 예제 1.4.3에서 등록한 '꺾인 직선' 차트를 이용하여 세 점을 직선으로 연결한 그래프를 다음 그림과 같이 만들자.

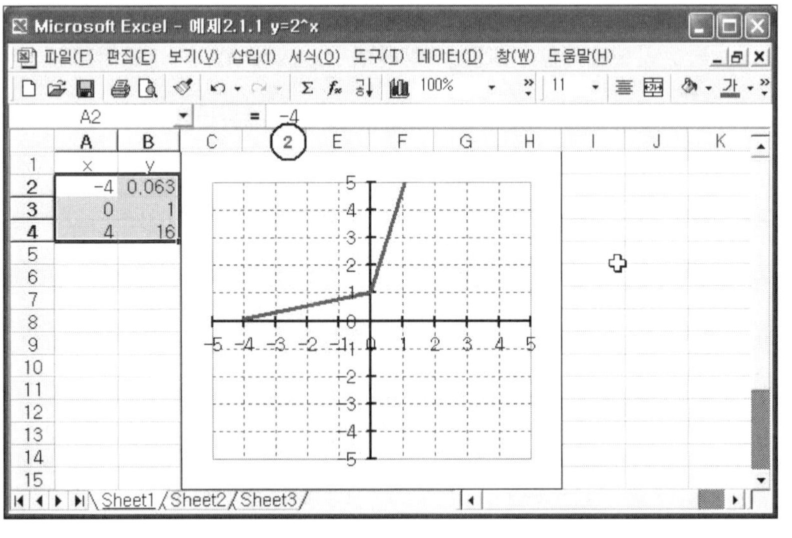

③ A3, B3 두 셀을 선택하여 메뉴의 『삽입 ⇒ 셀』을 선택하여 [삽입] 대화 상자를 불러내자. [삽입] 대화 상자에서 '셀을 아래로 밀기'항목을 선택하여 두 점 $\left(-4, \frac{1}{16}\right)$, $(0, 1)$ 사이에 두 개의 비어 있는 셀을 만들자.

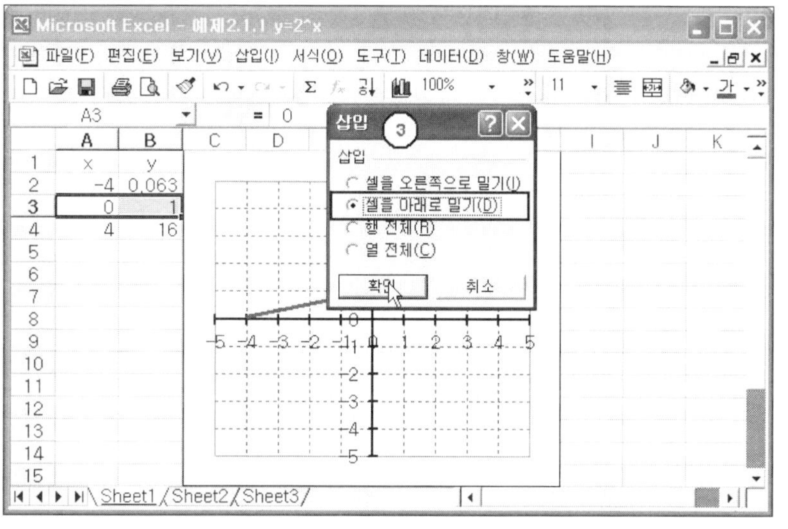

④ 빈 두 셀에 각각 수식 「=(A2+A4)/2」, 「=2^A3」을 입력하여 두 점 $\left(-4, \frac{1}{16}\right)$, $(0, 1)$ 사이의 점의 좌표 $(2, 4)$를 추가하자.

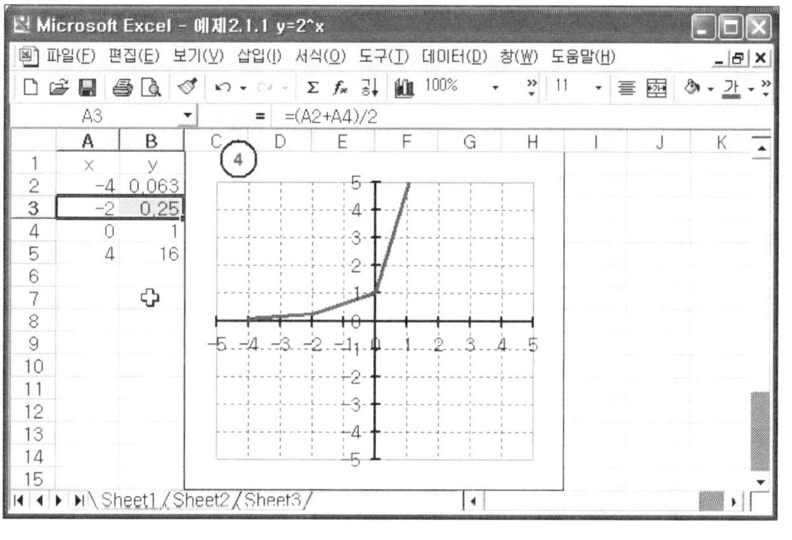

⑤ 같은 방법으로 A5, A6 셀에 셀을 삽입하여 두 점 (0,1), (4,16) 사이의 점 (2,4)를 추가하자.

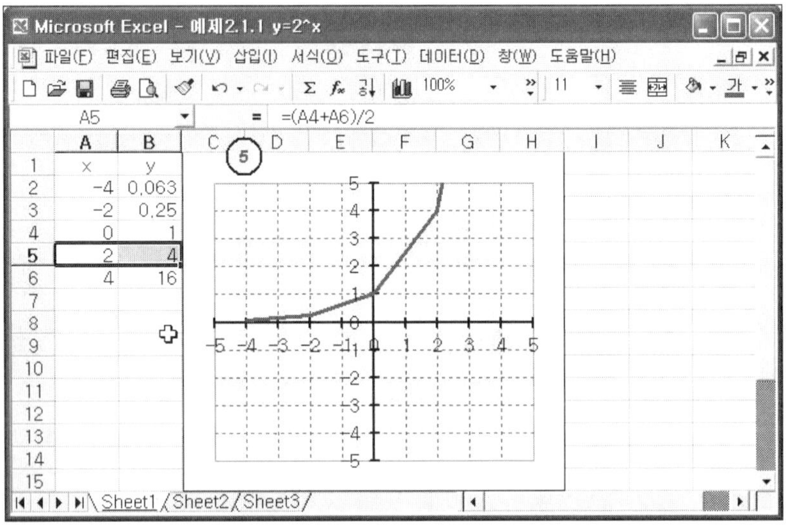

⑥ 같은 방법으로 점의 좌표들 사이에 점을 추가하면 다음 그림과 같이 나타난다.

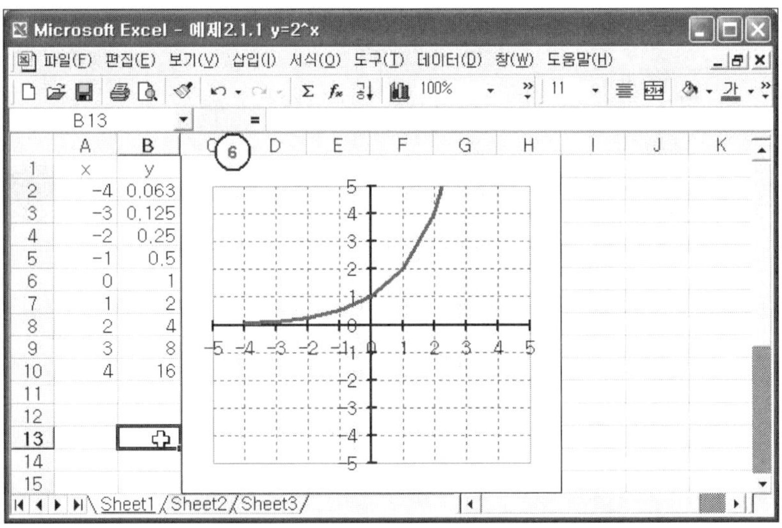

⑦ 각각의 점의 좌표 사이에 점의 좌표를 하나씩 추가하면 꺾인 직선으로 표현하였음에도 불구하고 지수함수의 그래프 모양에 가까워지는 것을 확인할 수 있다.

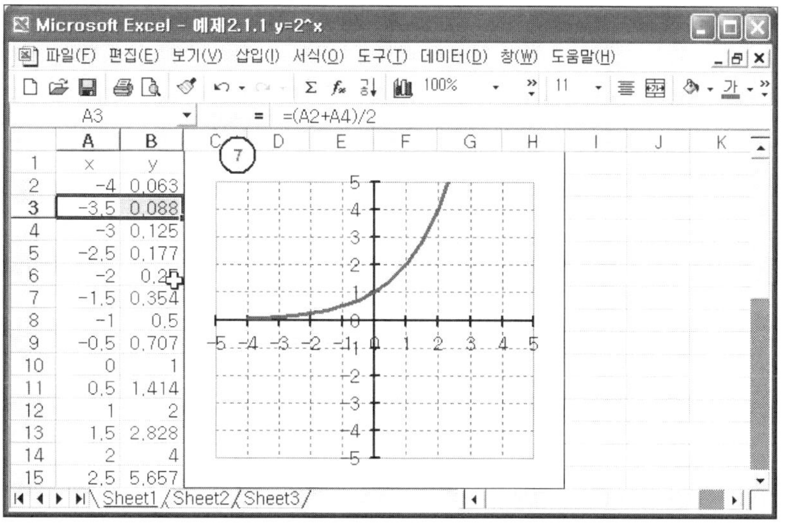

예제 2.1.2 지수함수 $y=a^x(a>1)$의 그래프

다항함수와 같은 방법으로 지수함수 $y=a^x$의 밑의 값 a에 따른 그래프를 스핀 단추(또는 스크롤 막대)를 이용하여 만들고 지수함수의 그래프를 나타내는 좌표평면을 '차트 종류'에 등록하자.

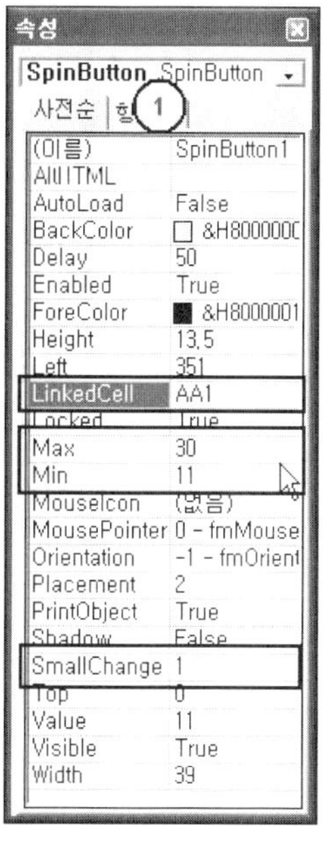

① 임의의 셀에 스핀 난추()를 만들고 그 속성을 다음과 같이 지정하자. 또, K1 셀에 수식 「=AA1*0.1」을 입력하여 a의 값이 1.1에서 3까지 0.1씩 변할 수 있도록 하자.

속 성	a값
LinkedCell	AA1
Max	30
Min	11
SmallChange	1

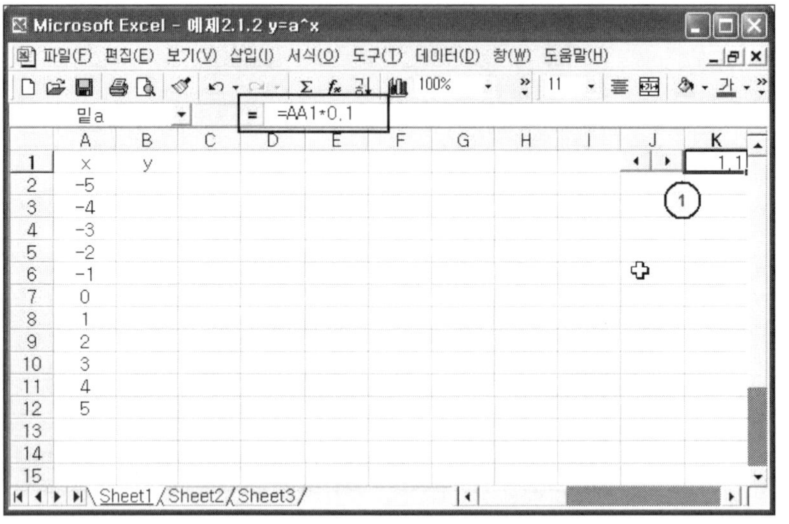

② K1 셀에 이름 "밑a"을 부여하고 B2 셀에 수식을 입력하여 x값이 -5일 때 지수함수의 값을 구하자. 또, B2 셀을 복사하여 B3 셀부터 B12 셀까지 수식을 붙여넣기하여 모든 함수값을 구하자.(또는 채우기 핸들을 이용하여 모든 함수값을 구하자.)

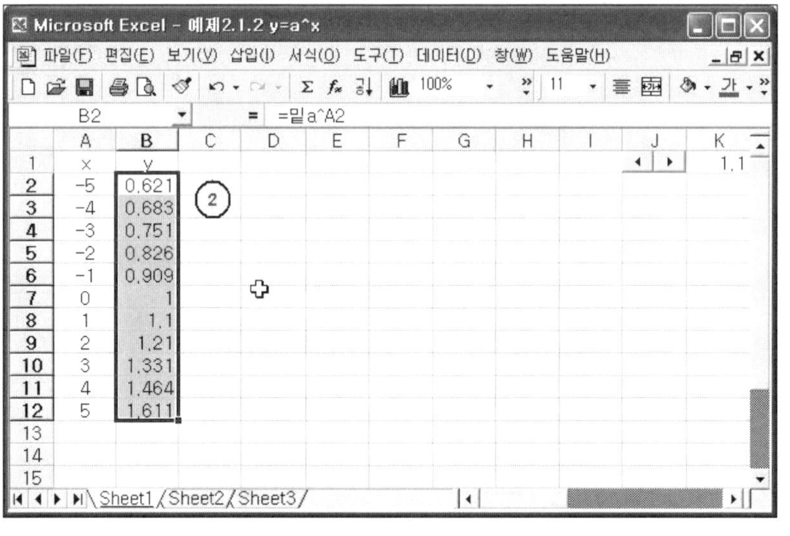

③ '차트 종류'에 등록된 '기본좌표평면'을 이용하여 지수함수의 점의 좌표들을 좌표평면에 나타내자.

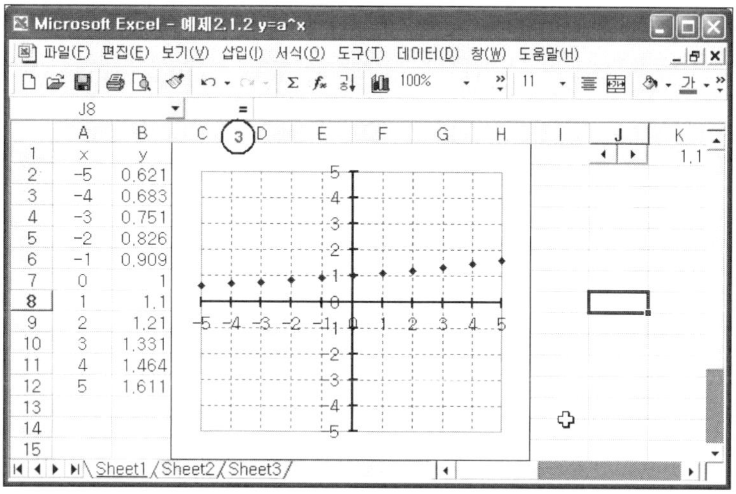

④ 좌표평면에 나타난 점을 추세선으로 연결하자. 좌표평면의 임의의 점을 선택한 뒤 메뉴의 『차트 ⇒ 추세선 추가』항목을 선택하여 [추세선] 대화 상자를 불러내자. [추세선] 대화 상자의 [종류] 탭에서 '[추세/회귀 유형]'을 '지수'로 선택하자.(만약, 옵션 탭에서 '수식을 차트에 표시' 항목을 선택하면 차트에 지수함수가 나타나지만 함수식이 $y=e^{0.0959x}$와 같이 나타난다. 밑의 값이 항상 자연대수 e값으로 주어지므로 좌표평면에 함수식이 나타나는 것이 학생들의 이해에 도움이 되지 않을 것 같다. '수식을 차트에 표시' 항목을 생략하여 좌표평면을 만들자.)

⑤ 지수 함수의 추세선의 서식(두께, 색, 스타일)을 지정하여 스핀 단추를 클릭하면 밑의 값 a에 따른 지수함수의 그래프가 나타난다.

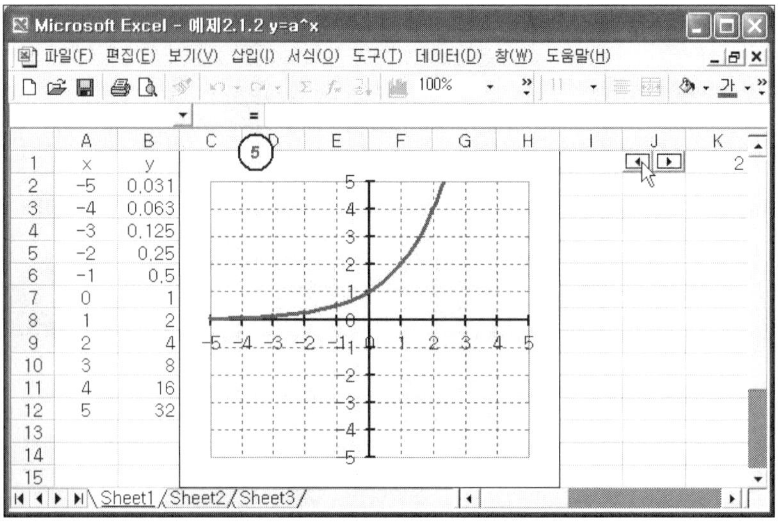

추세선이 포함된 지수함수의 그래프를 '차트 종류'의 '사용자 정의'에 "지수함수(추세선)"으로 등록하여 다른 지수함수의 그래프를 나타낼 때 사용하자.

예제 2.1.3 지수함수 $y=a^x$, $y=\left(\frac{1}{a}\right)^x(a>1)$의 그래프

두 지수함수 $y=a^x$, $y=\left(\frac{1}{a}\right)^x(a>1)$는 y축에 대하여 서로 대칭이다. 두 지수함수의 그래프를 한 좌표평면에 나타내고 또, 대칭이동할 수 있는 함수의 그래프도 같은 좌표평면에 나타내어 두 함수 사이의 관계를 확인하여 보자.

① A열과 C열에 두 지수함수의 정의역을 각각 다음 그림과 같이 입력하고 임의의 셀에 지수함수의 밑에 사용할 스핀 단추()와 대칭이동에 사용할 스크롤 막대()를 각각 한 개씩 만들고 그 속성을 다음과 같이 지정하자.

속성	Linkedcell	Max	Min	Smallchange	LargeChange
밑a	AA1	40	11	1	
이동	AA2	10	0	1	2

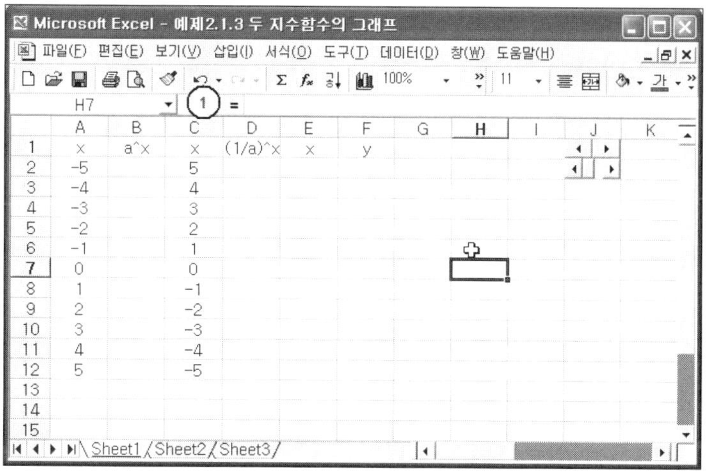

두 함수의 정의역을 바꾸어 나타낸 것은 y축에 대하여 대칭이동하는 함수의 그래프를 만들기 위해서이다.

② K1, K2 셀에 수식 「=AA1*0.1」, 「=AA2*0.1」를 입력하고 셀의 이름을 각각 "밑a", "대칭"이라고 부여하고, B열과 D열에 두 지수함수 $y=a^x$, $y=\left(\frac{1}{a}\right)^x$의 함수값을 다음 그림과 같이 만들자.

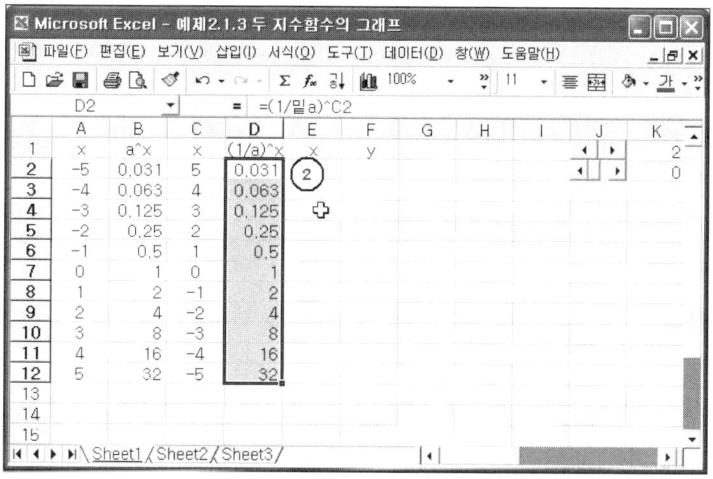

③ 대칭이동하는 점의 좌표를 만들기 위해 E2, F2 셀에 수식 「=대칭*C2+(1-대칭)*A2」, 「=B2」(또는 D2)을 입력하자.

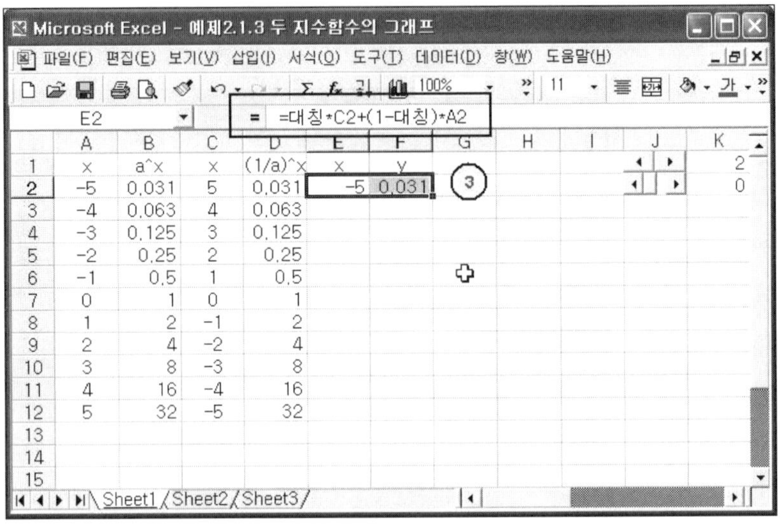

E2 셀에 수식 「=대칭*C2+(1-대칭)*A2」을 입력한 이유를 알아보자.

두 점 $A(x_1, y_1)$, $B(x_2, y_2)$를 이은 선분을 $t:1-t$ $(0 \leqq t \leqq 1)$로, 내분하는 점의 좌표를 $P(tx_2+(1-t)x_1, ty_2+(1-t)y_1)$라 하자. t의 값이 0이면 점 P는 점 A가 되고, t의 값이 1이면 점 P는 점 B가 된다. t의 값은 스크롤 막대에 의해 만들어진 K2 셀의 값으로 이름이 "대칭"이라고 부여되어 있다. 두 지수함수의 y좌표는 같으므로 x좌표만 위의 내분점의 좌표를 이용하여 나타내자.

④ E2, F2 셀을 복사하여 E3 셀부터 F12 셀까지 붙여넣기를 하면 y축에 대하여 대칭이동하는 모든 점의 좌표를 얻을 수 있다.

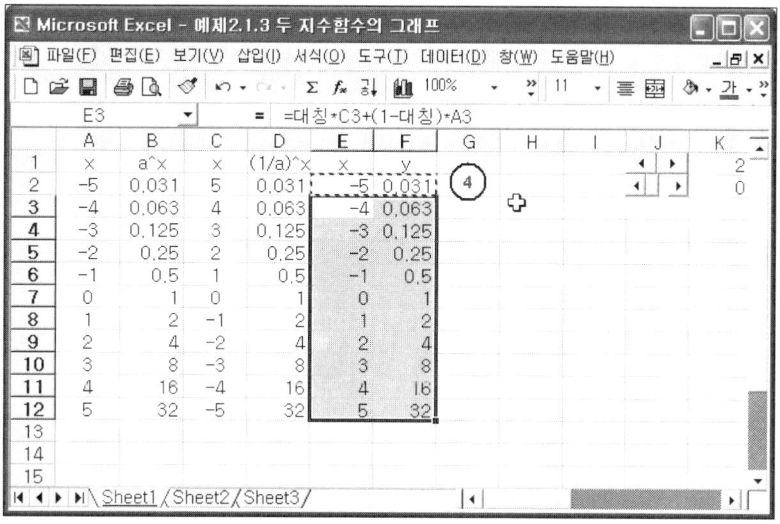

⑤ 지수함수 $y=a^x$의 그래프를 '사용자 정의'에 등록된 차트 '지수함수(추세선)'를 이용하여 나타내면 다음 그림과 같다.

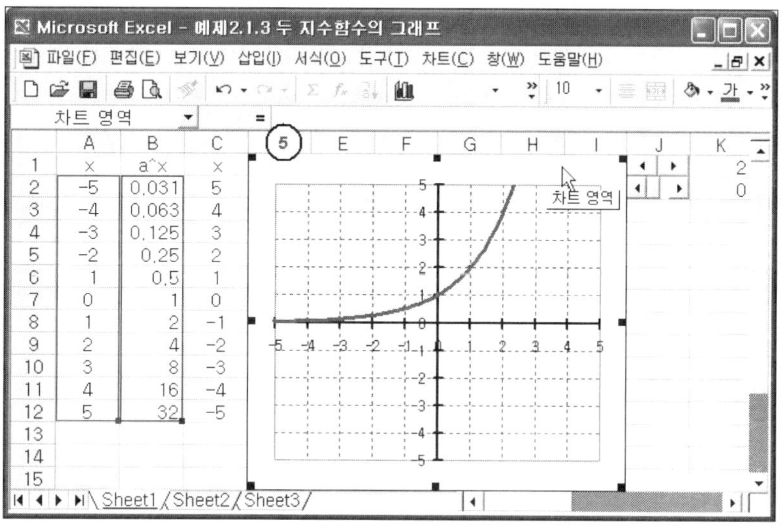

⑥ 원본 데이터를 이용하여 지수함수 $y=\left(\frac{1}{a}\right)^x$와 대칭이동되는 점의 좌표들을 좌표평면에 나타내고 추세선을 이용하여 점의 좌표를 연결한 지수함수의 그래프를 나타내자.

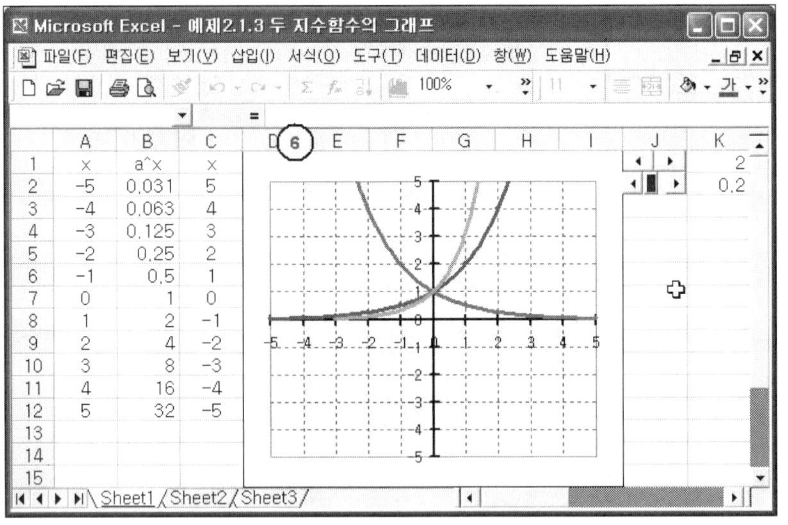

⑦ 스크롤 막대를 클릭하면 대칭이동되는 모습을 관찰할 수 있다.

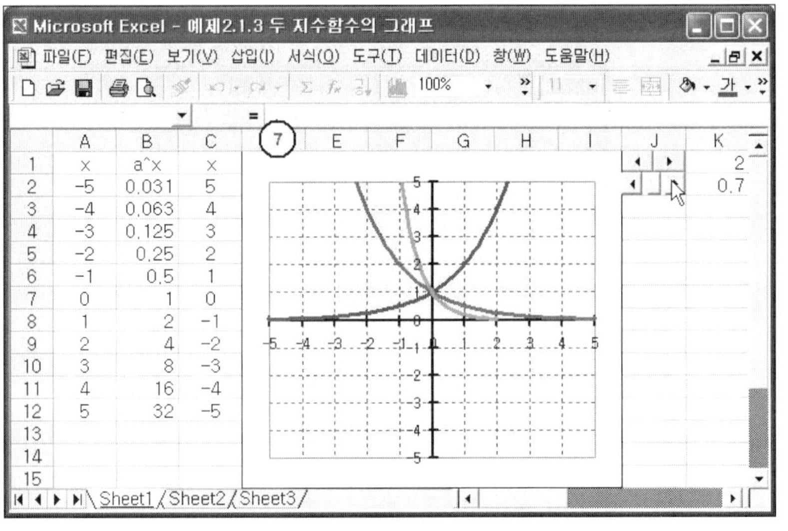

예제 2.1.4 지수함수 $y=a^{x-p}$, $y=a^{x-p}+q$의 그래프

지수함수의 평행이동을 나타내는 함수의 그래프를 만들어 보자.

① 임의의 셀에 스핀 단추(◆)를 세 개 만들고 그 속성을 다음과 같이 부여하자.

속성	Linkedcell	Max	Min	Smallchange
밑a	AA1	40	11	1
p값	AA2	12	0	1
q값	AA3	12	0	1

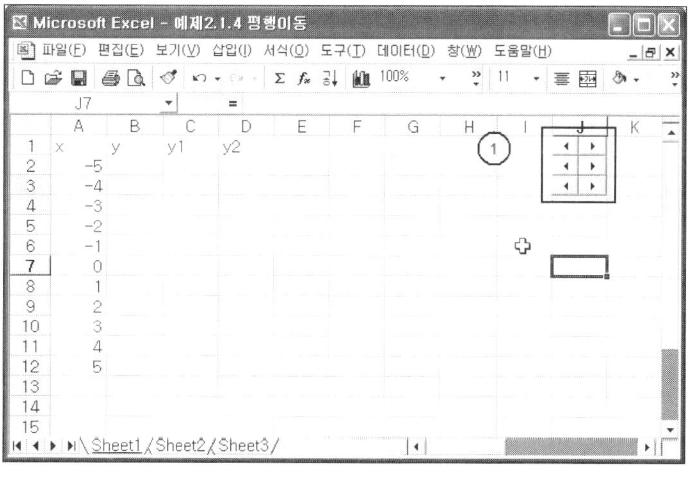

② K1, K2, K3 셀에 수식 「=AA1*0.1」, 「=(AA26)*0.5」, 「=(AA3−6)*0.5」을 입력하여 밑(a), p, q에 해당되는 값을 만들고 각 셀의 이름을 "밑 a", " p값", " q값"으로 부여하자. 또, B2, C2, D2 셀에 수식 「=밑a^A2」, 「=밑a^(A2−p값)」, 「=밑a^(A2−p값)+q값」을 입력하여 x값이 −5일 때 대한 각각의 지수함수 $y=a^x$, $y=a^{x-p}$, $y=a^{x-p}+q$의 함수값을 구하자.

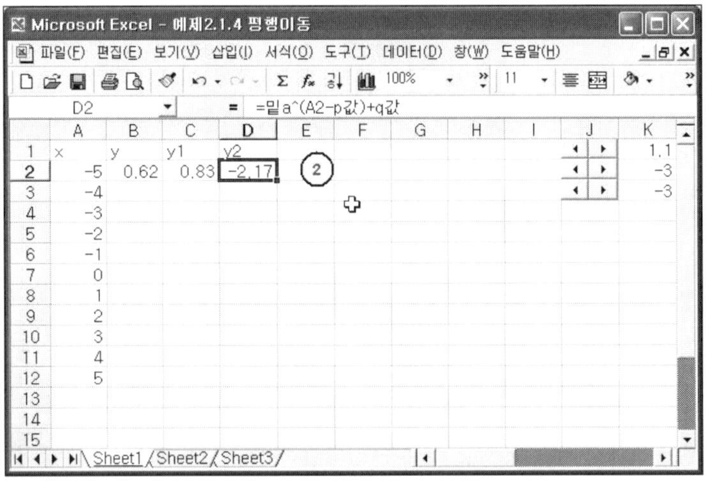

③ 나머지 모든 함수값을 수식을 채우기 핸들을 이용하여 구하자.

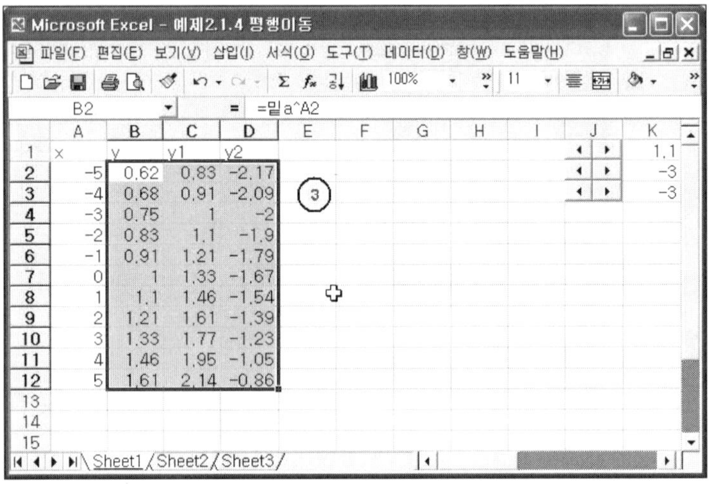

④ A2 셀부터 D12 셀까지 선택한 후 '차트 종류'의 '사용자 정의'에 등록된 '기본좌표평면'에 세 지수함수의 점의 좌표들을 나타내자. 물론 '사용자 정의'에 등록된 '지수함수(추세선)'을 사용하여 점의 좌표를 좌표평면에 나타내어도 상관은 없으나 지수함수 $y=a^{x-p}+q$는 추세선으로 표현할 수 없다. 1장에서 추세선의 종류에 대하여 간단히 언급하였는데 추세선으로 표현할 수 있는 지수함수의 함수식은 $y=ae^{bx}$이다. 따라서 y축으로 평행이동하는 지수함수는 추세선으로 표현할 수 없다.

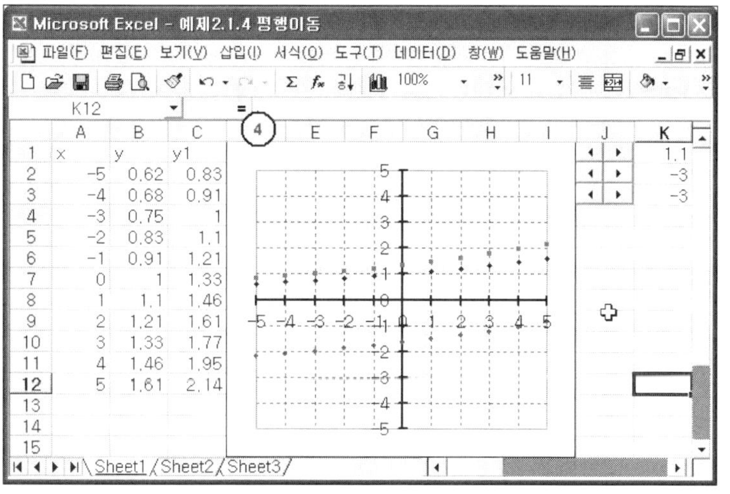

⑤ 좌표평면의 점들의 좌표 중 중간 줄에 있는 지수함수 $y=a^x$의 임의의 한 점을 선택한 후 메뉴의 『차트 ⇒ 차트 종류』를 선택하면 [차트 종류] 대화 상자가 나타난다. [차트 종류] 대화 상자에서 '데이터 표식 없이 곡선으로 연결된 분산형'을 선택하여 확인을 클릭하면 지수함수의 그래프를 나타낼 수 있다.

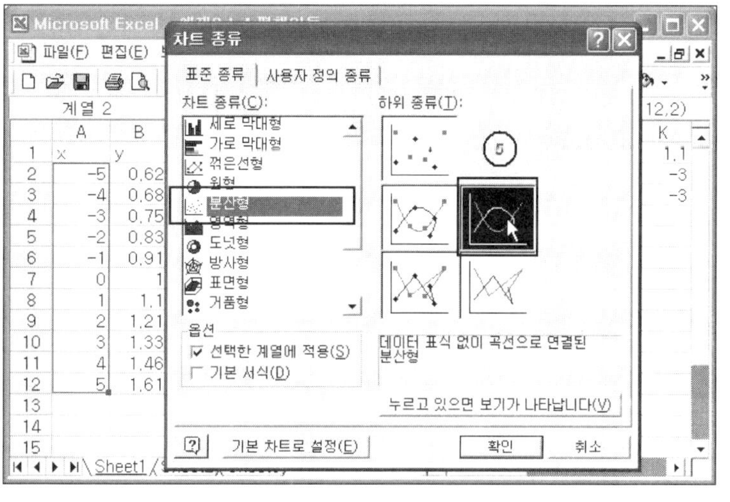

⑥ 나머지 두 지수함수의 그래프도 '데이터 표식 없이 곡선으로 연결된 분산형'으로 차트의 종류를 지정하면 모든 함수의 그래프가 다음 그림과 같이 나타난다.

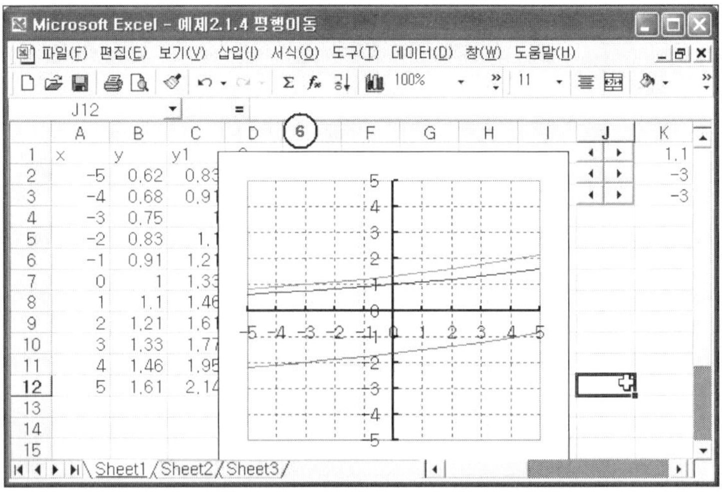

⑦ 차트 종류를 바꾸면 축의 스타일이 자동적으로 변한다. 축의 스타일을 앞의 예제들과 같은 스타일로 지정하자. 또, 함수의 그래프의 두께와 색 등을 조정하기 위해서는 메뉴의 『서식 ⇒ 선택한 데이터 계열』을 선택하여 [데이터 계열 서식] 대화 상자를 불러낸다. 이 대화 상자의 [무늬] 탭에서 스타일, 색, 두께 등을 조정할 수 있다. 모든 함수의 서식을 결정하여 함수의 그래프를 나타내면 다음 그림과 같다.

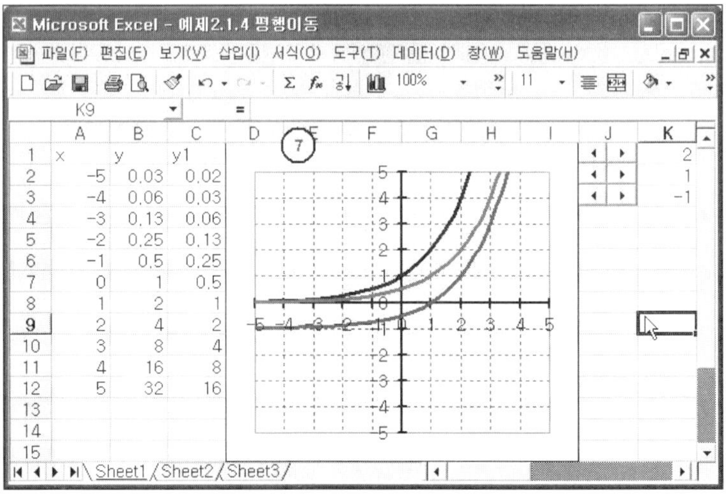

위의 좌표평면을 '차트 종류'의 '사용자 정의'에 "곡선"으로 등록하여 앞으로 만들게 될 함수들의 그래프에 사용하자.

▌연습문제 2.1▐

문제 2.1.1

지수함수 $y=\left(\frac{1}{2}\right)^x$의 그래프를 예제 2.1.1과 같은 방법으로 만들어 보시오.

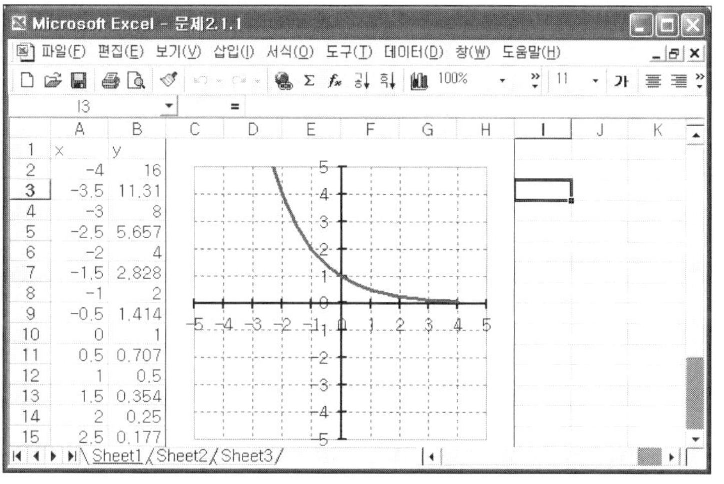

문제 2.1.2

지수함수 $y=a^x$ $(0<a<1)$의 그래프를 스핀 단추를 이용하여 a값이 0.1에서 0.9까지 0.1씩 변하도록 나타내시오.

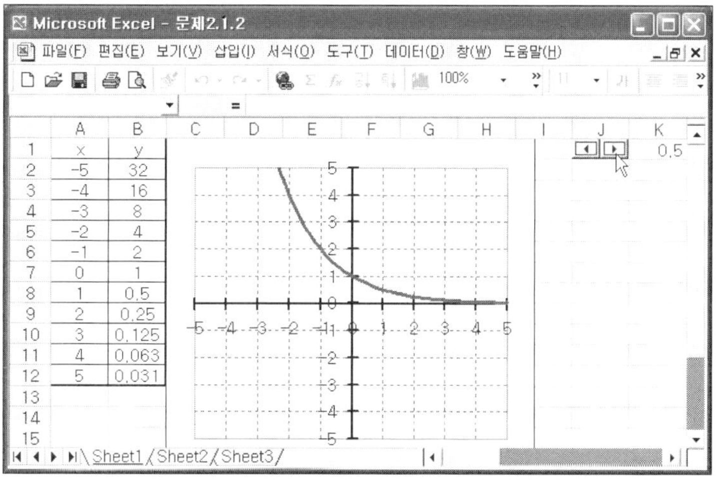

문제 2.1.3

밑의 값이 자연대수 e인 지수함수 $y = e^x$의 그래프를 나타내시오. 단, 자연대수 e에 대한 지수값은 수식 「=EXP(셀 주소)」을 이용하여 만든다.

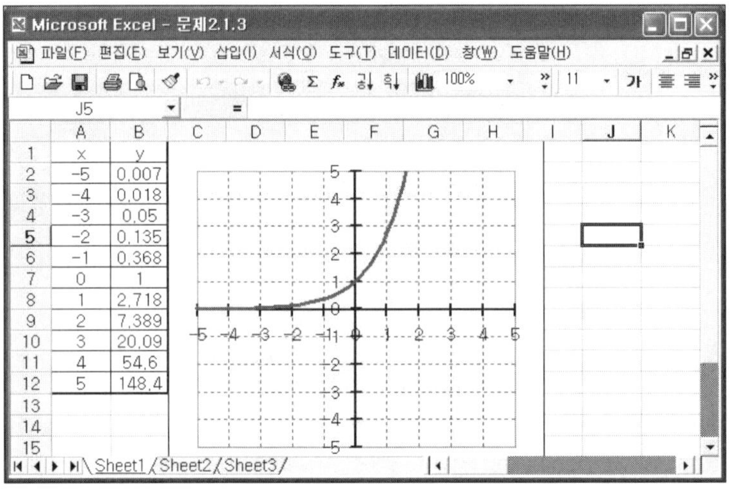

2.2 로그함수

예제 2.2.1 로그함수 $y=\log_2 x$의 그래프

로그함수 $y=\log_2 x$는 지수함수 $y=2^x$의 역함수이므로 로그함수의 그래프를 나타내기 위해서는 지수함수의 치역을 정의역으로 하여 함수값을 구하면 된다. 다음과 같은 과정으로 로그함수의 그래프를 만들어 보자. 단, 지금부터는 추세선을 사용하지 않고 앞의 예제에서 등록한 '곡선' 좌표평면을 이용하여 그래프를 만들자.

① 추세선을 이용하지 않고 '데이터 표식 없이 곡선으로 연결된 분산형'으로 함수의 그래프를 만들 때에는 점의 개수가 적당하게 많아야 함수의 그래프가 정확하게 나타난다. 점의 x좌표를 -5부터 $+5$까지 0.1의 간격으로 만들자. 먼저, A열에 정의역의 원소를 만들기 위해 A2 셀에 -5를 입력한 후 메뉴의 『편집 ⇒ 채우기 ⇒ 연속 데이터』를 선택하여 [연속 데이터] 대화 상자를 불러내자. [연속 데이터] 대화 상자에서 '방향'은 '열', '종류'는 '선형', '단계 값'은 "0.1", '종료값'은 "5"로 지정하여 확인을 클릭하면 A열에 정의역의 원소가 -5부터 5까지 0.1의 간격으로 나타난다.

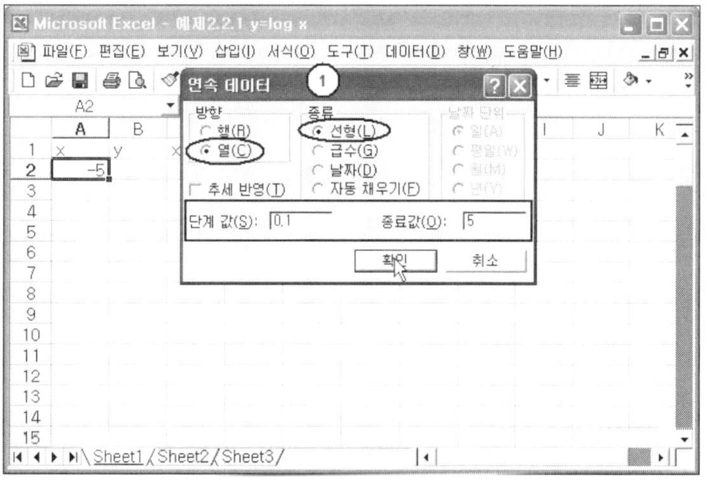

② B열에 지수함수의 모든 함수값을 만들고, C열에 지수함수의 역함수인 로그함수의 정의역을 나타내자. 로그함수는 지수함수의 역함수이므로 지수함수의 함수값을 정의역으로 가지므로 C2 셀에 수식 「=B2」를 입력하면 로그함수의 정의역을 만들 수 있으며, 이 수식을 복사하여 나머지 모든 C열의 셀에 붙여넣기를 하면 모든 정의역을 만들 수 있다.(물론, 모든 셀의 값을 만들 때 채우기 핸들을 활용하면 좀더 간편하게 된다.)

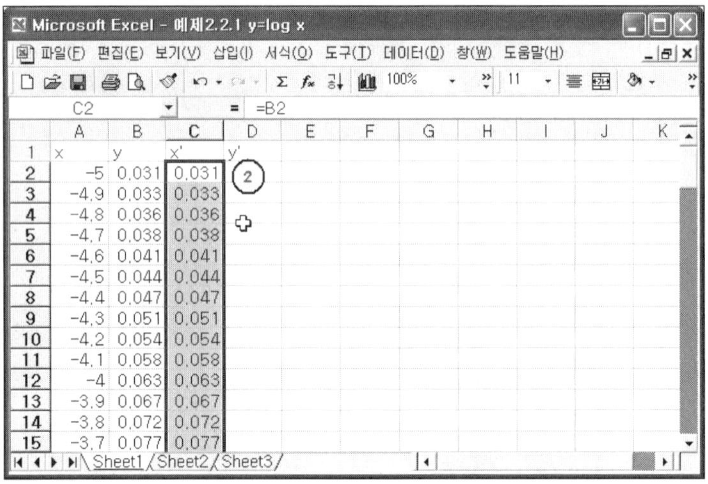

③ D열에 로그함수의 함수값을 만들자. 엑셀에서는 로그에 관한 함수식이 세 가지 제공되며, '셀 주소'를 입력하면 입력된 주소에 있는 값이 로그함수의 정의역에 해당된다.(보통, 로그의 진수라고 함.)

종류	뜻
LN(셀 주소)	밑이 자연 대수 e인 로그
LOG(셀 주소,밑)	밑의 값은 "밑"에 직접 입력하여 부여함
LOG10(셀 주소)	밑의 값이 10인 상용로그

D2 셀에 수식 「=LOG(C2,2)」을 입력하면 밑이 2인 로그함수의 함수값을 얻을 수 있으며 수식을 복사하여 나머지 모든 셀에 붙여넣기를 하면 모든 함수값을 얻는다. 물론, 채우기 핸들을 이용하여 로그함수의 모든 함수값을 간단히 얻을 수도 있다.

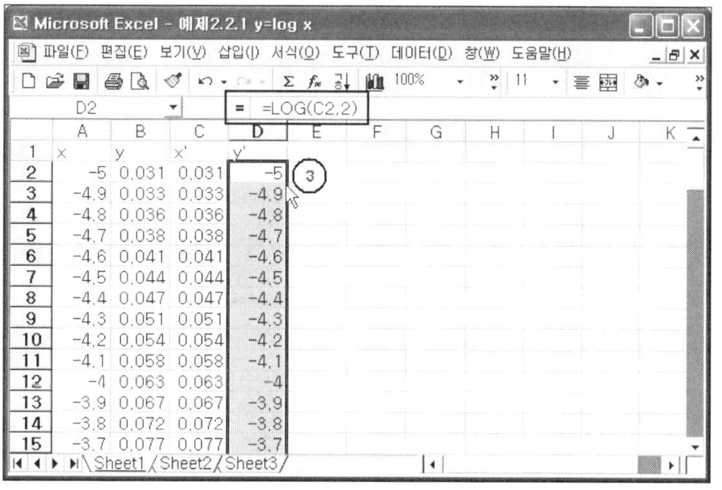

④ A2 셀부터 B102 셀까지 지수함수의 점의 좌표들을 앞에 예제에서 등록한 '곡선' 차트에 나타내자.

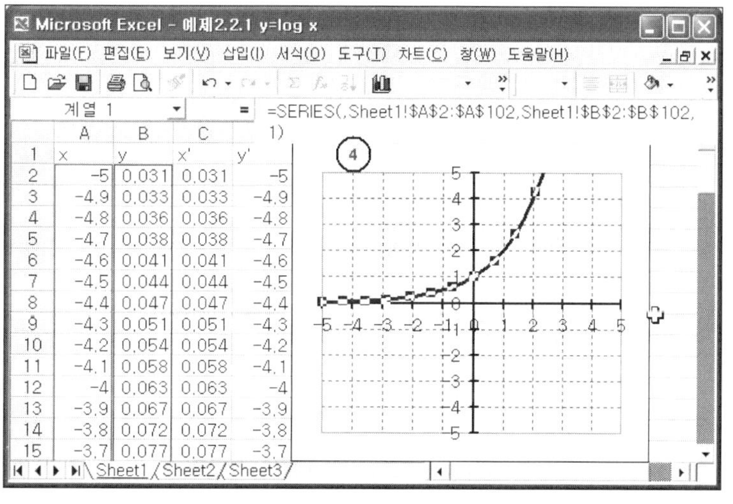

⑤ 좌표평면을 선택한 후 메뉴의 『차트 ⇒ 원본 데이터』를 선택하여 [원본 데이터] 대화 상자를 불러내고, [원본 데이터] 대화 상자의 [계열] 탭에서 '계열'을 추가한다. 추가된 계열의 'X축', 'Y축'의 범위에 각각 "=Sheet1!$C$2:$C$102", "=Sheet1!$D$2:$D$102"를 입력하여 확인을 클릭하면 다음 그림과 같이 로그함수의 점의 좌표가 좌표평면에 나타난다.

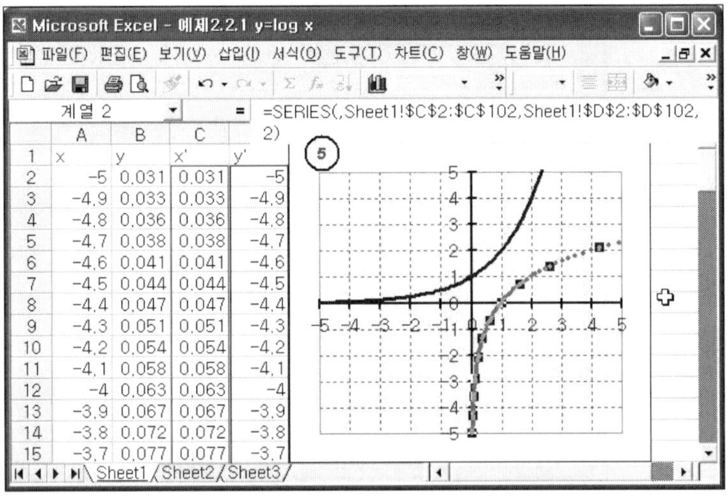

⑥ 로그함수의 점을 선택한 후 메뉴의 『서식 ⇒ 선택한 데이터 계열』을 선택하여 [데이터 계열 서식] 대화 상자를 불러낸다. 이 대화 상자의 [무늬] 탭의 '선' 항목에서 스타일, 색, 두께 등을 지정하고 '표식' 항목은 '없음'으로 지정한 후 확인을 클릭하면 다음 그림과 같이 로그함수의 그래프도 부드러운 곡선으로 나타난다.

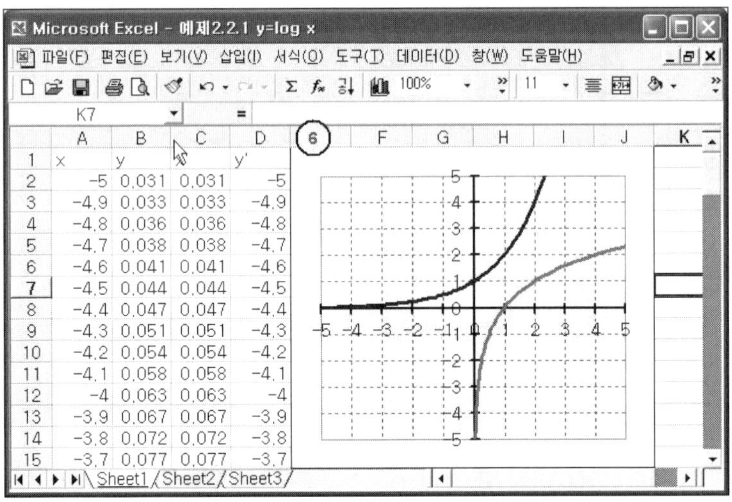

예제 2.2.2 두 함수 $y=a^x$, $y=\log_a x(a>1)$의 그래프

스핀 단추( )를 이용하여 밑의 값에 따른 지수·로그함수의 그래프를 만들어 보자.

① 스핀 단추를 임의의 셀에 만들고 속성을 다음과 같이 지정하자.

속성	LinkedCell	Max	Min	SmallChange
a값	AA1	40	11	1

또, 지수함수의 정의역을 A열에 『연속 데이터』를 활용하여 −5부터 +5까지 0.1의 간격으로 만들자.

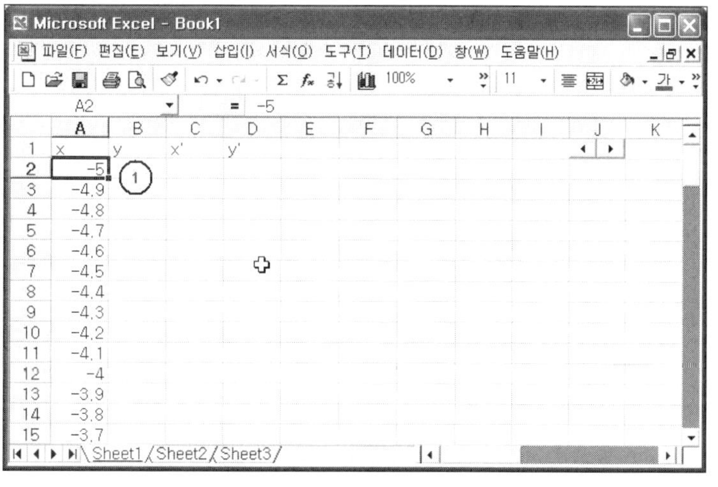

② K1 셀에 수식「=AA1*0.1」을 입력하여 지수·로그함수의 밑에 사용될 a의 값을 만들고 K1 셀의 이름을 "밑"이라고 부여하자. 또, B2 셀에 수식「=밑^A2」를 입력하여 지수함수의 함수값을 얻고 이 수식을 복사하여 나머지 모든 셀에 붙여넣기를 하면 모든 함수값을 얻을 수 있다. (물론, 채우기 핸들을 이용하면 모든 함수값을 쉽게 얻을 수 있다.)

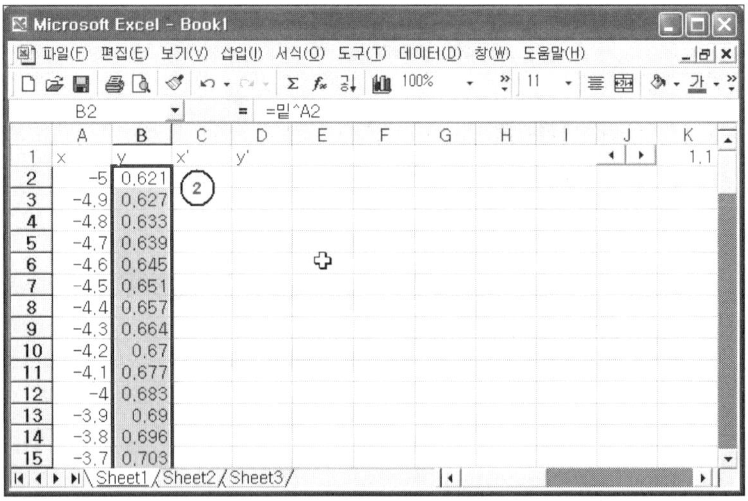

③ C열에 로그함수의 정의역을 나타내기 위해 C2 셀에 수식 「=B2」를 입력하고 나머지 모든 셀은 채우기 핸들을 이용하여 만들자.

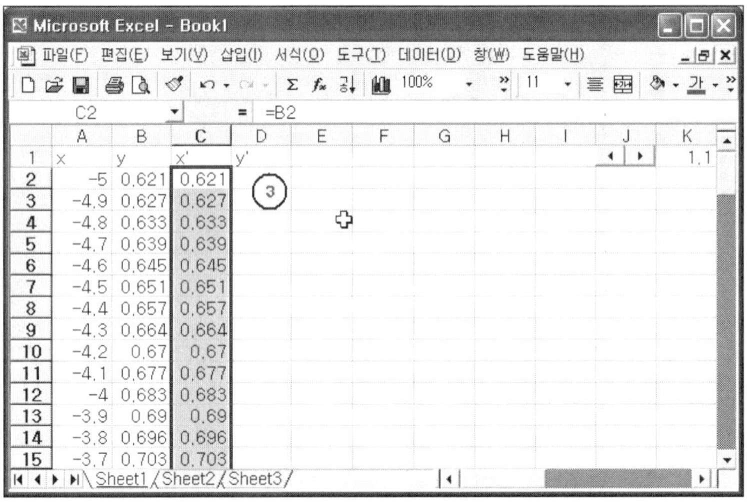

④ D열에 로그함수의 함수값을 만들자. 먼저, D2 셀에 수식 「=LOG(C2,밑)」을 입력하여 함수값을 얻고 채우기 핸들을 이용하여 모든 함수값을 만들자.

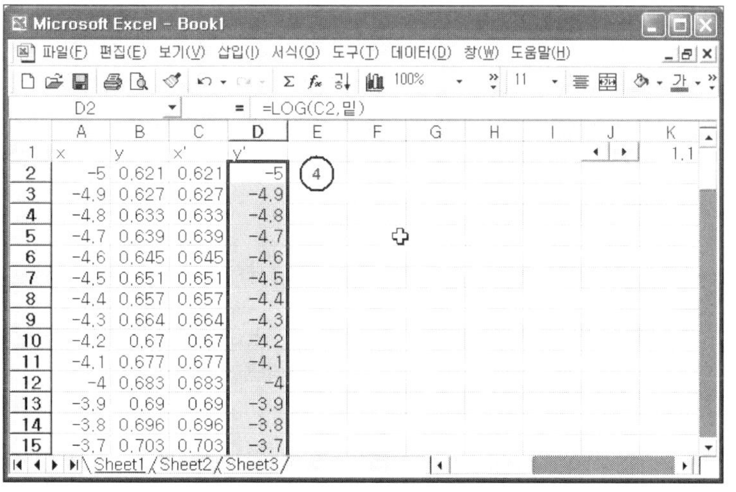

⑤ A2 셀부터 B102 셀까지 선택하여 지수함수의 점의 좌표들을 등록된 차트 '곡선'을 이용하여 좌표평면에 나타내고, 『원본 데이터』를 이용하여 로그함수의 점의 좌표도 좌표평면에 나타내자.

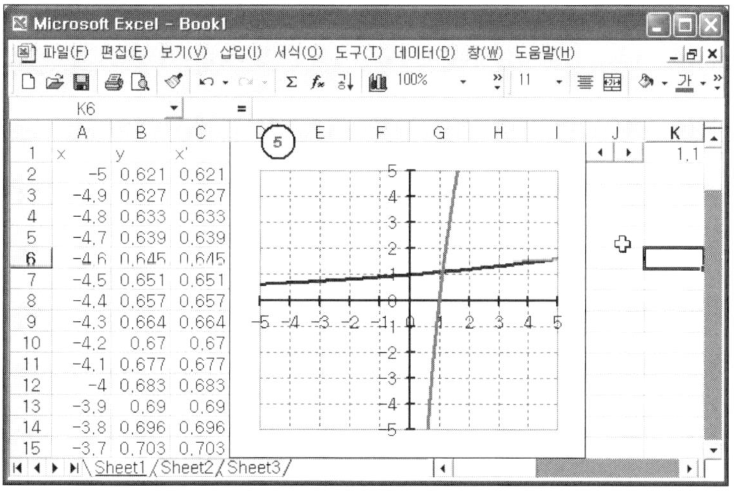

스핀 단추를 클릭하면 밑의 값에 따른 두 함수의 그래프를 확인할 수 있다.

※ 스핀 단추( )의 모양

지금까지는 단순하게 스핀 단추를 사용하였는데 스핀 단추의 모양을 결정하여 보자.

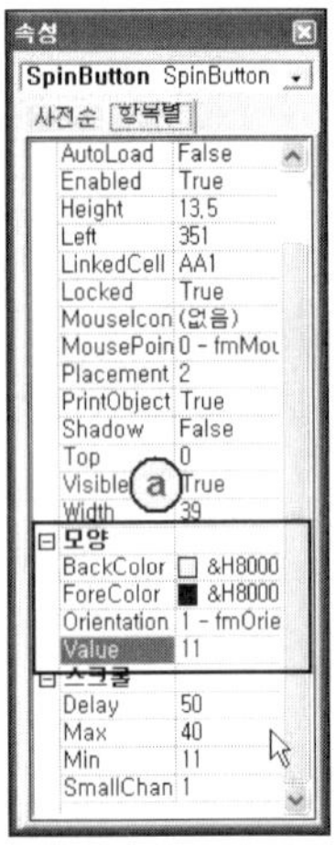

ⓐ 스핀 단추의 [속성] 대화 상자에는 두 개의 탭이 있는데 동일한 내용으로 구성되어 있다. [사전] 탭은 스핀 단추의 속성을 알파벳 순서로 보여주며, [항목별] 탭은 속성의 항목별로 보여준다. [항목별] 탭에서 모양에 관한 것을 알아보자.

ⓑ 모양에는 네 가지 속성 BackColor, ForeColor, Orientation, Value가 있으며 Value는 LinkedCell에 주어진 값이 얼마인지를 나타낸다. 그림에서는 "11"로 주어져 있지만 만약 스핀 단추를 클릭하면 LinkedCell의 값이 변하며 Value의 값 또한 같이 변하게 되어 있다.

ⓒ BackColor를 선택하면 그림과 같이 역삼각형 모양의 단추가 나타나며 이 단추를 클릭하면 색상표가 주어진다. 여기서 스핀 단추의 바탕색을 무엇으로 할 것인지 결정하면 된다.

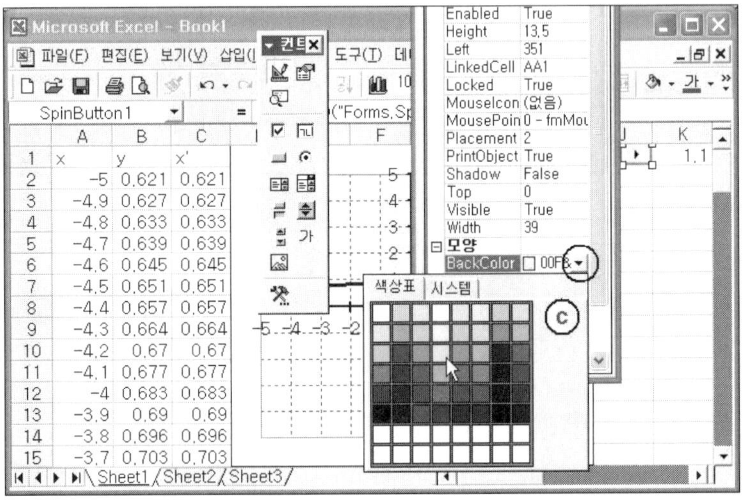

ⓓ 같은 방법으로 ForeColor도 결정하여 스핀 단추의 증가 감소 부분의 색을 결정하면 다음 그림과 같아진다.

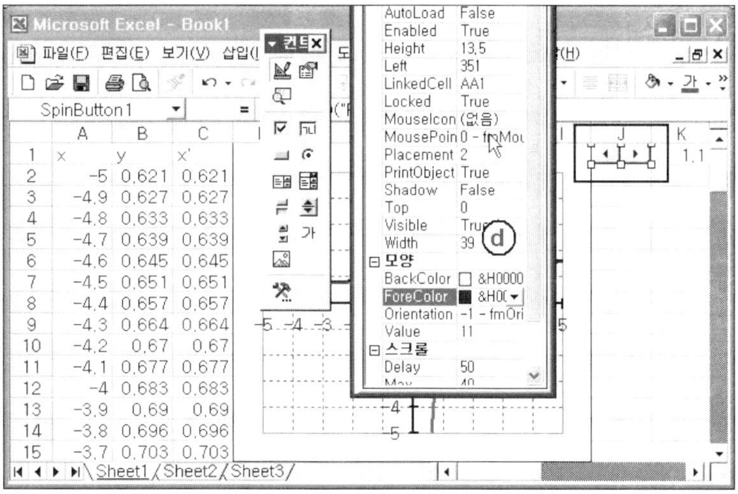

ⓔ Orientation은 스핀 단추의 방향을 결정한다. 선택을 하면 역삼각형 모양의 단추가 나타나며 이 단추를 클릭하면 선택할 수 있는 값이 " −1", " 0", " 1"이 주어진다. " 1"을 선택하면 수평으로 스핀 단추가 만들어지며, " 0"을 선택하면 수직으로 스핀 단추가 만들어진다. 만약, " −1"을 선택하면 스핀 단추의 크기에 따라 자동적으로 수직 또는 수평 방향의 스핀 단추가 된다. 기본값은 항상 " −1"로 주이진다.

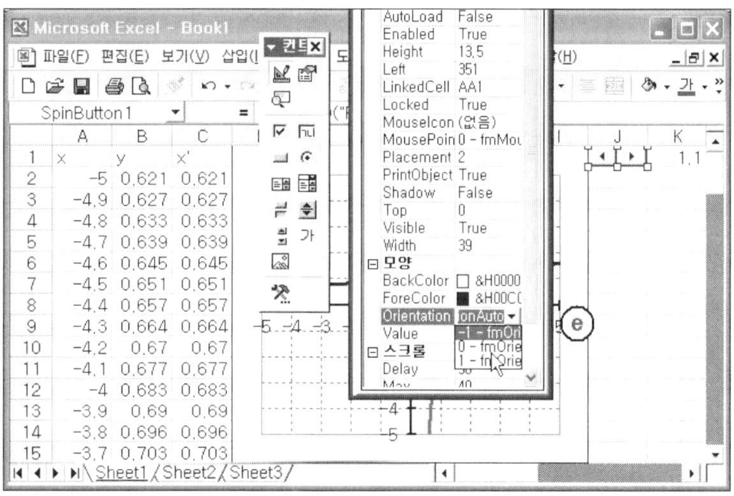

예제 2.2.3 로그함수 $y=\log_a x$, $y=\log_{\frac{1}{a}} x$의 그래프($a>1$)

두 로그함수 $y=\log_a x$, $y=\log_{\frac{1}{a}} x$는 x축에 대하여 서로 대칭이다. 두 로그함수의 그래프를 한 좌표평면에 나타내고 또, 대칭 이동할 수 있는 함수의 그래프도 같은 좌표평면에 나타내어 두 함수 사이의 관계를 확인하여 보자.

① 임의의 셀에 두 로그함수에서 사용될 밑의 값 a에 해당하는 스핀 단추를 만들고 그 속성을 다음과 같이 지정하자.

속성	LinkedCell	Max	Min	SmallChange
a값	AA1	40	11	1

K1 셀에 수식 「=AA1*0.1」을 입력하여 사용될 밑의 값을 만들고 셀 이름을 “밑”으로 부여하자. 또, A열, B열에 지수함수의 점의 좌표를 만들고, C열에 두 로그함수의 정의역의 값을 지수함수의 치역으로 나타내자. 두 로그함수는 x축에 대하여 대칭이므로 x좌표는 같아서 정의역은 C열에만 나타내면 된다.

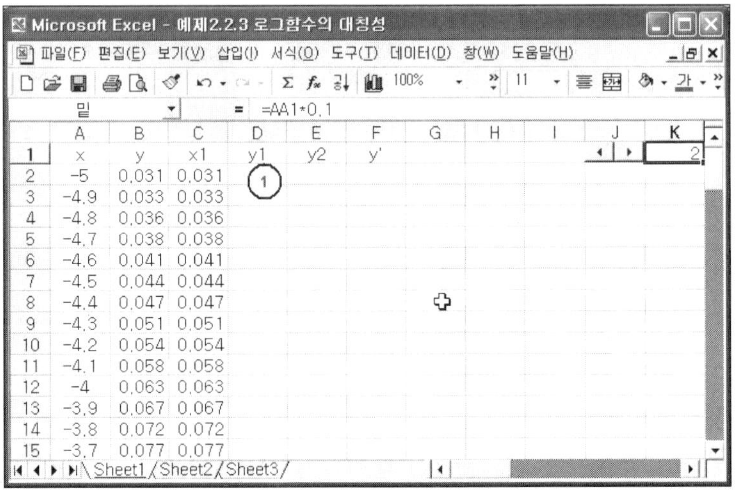

② D2 셀에 수식 「=LOG(C2,밑)」을 입력하여 로그함수의 함수값을 얻고 채우기 핸들을 이용하여 로그함수의 모든 함수값을 구하면 다음 그림과 같다.

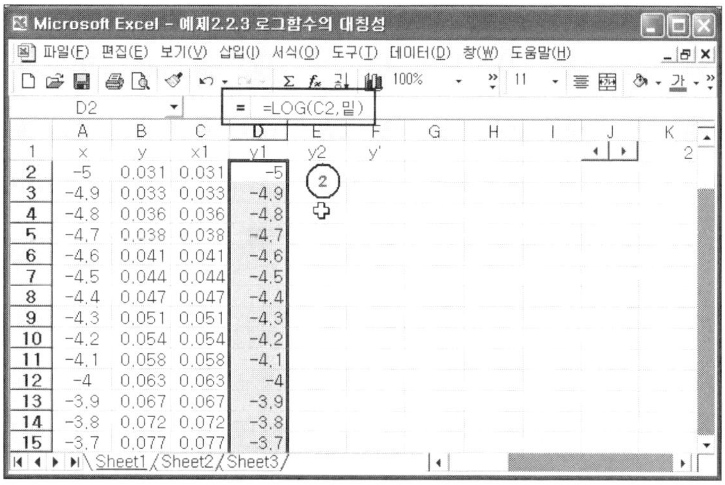

③ 같은 방법으로 E2 셀에 로그함수 $y = \log_{\frac{1}{a}} x$의 함수값을 수식 「=LOG(C2,1/밑)」을 이용하여 만들고 채우기 핸들을 이용하여 모든 함수값을 구하자.

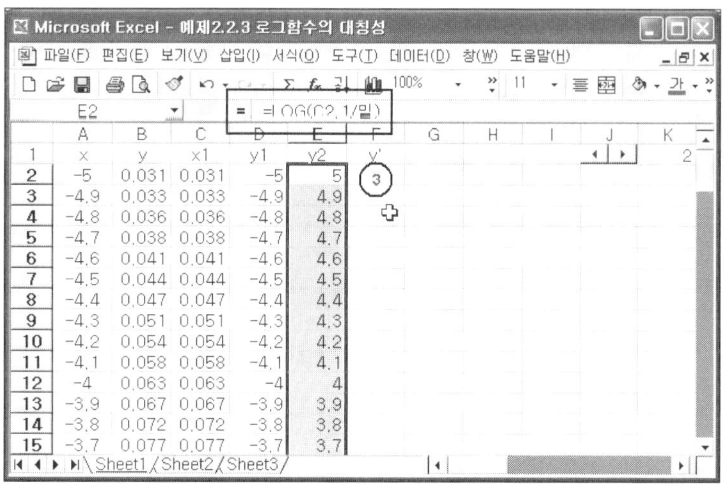

④ F열에 x축에 대하여 대칭 이동하는 곡선을 만들자. 먼저, 대칭 이동에 사용될 스크롤 막대를 스핀 단추 아래에 만들고 그 속성

을 다음과 같이 지정하자.

속성	LinkedCell	Max	Min	SmallChange	LargeChange
대칭	AA2	10	1	1	2

K2 셀에 수식 「=AA2*0.1」을 입력하고 셀 이름을 "대칭"이라 부여하자.

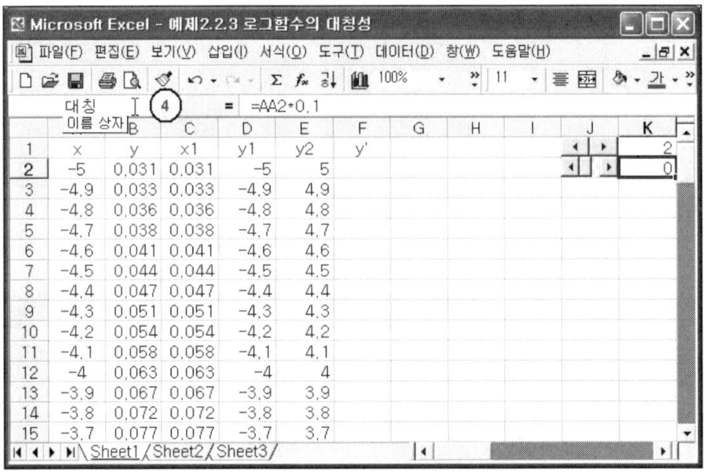

⑤ 예제 2.1.3에서 같은 방법으로 대칭이동되는 곡선의 y좌표에 해당되는 값을 F열에 만들자. 먼저, F2 셀에 수식 「=대칭*D2+(1−대칭)*F2」을 입력하고 채우기 핸들을 이용하여 모든 값을 구하면 다음 그림과 같다.

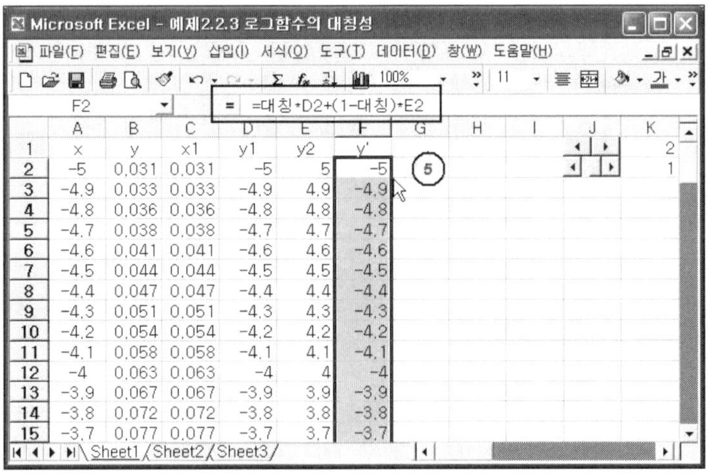

⑥ C2 셀부터 F102 셀까지 모두 선택한 상태에서 차트 마법사에 등록된 '곡선' 차트를 이용하여 좌표평면에 모든 함수의 그래프를 나타내자. 스핀 단추를 클릭하면 밑의 값에 따른 두 로그함수의 그래프가 나타나며 스크롤 막대를 클릭하면 대칭이동되는 곡선이 변하는 모습을 관찰할 수 있다.

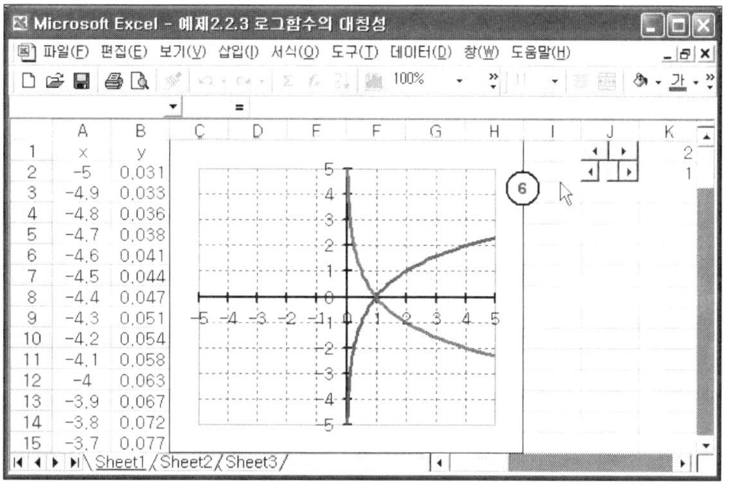

⑦ 위의 그림에서 스크롤 막대를 클릭하면 대칭이동되는 곡선이 움직이는 모습을 관찰할 수 있으며, K2 셀의 값이 0일 때는 $y=\log_{\frac{1}{a}} x$의 그래프와 같고, K2 셀의 값이 1일 때는 $y=\log_a x$의 그래프와 같다. 그런데 스크롤 막대의 값이 0, 1일 때 대칭이동하는 곡선이 두 로그함수의 그래프를 덮고 있다. 대칭이동하는 곡선이 두 로그함수를 덮지 않고 두 함수의 밑에 있다가 스크롤 막대를 클릭하면 나타나도록 만들어 보자. 이렇게 만들려면 세 곡선 중 임의의 한 곡선을 선택한 뒤 메뉴의 『서식 ⇒ 선택한 데이터 계열』을 선택한다. [데이터 계열 서식] 대화 상자의 [계열 순서] 탭에서 계열의 순서를 결정하는데 '계열 3'을 맨 위로 이동하면 원하는 효과를 만들 수 있다.

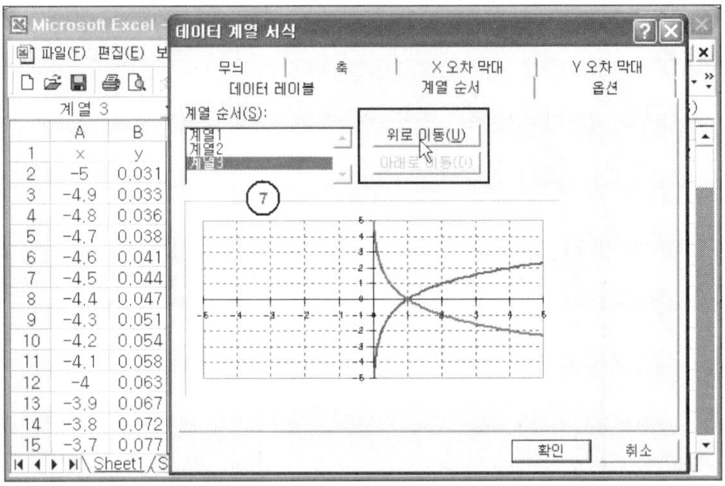

예제 2.2.4 지수함수 $y=a^x$와 로그함수 $y=\log_a x$ 사이의 위치관계

지수함수 $y=a^x$와 로그함수 $y=\log_a x$는 서로 역함수이므로 직선 $y=x$에 대하여 대칭이 된다. 두 함수의 그래프를 만들고 두 함수 사이에 $y=x$에 대하여 대칭이동하는 곡선의 그래프도 만들어 두 함수 사이의 위치관계를 알아보자.

① 임의의 셀에 스핀 단추와 스크롤 막대를 만들고 그 속성을 다음과 같이 지정하자.

속성	LinkedCell	Max	Min	SmallChange	LargeChange
밑	AA1	40	12	1	
대칭	AA2	10	0	1	2

K1, K2 셀에 수식 「=AA1*0.1」, 「=AA2*0.1」를 입력하여 지수·로그함수의 밑에 사용될 a값과 대칭이동에 사용될 값을 만들고 이름 상자를 이용하여 두 셀의 이름을 각각 "밑", "대칭"으로 부여하자. 또, A열에 지수함수의 정의역을 『연속 데이터』를 이용하여 -5부터 $+5$까지 0.1의 간격으로 만들고 B열

에 지수함수의 함수값을 수식을 입력하여 다음 그림과 같이 만들자.

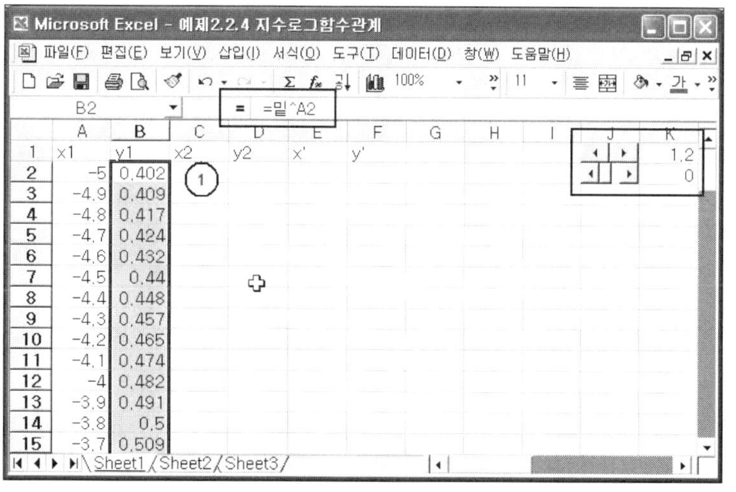

② C열에 로그함수의 정의역을 지수함수의 치역을 이용하여 만들자. 먼저, C2 셀에 수식「=B2」을 입력하여 첫 정의역을 얻고 채우기 핸들을 이용하여 나머지 모든 정의역을 얻자. 또, D2 셀에 수식「=LOG(C2,밑)」을 입력하여 첫 로그함수의 값을 얻은 뒤 채우기 핸들을 이용하여 나머지 모든 함수값을 구하자.

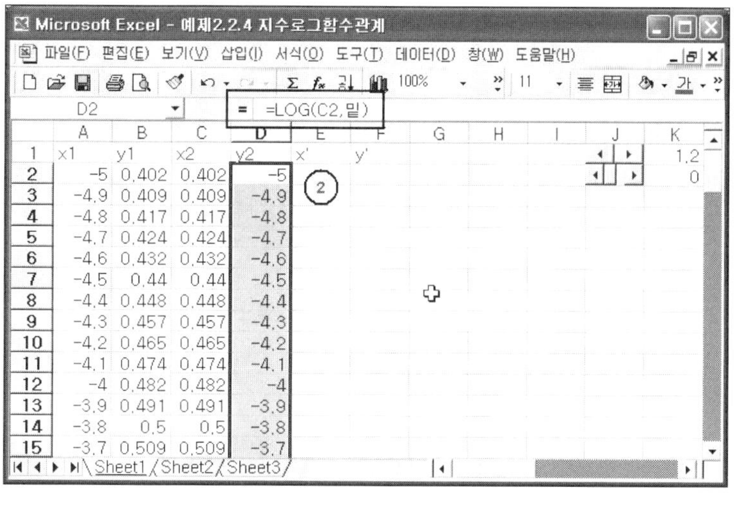

③ E2, F2 셀에 대칭이동되는 첫 점의 좌표를 만들기 위해 수식 「=(1-대칭)*B2＋대칭*D2」, 「=(1-대칭)*C2＋대칭*E2」을 각각 입력하자. 채우기 핸들을 이용하여 모든 대칭이동되는 점의 좌표를 만들면 다음 그림과 같다.

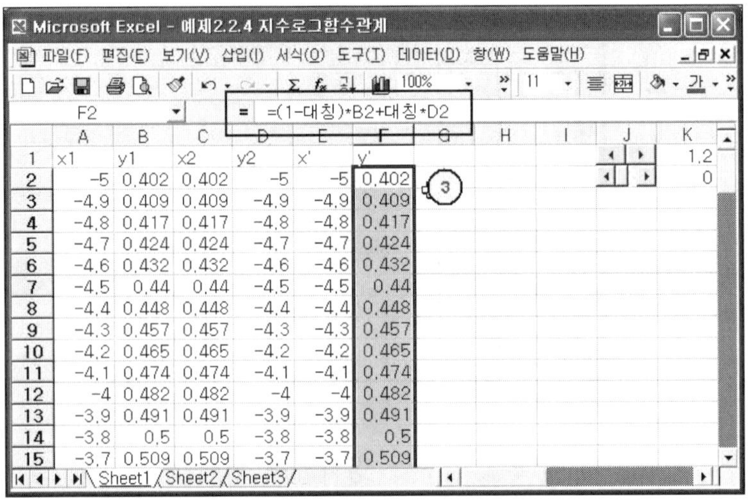

④ 차트 마법사에 '사용자 정의'에 등록된 '곡선'차트를 이용하여 지수·로그함수, 대칭이동하는 곡선의 그래프를 좌표평면에 나타내면 다음 그림과 같이 나타난다.

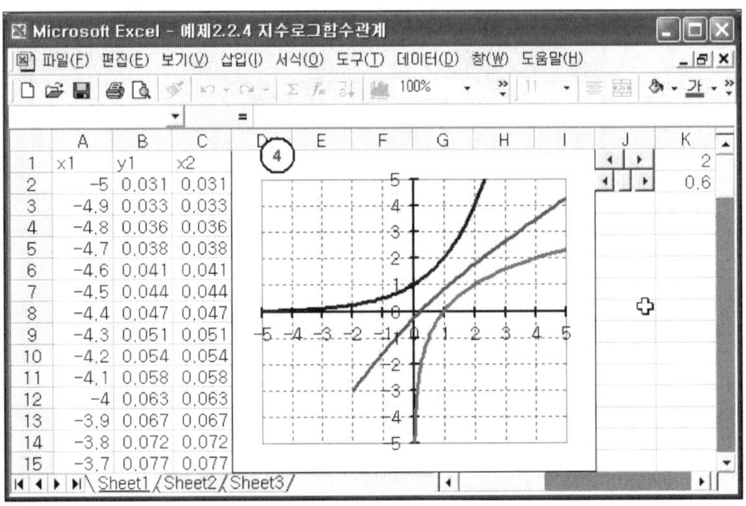

예제 2.2.3과 예제 2.2.4는 두 함수의 점의 좌표를 만들 때 약간의 차이가 있다. 먼저, 예제 2.2.3은 두 로그함수 $y=\log_a x$, $y=\log_{\frac{1}{a}} x$의 정의역이 동일하며 두 함수는 x축에 대하여 대칭이므로 대칭이동하는 곡선은 y좌표의 값만 변하게 되어 있다. 하지만 예제 2.2.4는 지수함수와 로그함수의 정의역이 같지 않으며 $y=x$에 대하여 대칭이다. 대칭이동하는 곡선은 x, y좌표가 다 변하므로 각각의 함수에 대하여 정의역 또한 각각 있어야만 표현할 수 있다.

▌연습문제 2.2▐

문제 2.2.1

밑의 값이 e인 자연로그 $y=\ln x$의 그래프를 좌표평면에 나타내시오.

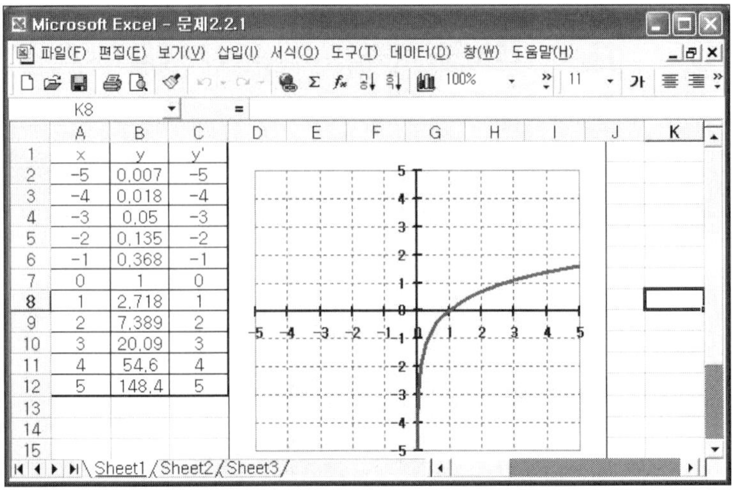

문제 2.2.2

스핀 단추를 이용하여 로그함수 $y=\log_2 x$, $y=\log_2(x-p)+q$의 그래프를 같은 좌표평면에 나타내시오.

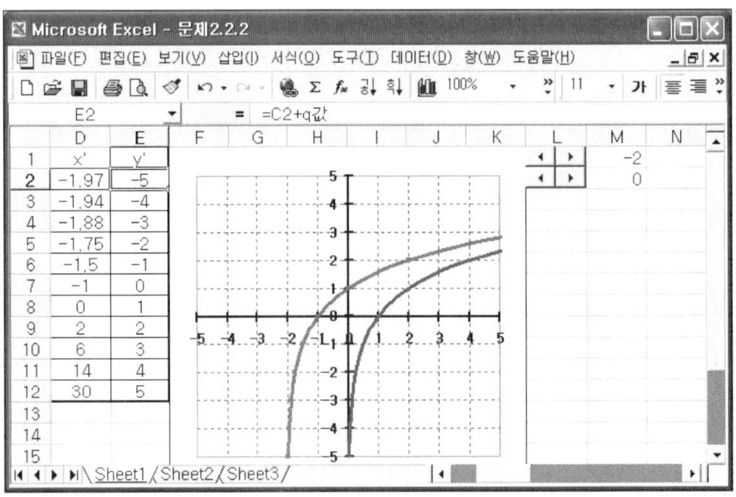

문제 2.2.3

로그함수 $y=\log_2(2x-3)+2$의 그래프를 좌표평면에 나타내고 목표값 찾기를 이용하여 x절편의 근사값을 찾으시오.

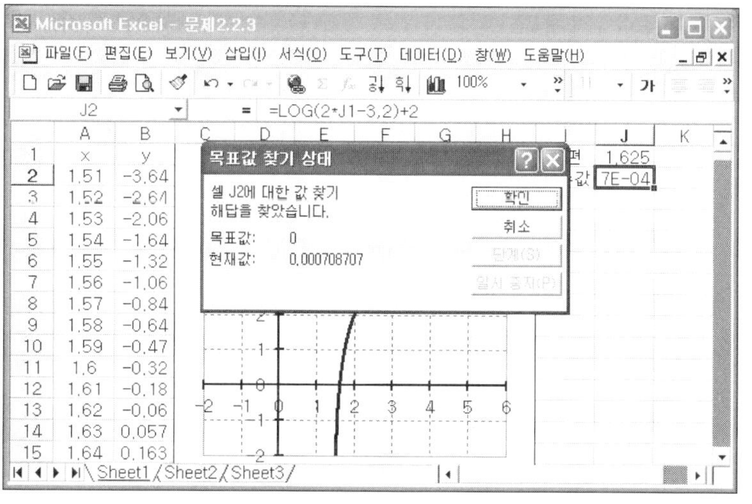

2.3 분수함수

중학교 1학년 교육과정의 반비례함수에서 출발하여 고등학교 1학년 교육 과정의 분수함수의 그래프를 확인하여 보자. 분수함수의 그래프는 추세선이 지원되지 않아 '데이터 표식 없이 곡선으로 연결된 분산형'을 이용하여 나타내면 된다. 앞에서 등록한 '곡선' 차트를 이용하여 나타낼 수 있다.

예제 2.3.1 반비례함수 $y=\frac{a}{x}$의 그래프

① 임의의 셀에 스핀 단추(⬍)를 만들고 그 속성을 다음과 같이 지정하자.

속성	LinkedCell	Max	Min	SmallChange
a값	AA1	20	0	1

또, 『연속 데이터』를 이용하여 함수의 정의역을 A열에 −5부터 +5까지 0.05씩의 간격으로 만들자.

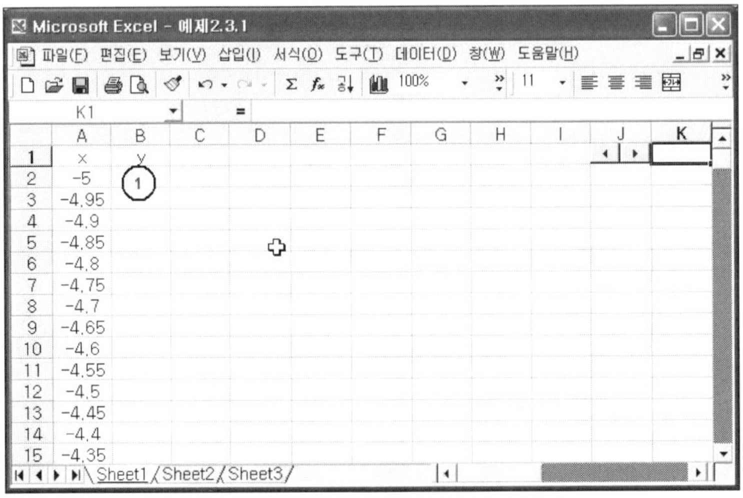

② K2 셀에 수식 「=(AA1－10)/2」를 입력하고 셀의 이름을 "a값"이라고 부여하자. B열에 분수함수값을 얻기 위해 B2 셀에 수식 「=a값/A2」를 입력하고 채우기 핸들을 이용하여 모든 함수값을 얻자.

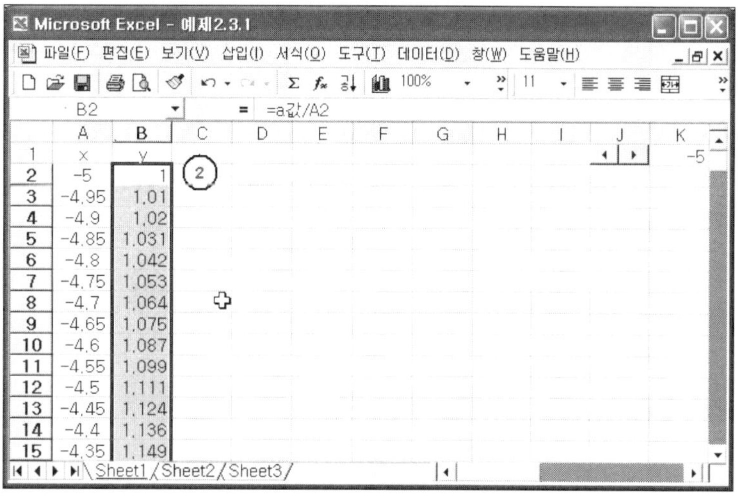

③ A2 셀부터 B202 셀까지 선택하여 차트 마법사(📊)의 '사용자 정의'에 등록한 '곡선' 차트를 이용하면 분수함수의 그래프를 나타낼 수 있다.

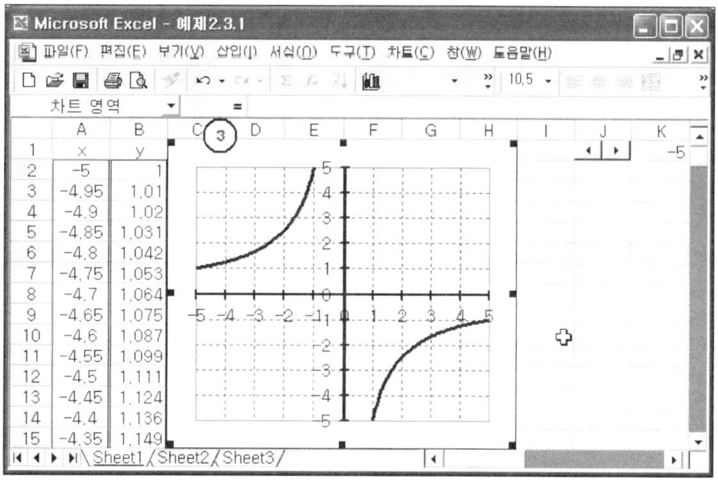

④ 그런데 그래프를 잘 확인하면 y축도 분수함수의 그래프와 같은 색으로 나타난다. 무엇 때문에 이와 같이 된 것일까? 잘못 인식하면 점근선을 나타내어 주는 것처럼 보이지만 약간의 오차가 있어서 나타나는 것이다. '차트 종류'의 '데이터 표식없이 곡선으로 연결된 분산형'은 점들의 좌표를 연결하여 곡선으로 나타내어 준다. $x=0$의 주변에서 양쪽의 그래프를 연결하여 주면 위의 그림과 같이 점근선처럼 y축도 표현이 된다. 또, B102 셀을 확인하면 $x=0$일 때 함수값이 「#DIV/0!」라고 나타나 있는데 이것은 $\frac{1}{0}$의 값을 계산할 수 없다는 것을 의미한다.

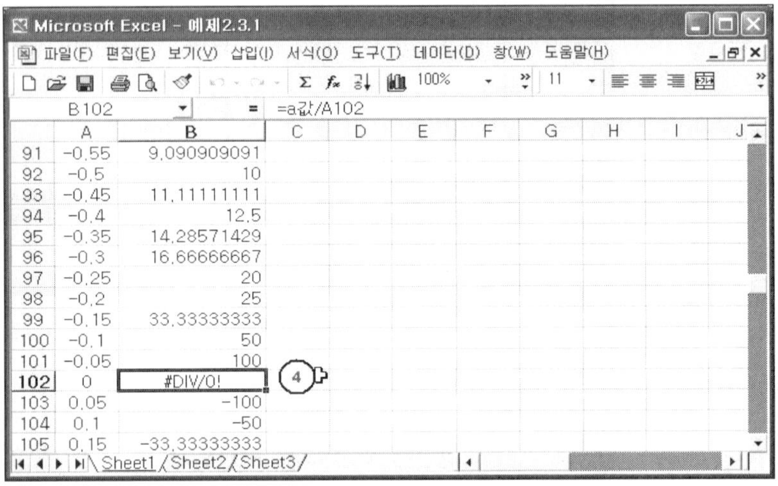

⑤ 위와 같이 잘못된 오류를 수정하려면 A102, B102 두 셀에 입력된 두 값을 지워버리자. 그러면 두 점 $(-0.05, 100)$, $(0.05, -100)$ 사이가 연결되지 않고 양쪽의 그래프만 나타난다.

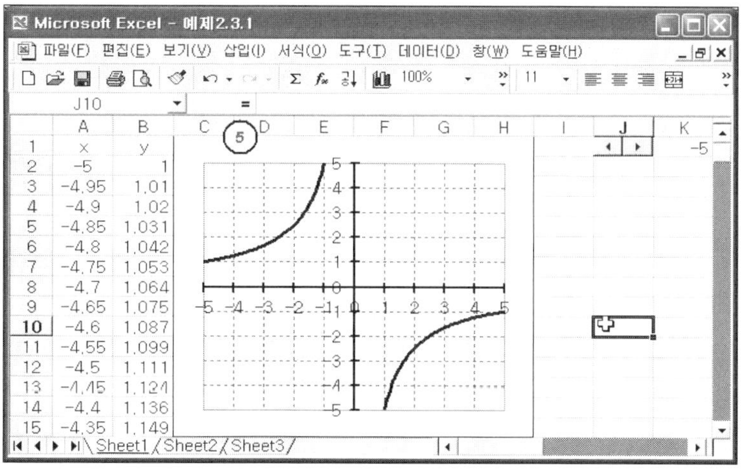

스핀 단추를 클릭하면 a값에 따른 반비례함수의 그래프를 확인할 수 있다.

예제 2.3.2 분수함수 $y=\frac{a}{x}$의 대칭성

앞의 예제 2.3.1에서 분수함수를 직선 $y=x$, $y=-x$에 대하여 대칭이동이 되는 그래프로 만들고 두 직선의 그래프도 간단히 만들어 보자.

① 두 직선 $y=x$와 $y=-x$에 대칭이동할 수 있도록 스핀 단추( ) 밑에 두 개의 스크롤 막대( )를 만들고 그 속성을 다음과 같이 지정하자.

속성	LinkedCell	Max	Min	SmallChange	LargeChange
$y=x$	AA2	10	0	1	2
$y=-x$	AA3	10	0	1	2

K2, K3 셀에 각각 수식 「=AA2*0.1」, 「=AA3*0.1」을 입력하고 셀의 이름을 “직선 1”, “직선 2”로 부여하자.

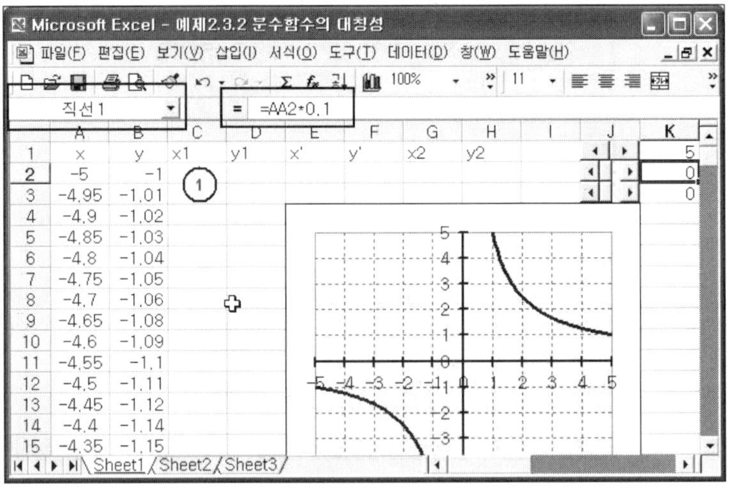

② C열, D열에 분수함수 $y=\frac{a}{x}$ 에 대해 $y=x$에 대한 대칭이동 점들의 좌표를 만들어 보자. 먼저, (a, b)를 $y=x$에 대하여 대칭이동하면 (b, a)가 되므로 이 두 점의 $t:1-t$ 내분점은 $(tb+(1-t)a, ta+(1-t)b)$이다. 따라서, C2, D2 셀에 각각 수식 「=직선1*B2+(1−직선1)*A2」, 「=직선1*A2+(1−직선1)*B2」를 입력하면 두 점의 내분점이 만들어진다. "직선 1"의 값이 0일 때는 주어진 분수함수 $y=\frac{a}{x}$ 위의 점의 좌표이고 "직선 1"의 값이 1일 때는 분수함수를 $y=x$에 대하여 대칭이동된 함수 위의 점의 좌표가 된다.

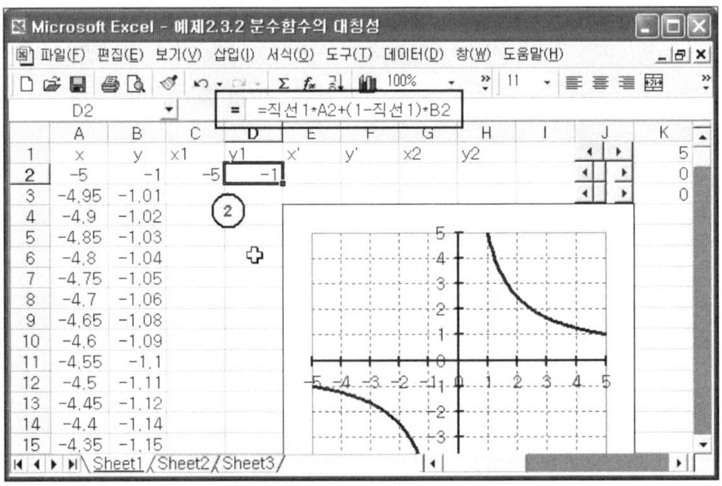

③ C2, D2 셀의 수식을 복사하여 나머지 모든 셀에 붙여넣기를 하여 대칭이동하는 모든 점의 좌표를 만들자. 물론 채우기 핸들을 더블 클릭하여 점의 좌표를 만들어도 상관은 없으나 처음 분수함수의 그래프를 만들 때 A102, B102 셀의 값을 지우고 빈 셀로 그대로 두었기 때문에 A102, B102 셀부터는 자동적으로 수식이 복사되지 않는다. A103, B103 셀부터는 수식을 다시 붙여넣기 해야 한다.

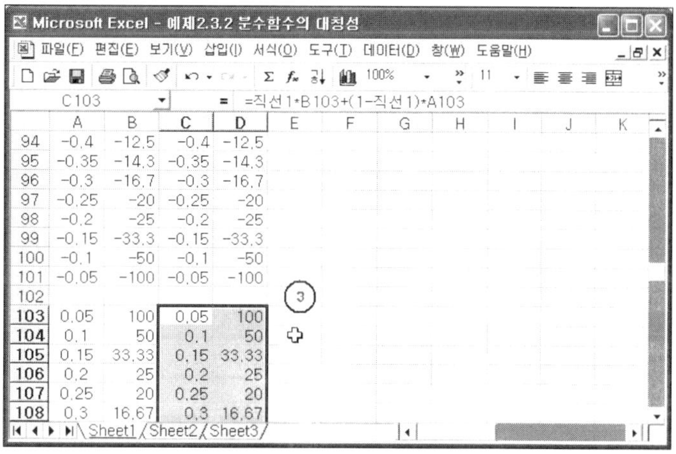

④ [원본 데이터] 대화 상자에서 계열을 추가하여 대칭이동하는 점의 좌표를 좌표평면에 나타내자. 또, [데이터 계열 서식] 대화 상자의 [무늬] 탭에서 스크롤 막대를 클릭하면 $y=x$에 대하여 대칭이동하는 곡선의 모양을 관찰할 수 있다.

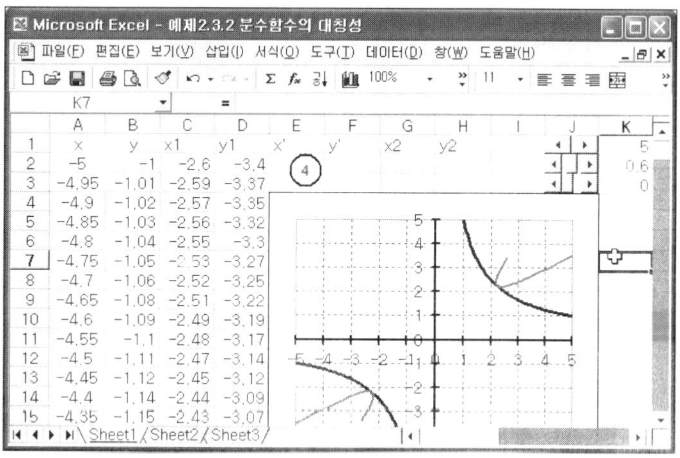

⑤ E열, F열에 분수함수의 $y=-x$에 대하여 대칭이동된 점의 좌표를 만들자. 점 (a, b)를 직선 $y=-x$에 대하여 대칭이동하면 $(-b, -a)$가 된다. 따라서 E2, F2 셀에 수식 「=−B2」, 「=−A2」를 입력하고 이 수식을 복사하여 나머지 모든 셀에 붙여넣기를 하여 모든 점의 좌표를 만들자.

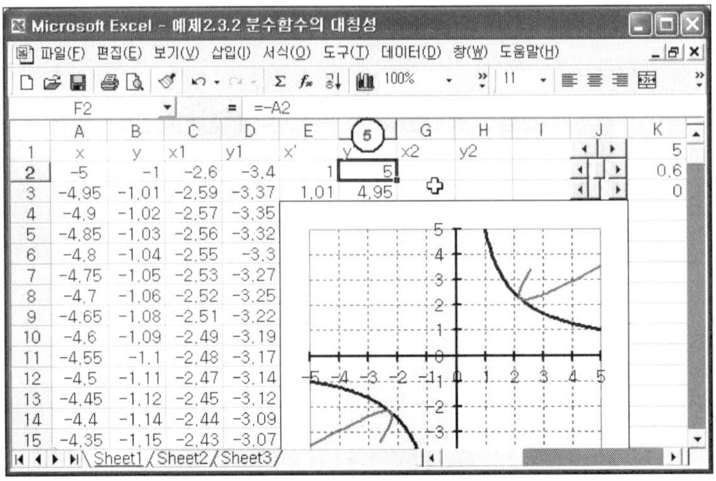

⑥ G열, H열에 직선 $y=-x$에 대하여 대칭이동하는 점의 좌표들을 만들자. 먼저, G2, H2 셀에 수식 「=직선2*E2+(1−직선2)*A2」, 「=직선2*F2+(1−직선2)*B2」를 입력하고 이 수식을 복사하여 나머지 모든 셀에 대칭이동하는 점의 좌표들을 만들자.

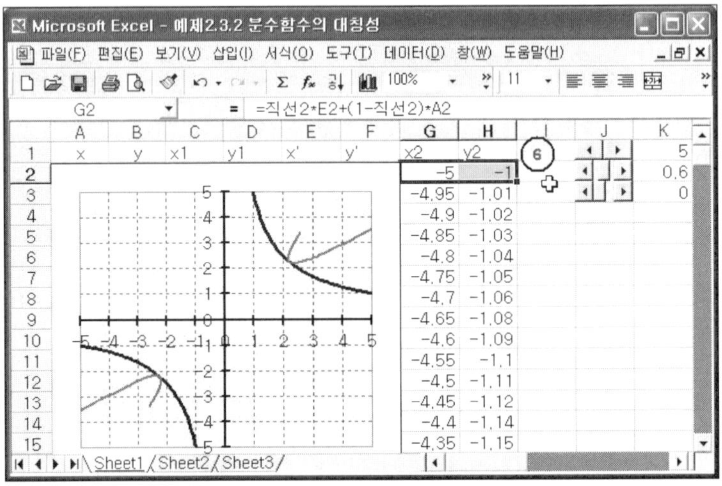

물론, E열, F열에 대칭점의 좌표를 만들지 않고 ②와 같은 방법으로 수식 「=직선2*(−B2)+(1−직선2)*A2」, 「=직선2*(−A2)+(1−직선2)*B2」을 입력하여도 상관은 없다.

⑦ [원본 데이터] 대화 상자를 이용하여 직선 $y=-x$에 대하여 대칭이동하는 곡선의 그래프를 나타내어 스크롤 막대를 클릭하면 대칭이동하는 모습을 관찰할 수 있다.

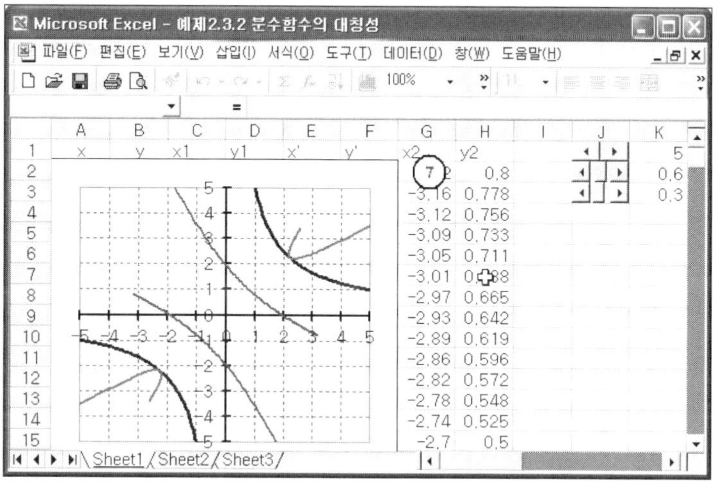

예제 2.3.3 분수함수 $y=\frac{a}{x}$, $y=\frac{a}{x-p}+q$의 그래프

분수함수의 평행이동을 좌표평면에 나타내어 보자.

① 임의의 셀에 세 개의 스핀 단추()를 만들고 그 속성을 다음과 같이 지정하자.

속성	LinkedCell	Max	Min	SmallChange
a값	AA1	10	0	1
p값	AA2	12	0	1
q값	AA3	12	0	1

K1, K2, K3 셀에 각각 수식 「=AA1－5」, 「=(AA2－6)/2」, 「=(AA3－6)/2」를 입력하고 셀 이름을 각각 “a값”, “p값”, “q값”이라고 부여하자.

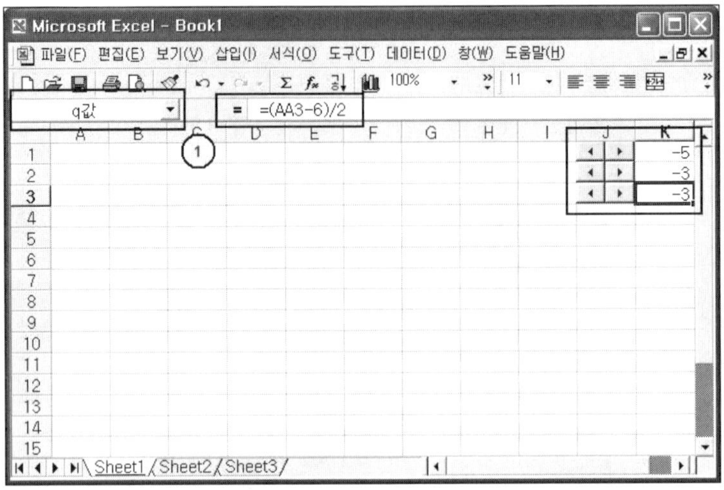

② [연속 데이터] 대화 상자를 이용하여 A열에 분수함수 $y=\frac{a}{x}$ 의 정의역을 －5부터 5까지 0.05의 간격으로 만들자. 또, B2 셀에 수식 「=a값/A2」를 입력하여 함수값을 만들고 채우기 핸들을 이용하여 모든 함수값을 만들자. 물론, A102, B102 셀의 값은 지우자.

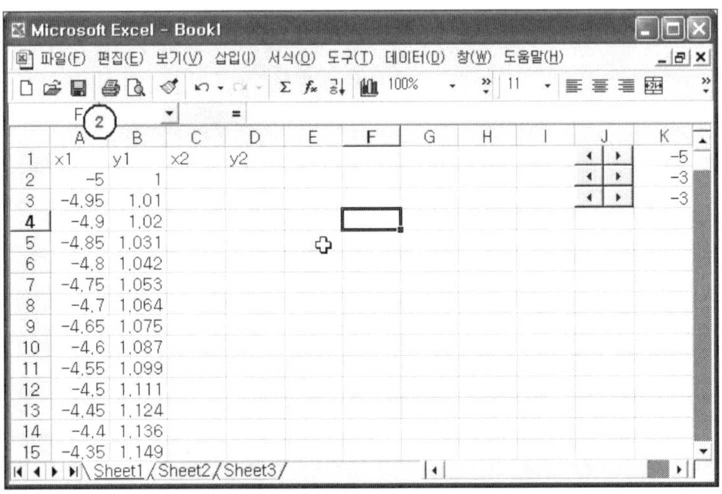

③ 같은 방법으로 C열에 분수함수 $y=\frac{a}{x-p}+q$의 정의역을 만들고, B2 셀에 수식 「=a값/(C2－p값)+q값」를 입력하여 첫 함수값을 만들자. 채우기 핸들을 이용하여 나머지 모든 함수값을 만들자.

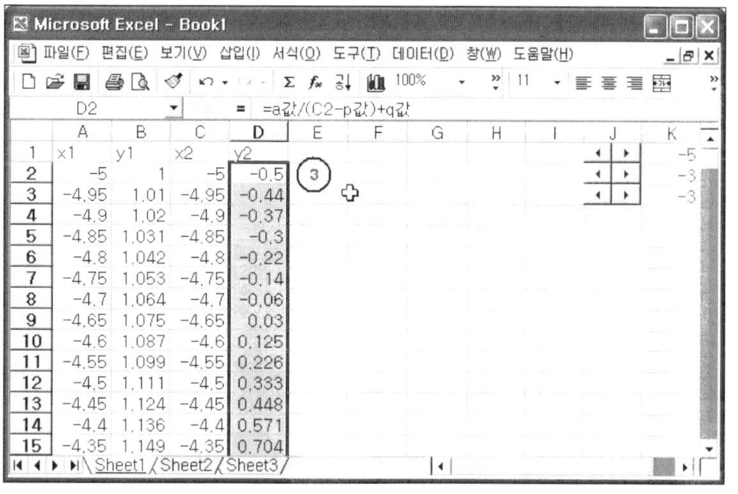

④ A2 셀부터 B202 셀까지 선택한 후 차트 마법사를 이용하여 분수함수 $y=\frac{a}{x}$의 그래프를 좌표평면에 나타내자. 또, [원본 데이터] 대화 상자를 이용하여 평행이동하는 분수함수 $y=\frac{a}{x-p}+q$의 그래프도 좌표평면에 나타내면 다음 그림과 같이 된다.

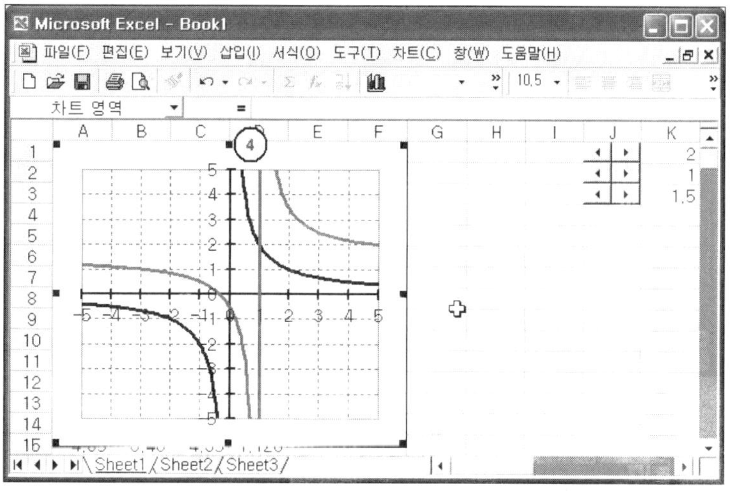

⑤ 스핀 단추를 클릭하면 평행이동하는 분수함수의 그래프를 확인할 수 있다. 그런데 분수함수 $y=\frac{a}{x-p}+q$의 그래프는 점근선이 나타나는 것이 학생들의 이해를 돕는데 좋을 것이다. 점근선을 좌표평면에 만들어보자. 점근선을 만들 때 주의할 점은 스핀 단추를 클릭하면 점근선도 같이 바뀌어야 하기 때문에 점근선의 점의 좌표도 수식을 이용하여야 한다. 먼저, H2, I2 셀에 점 $(p,-5)$, H3, I3 셀에 점 $(p,5)$을 만들자. I2, I3 셀에는 값을 -5, 5로 바로 입력하고 H2, H3 셀에는 수식 「=p값」을 입력하면 점근선 $x=p$의 지나는 두 점의 좌표를 만들 수 있다.

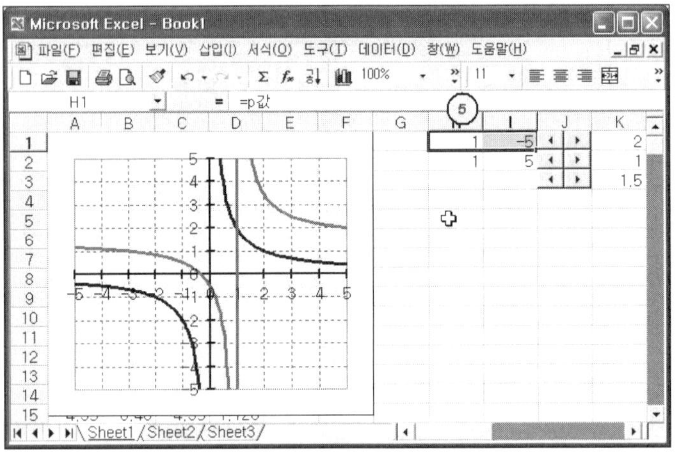

⑥ 같은 방법으로 점근선 $y=q$의 지나는 점 $(-5,q)$, $(5,q)$도 H4 셀부터 I5 셀까지 만들자.

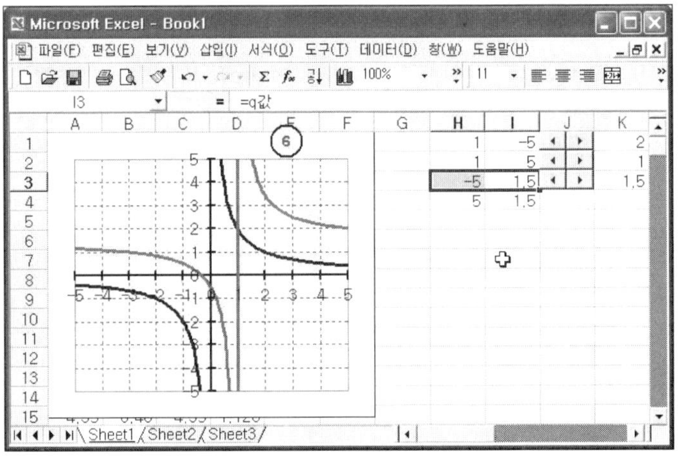

⑦ [원본 데이터] 대화 상자에서 두 개의 계열을 다음 그림과 같이 추가하자.

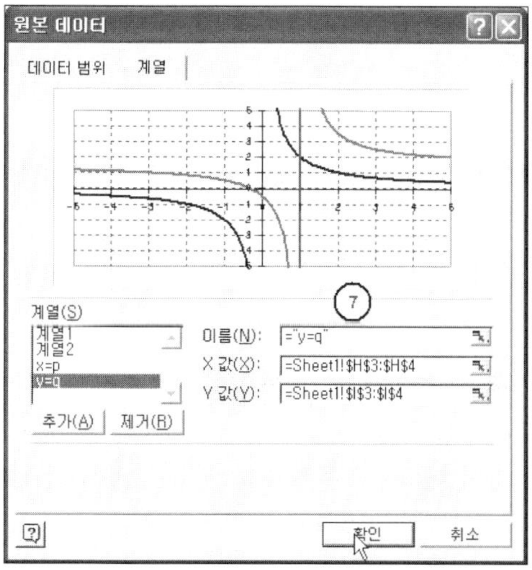

⑧ 추가된 두 계열에는 각각 두 개의 점의 좌표만 있기 때문에 좌표평면에도 네 개의 점의 좌표만 나타난다. 이 점들의 좌표를 직선으로 연결하기 위해서는 두 계열의 각각의 점을 선택하여 [데이터 계열 서식] 대화 상자의 [무늬] 탭에서 '선' 항목의 스타일, 색, 두께를 결정하고 '표식' 항목은 '없음'으로 하여 **확인**을 클릭하면 점근선이 좌표평면에 나타난다.

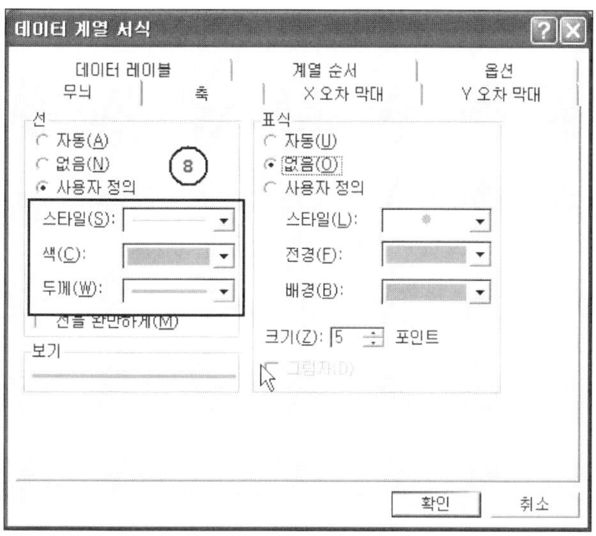

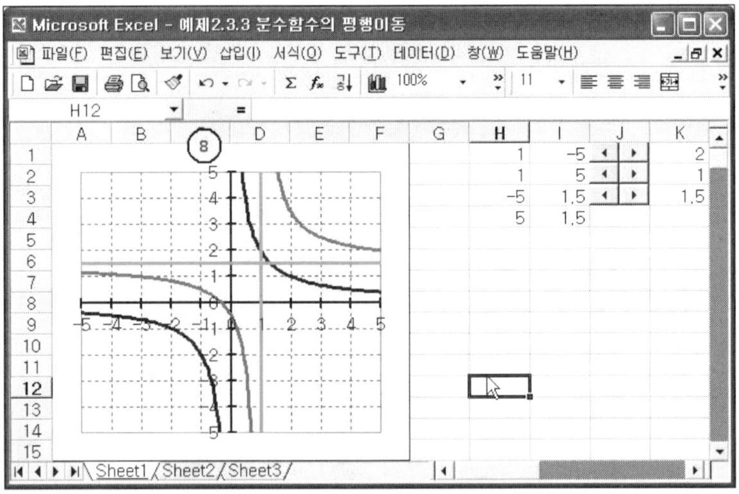
Microsoft Excel - 예제2.3.3 분수함수의 평행이동
파일(F) 편집(E) 보기(V) 삽입(I) 서식(O) 도구(T) 데이터(D) 창(W) 도움말(H)
H12
8
Sheet1
Sheet2
Sheet3

▌연습문제 2.3▐

문제 2.3.1

분수함수 $y=\frac{1}{x}$, $y=\frac{2}{x}$, $y=-\frac{1}{x}$, $y=-\frac{2}{x}$의 그래프를 한 좌표평면에 같이 나타내시오.

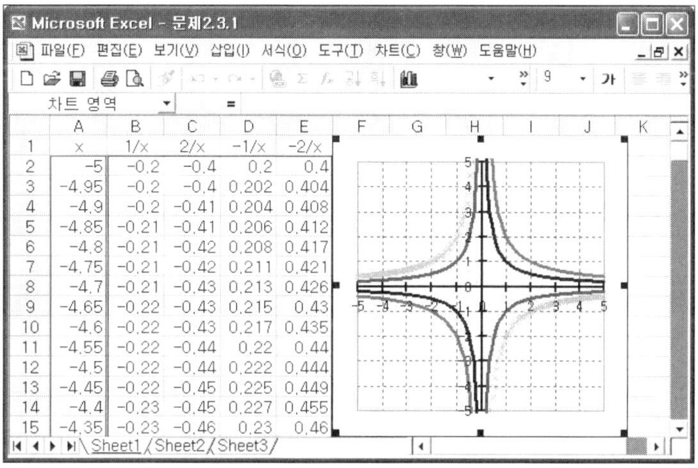

문제 2.3.2

함수 $y=\frac{ax+b}{cx+d}$의 그래프를 스핀 단추를 이용하여 좌표평면에 나타내시오.

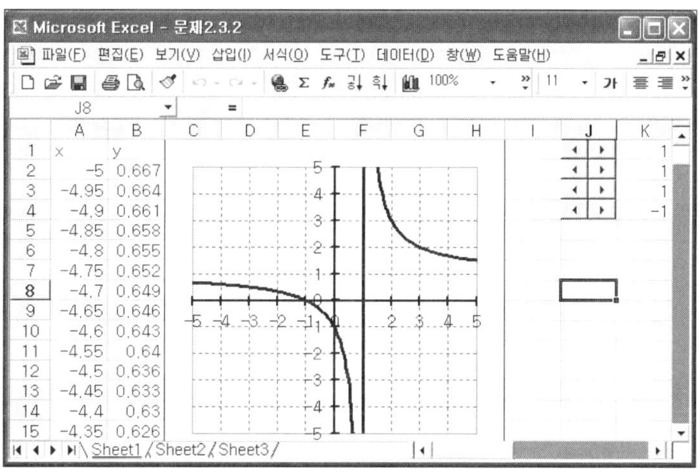

2.4 무리함수

함수 $y=f(x)$에서 $f(x)$가 무리식일 때 무리함수라 한다. 고등학교 1학년 교육과정에서 아주 특별한 무리함수를 다루는데 보통, $y=\sqrt{ax+b}+c$, $y=-\sqrt{ax+b}+c$의 형태이다. 무리함수의 그래프를 좌표평면에 나타내어 보자.

예제 2.4.1 무리함수 $y=\sqrt{x}$의 그래프

① 무리함수 $y=\sqrt{x}$의 정의역은 $\{x \mid x \geq 0\}$이다. 『연속 데이터』를 이용하여 A열에 0부터 5까지 0.05간격으로 정의역을 만들자.

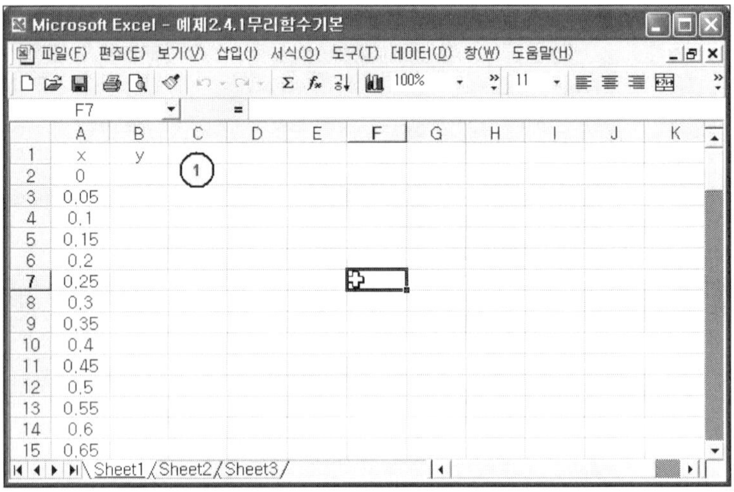

② B열에 무리함수의 함수값을 만들기 위해서는 무리수를 표현하는 수식을 사용하여야 한다. 엑셀은 $\sqrt{2}$를 SQRT(2)로 입력한다. 따라서 B2 셀에 수식 「=SQRT(A2)」를 입력하여 첫 함수값을 만들고 채우기 핸들을 이용하여 나머지 함수값을 구하면 다음 그림과 같다.

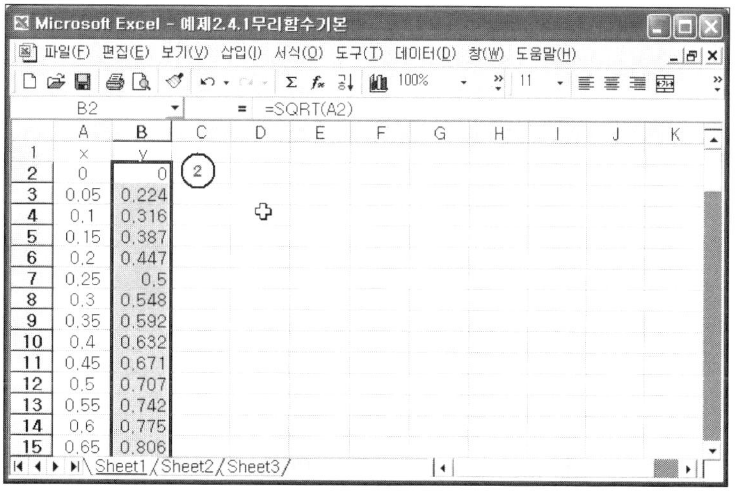

③ 차트 마법사( )를 이용하여 등록된 '곡선'차트에 함수의 그래프를 나타내면 다음 그림과 같다.

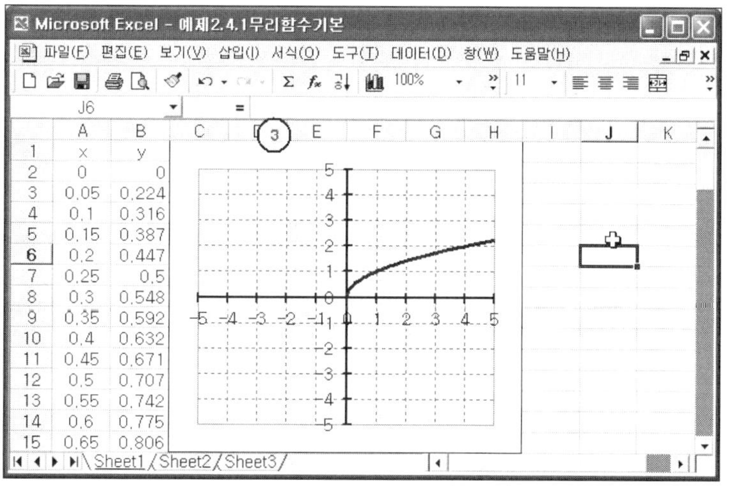

예제 2.4.2 무리함수 $y=\sqrt{ax}$와 이차함수 $y=\frac{1}{a}x^2(x\geqq 0)$의 그래프(단, $a>0$)

$x\geqq 0$일 때, 이차함수 $y=x^2$은 일대일 대응이므로 역함수를 구할 수 있다.

$y=x^2$에서 x를 y에 관한 식으로 나타내면

$$x=\sqrt{y}\ (y\geqq 0)$$

이때, 위 함수의 역함수를 구하면

$$y=\sqrt{x}\ (x\geqq 0)$$

따라서 두 함수 $y=\sqrt{x}\ (x\geqq 0)$, $y=x^2\ (x\geqq 0)$의 그래프는 직선 $y=x$에 대하여 대칭이다.

일반적으로, 무리함수 $y=\sqrt{ax}(a\neq 0)$는 함수 $y=\frac{1}{a}x^2$의 역함수이므로 두 함수의 그래프는 직선 $y=x$에 대하여 대칭이다. 무리함수 $y=\sqrt{ax}$의 그래프를 이차함수의 역함수로서 좌표평면에 나타내어 보자.

① [연속 데이터] 대화 상자를 이용하여 A열에 이차함수의 정의역을 0부터 5까지 0.02의 간격으로 만들자. 또, 임의의 셀에 스핀 단추()를 만들고 그 속성을 다음과 같이 지정하자.

속성	LinkedCell	Max	Min	SmallChange
a값	AA1	12	1	1

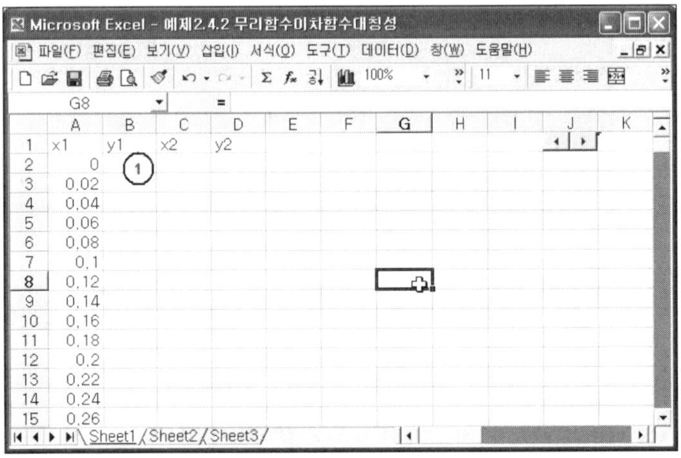

② K2 셀에 수식 「=AA1/4」를 입력하여 두 함수 $y=\sqrt{ax}$, $y=\frac{1}{a}x^2$에 사용될 a값의 범위를 0.25부터 3까지 0.25씩 변할 수 있도록 하고 이 셀의 이름을 "a값"으로 부여하자. 또, B2 셀에 수식 「=a값*A2^2」을 입력하여 이차함수의 값을 구하고 채우기 핸들을 이용하여 모든 이차함수의 값을 다음 그림과 같이 만들자.

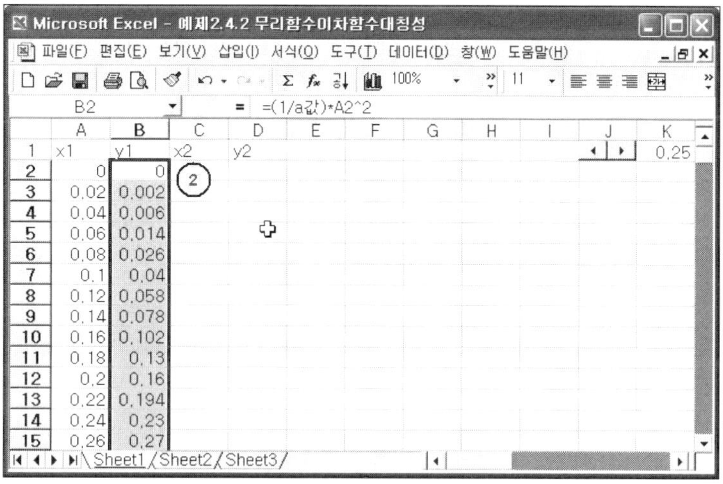

③ C열에 무리함수의 정의역을 나타내자. 무리함수는 이차함수의 역함수이므로 이차함수의 치역을 정의역으로 사용하면 된다. 먼저, C2 셀에 수식 「=B2」를 입력하고 채우기 핸들을 이용하여 모든 정의역을 구하자.

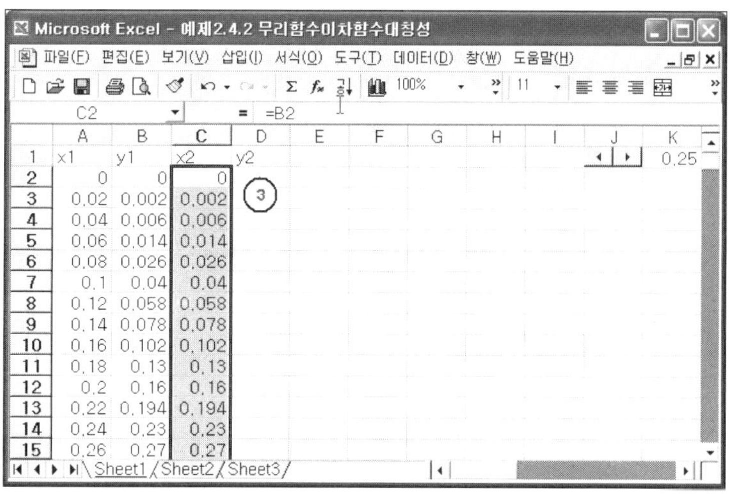

④ D열에 무리함수의 치역을 나타내자. D2 셀에 수식 「SQRT(a값*C2)」를 입력하여 첫 함수값을 만든 후 채우기 핸들을 이용하여 모든 함수값을 구하자.

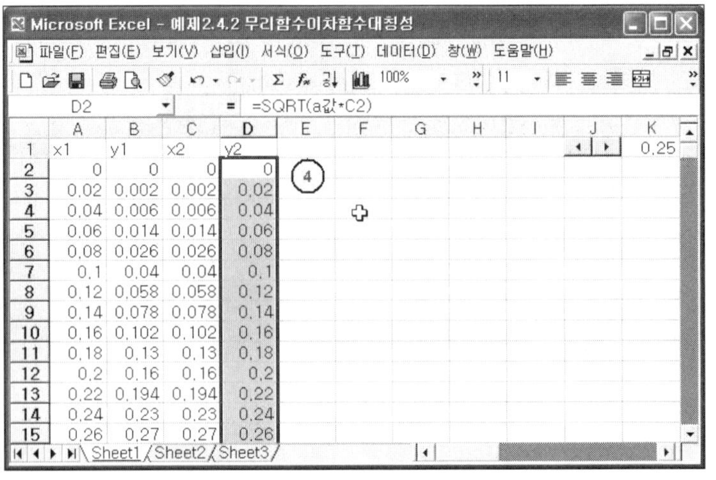

⑤ 차트 마법사( )에 등록된 '곡선'차트를 이용하여 두 함수의 그래프를 좌표평면에 나타내면 다음 그림과 같다.

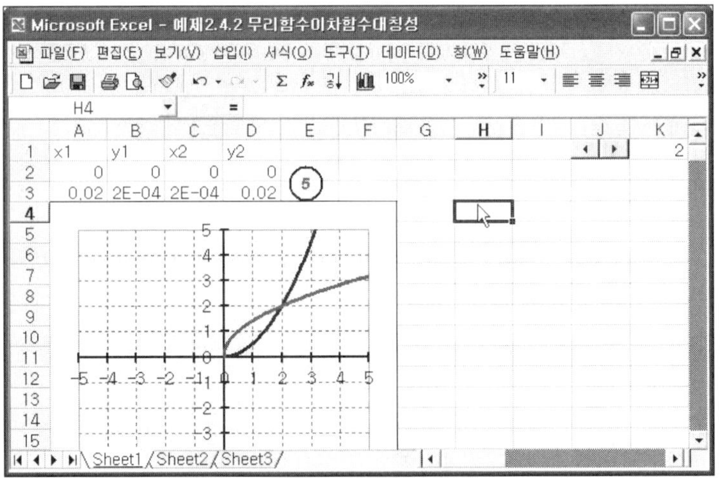

⑥ 스핀 단추를 클릭하면 a값에 따른 무리함수와 이차함수의 그래프를 확인할 수 있다. 그런데 두 함수는 직선 $y=x$에 대하여 대칭이므로 대칭이동되는 곡선를 좌표평면에 만들어 보자. 스핀 단추 아래에 스크롤 막대를 만들고 그 속성을 다음과 같이 지정

하자. 또, K2 셀에 수식 「=AA2*0.1」을 입력하고 셀 이름을 "대칭"으로 부여하자.

속성	LinkedCell	Max	Min	SmallChange	LargeChange
대칭	AA2	10	0	1	2

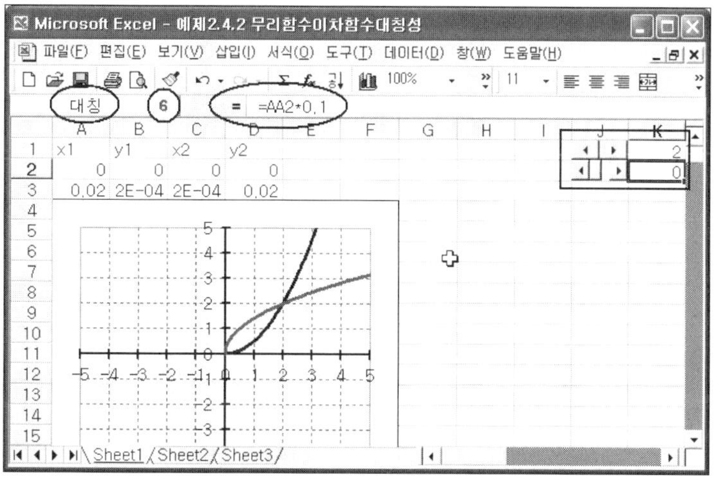

⑦ E열과 F열에 대칭이동되는 점의 좌표를 수식을 이용하여 만들자. E2, F2 셀에 수식 「=대칭*C2+(1−대칭)*A2」, 「=대칭*D2+(1−대칭)*B2」을 입력하여 첫 대칭이동되는 점의 좌표를 만든 후 채우기 핸들을 이용하여 모든 좌표를 만들자.

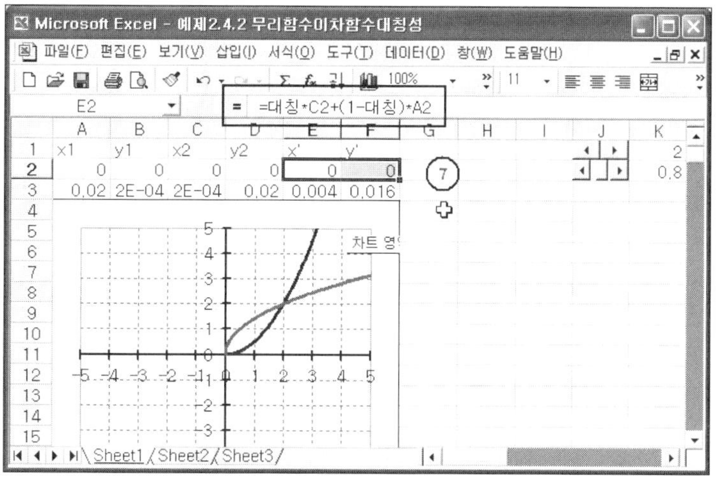

⑧ 두 함수는 $y=x$에 대하여 대칭이므로 대칭이 되는 직선도 좌표평면에 만들자. G열, H열에 직선 $y=x$의 정의역과 함수값을 만들자.

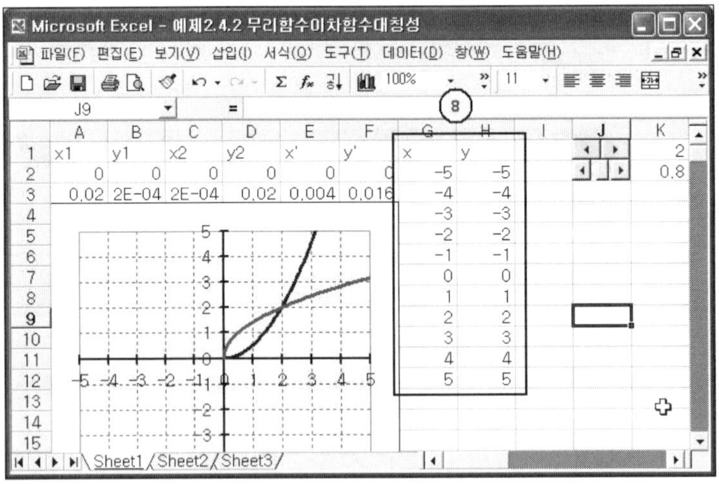

⑨ 『원본 데이터』를 이용하여 대칭이동되는 곡선과 직선 $y=x$를 좌표평면에 추가하면 다음 그림과 같이 나타낼 수 있으며, 스핀 단추와 스크롤 막대를 클릭하여 두 함수 사이의 위치관계를 확인하여 보자.

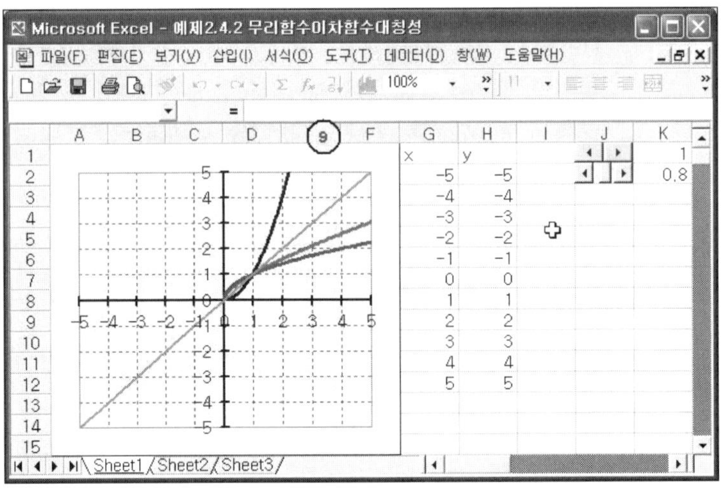

예제 2.4.3 무리함수 $y=\sqrt{a(x-p)}+q$의 그래프

무리함수 $y=\sqrt{ax}$를 x축으로 p만큼, y축으로 q만큼 평행이동하면 $y=\sqrt{a(x-p)}+q$이 된다. 이 평행이동된 무리함수의 그래프를 좌표평면에 나타내자.

또, 앞의 예제에서는 a값이 양인 경우만 다루었는데 음과 양, 즉 두 경우 모두에 대하여 만들어 보자.

① $y=\sqrt{ax}$에서 $a>0$이면 정의역은 단순히 $x \geqq 0$이면 된다. 하지만 이 무리함수 $y=\sqrt{a(x-p)}+q$는 정의역이 $a>0$이면 $x \geqq p$이고, $a<0$이면 $x \leqq p$이므로 a의 값에 따라 정의역이 다르게 주어진다. 따라서 무리함수의 정의역부터 신중하게 만들어야 한다. 일단 임의의 셀에 a, p, q의 값에 해당되는 스핀 단추를 세 개 만들고 그 속성을 다음과 같이 지정하자.

속성	LinkedCell	Max	Min	SmallChange
a값	AA1	12	0	1
p값	AA2	12	0	1
q값	AA3	12	0	1

또, 각각의 K1, K2, K3 셀에 수식 「=(AA1−6)/2」, 「=(AA2−6)/2」, 「=(AA3−6)/2」을 입력하고 셀의 이름을 "a값", "p값", "q값"이라 부여하자.

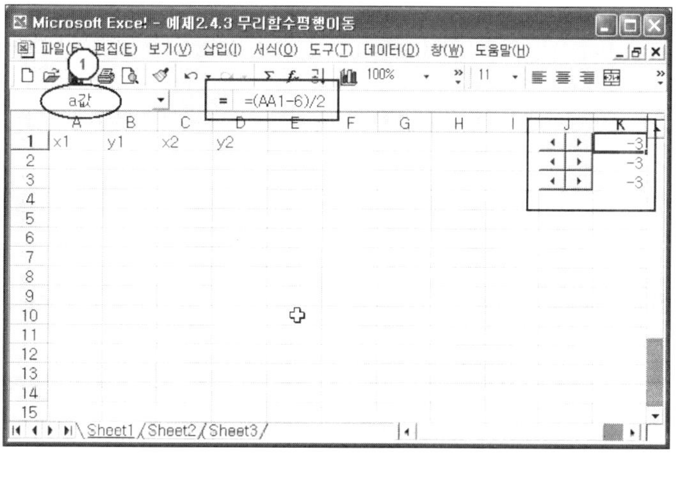

② A열에 무리함수 $y=\sqrt{ax}$의 정의역을 만들자. 이 무리함수는 a값이 양이면 정의역은 $x \geqq 0$이고, a값이 음이면 정의역은 $x \leqq 0$이다. 먼저, A2 셀에 0을 입력하고 A3 셀에 수식 「=A2+IF(a값>0,0.02,−0.02)」을 입력하면 a값의 부호에 따라 0.02가 증가 또는 감소하게 된다. 이 수식을 복사하여 A4 셀부터 A252 셀까지 붙여넣기를 하면 5 또는 −5까지 정의역을 만들 수 있다.

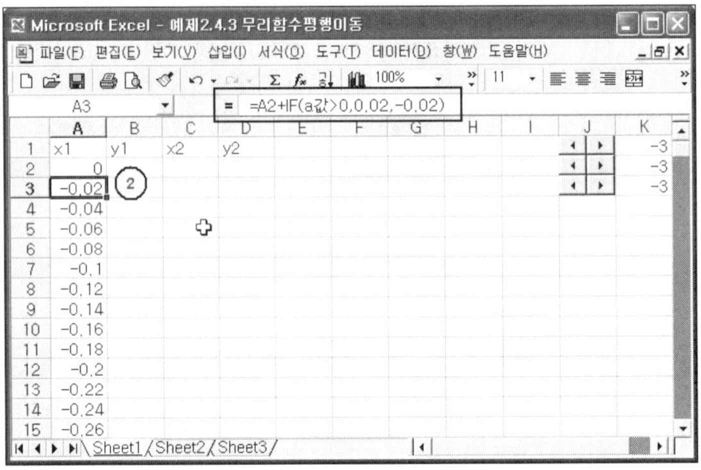

③ B2 셀에 수식 「=SQRT(a값*A2)」를 입력하여 첫 함수값을 얻고 채우기 핸들을 이용하여 모든 무리함수 $y=\sqrt{ax}$의 함수값을 얻자.

④ C열에 평행이동되는 무리함수 $y=\sqrt{a(x-p)}+q$의 정의역을 만들자. a값이 양이면 정의역은 $x \geq p$이고, a값이 음이면 정의역은 $x \leq p$이므로 C2 셀에 수식 「=p값」을 입력하고 C3 셀에는 수식 「=C2+IF(a값>,0.02,−0.02)」을 입력하면 a값에 따라 0.02씩 증가 또는 감소하게 된다. 채우기 핸들을 이용하여 전체의 정의역을 만들자.

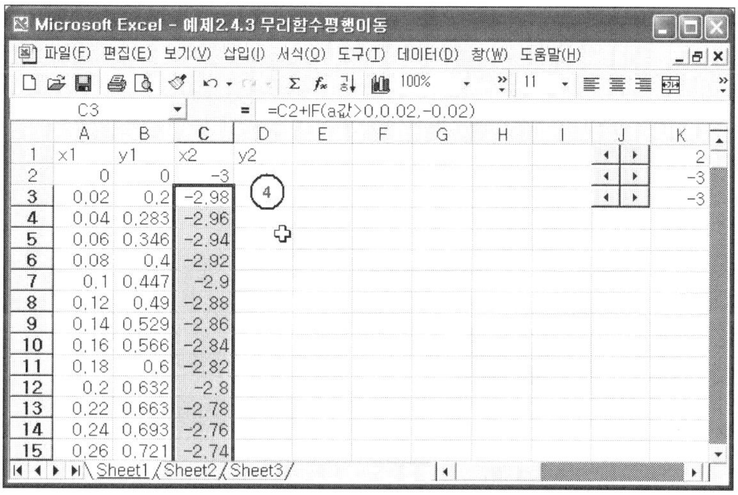

물론, 위의 그림에서 채우기 핸들을 이용하여 모든 정의역을 구하면 B열의 영향으로 C252 셀까지 −3부터 2까지의 정의역이 만들어진다. 더 많은 정의역을 만들려면 계속해서 복사하여 붙여넣기를 하면 된다.

⑤ D2 셀에 수식 「=SQRT(a값*(C2−p값))+q값」을 입력하여 첫 함수값을 구한 후 채우기 핸들을 이용하여 나머지 모든 함수값을 만들자.

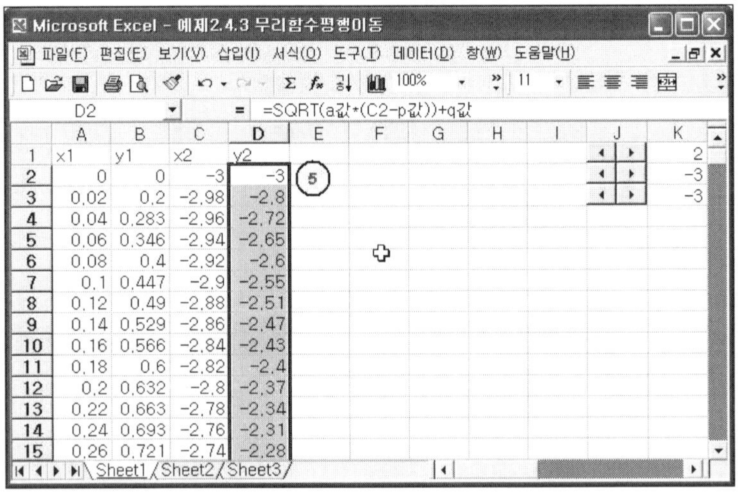

⑥ 차트 마법사(📊)에 등록된 '곡선' 차트를 이용하여 두 무리함수의 그래프를 좌표평면에 나타내고 스핀 단추를 클릭하여 적당하게 a, p, q값을 바꾸어주면 다음 그림과 같아진다.

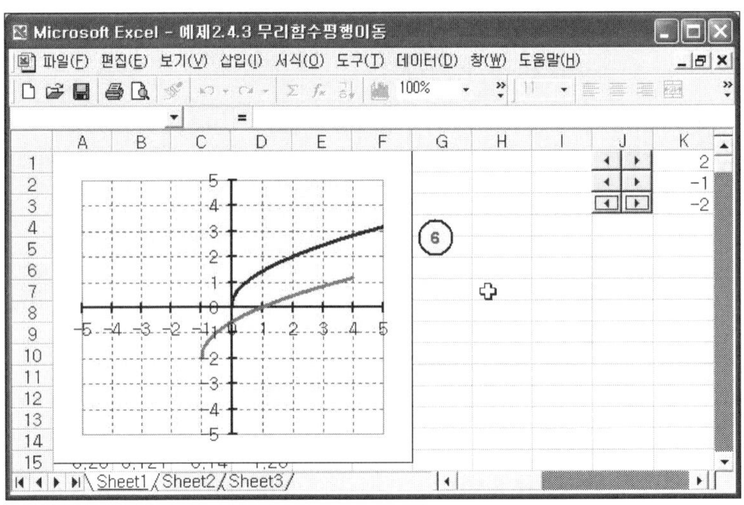

※ 함수 $y=f(x)$와 그 역함수의 위치관계

함수 $y=f(x)$와 그 역함수 $y=g(x)$는 직선 $y=x$에 관하여 대칭이므로 $y=f(x)$와 $y=g(x)$가 만나는 점(교점)의 좌표는 $y=f(x)$

와 $y=x$가 만나는 점의 좌표와 일치하는 경우가 있다. 예를 들면, 함수 $f(x)=\sqrt{x-2}$와 그 역함수 $y=g(x)$가 만나는 점의 좌표는 $y=f(x)$와 $y=x$가 만나는 점의 좌표와 같다. 따라서 교점의 좌표를 구하기 위해서 $y=\sqrt{x-2}$와 $y=x$를 연립하여 해결하면 $(2,2)$라는 교점의 좌표를 찾을 수 있다.

이와 같은 예를 통해 대부분의 학생들은 '함수 $y=f(x)$와 그 역함수가 만나는 교점의 좌표는 항상 직선 $y=x$ 위에 존재한다'라고 잘못된 생각을 하는 경우가 있다. 하지만 $y=f(x)$와 그 역함수인 $y=g(x)$의 교점의 좌표와 $y=f(x)$와 $y=x$의 교점의 좌표가 일치하지 않고 직선 $y=x$ 위의 점뿐만이 아니라 다른 점에서 만나는 경우도 있다. 예를 들면, 무리함수 $f(x)=\sqrt{ax+b}$가 $(1,2)$를 지나고 그 역함수 $y=g(x)$도 $(1,2)$라는 교점의 좌표를 지날 때 상수 a, b값을 구하라는 문제가 있다. 이 문제에서 알 수 있듯이 두 함수는 서로 역함수의 관계를 가지고 있지만 직선 $y=x$ 위의 점의 좌표뿐만이 아니라 다른 점에서 만날 수도 있다는 것을 말하고 있다. 상수 a, b의 값은 다음과 같이 구할 수 있다.

$$f(1)=2\text{이므로 } \sqrt{a+b}=2 \quad \therefore a+b=4 \qquad \cdots ⓐ$$

$$g(1)=f^{-1}(1)=2\text{이므로 } f(2)=1,\ \sqrt{2a+b}=1$$

$$\therefore 2a+b=1 \qquad \cdots ⓑ$$

ⓐ, ⓑ를 연립하면 $a=-3$, $b=7$이다.

따라서 함수 $f(x)=\sqrt{-3x+7}$와 그 역함수가 만나는 점의 좌표는 직선 $y=x$ 위의 점의 좌표뿐만이 아니라 $(1,2)$, $(2,1)$에서도 만난다는 것을 알 수 있다.

다음 예제를 통하여 무리함수 $y=f(x)$와 그 역함수 사이의 교점의 좌표는 직선 $y=x$ 위의 좌표가 아닌 다른 점에서도 만난다는 것을 확인하여 보자.

예제 2.4.4 무리함수 $f(x)=\sqrt{-3x+7}$와 그 역함수의 그래프

① 무리함수 $f(x)=\sqrt{-3x+7}$의 정의역은 $x \leq \frac{7}{3}$이므로 A2, A3 셀에 각각 수식 「=7/3」, 「=A2−0.02」을 입력하고 A3 셀을 복사하여 A4 셀부터 A119 셀까지 붙여넣기를 하자.

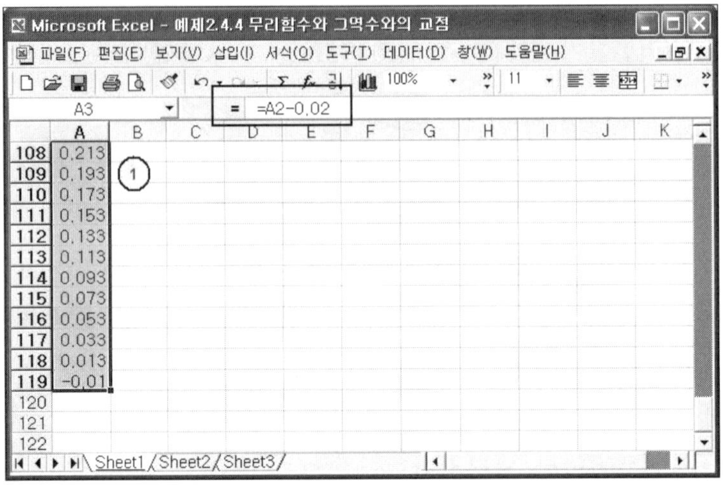

② B2 셀에 수식 「=SQRT(−3*A2+7)」을 입력하여 첫 함수값을 얻고 채우기 핸들을 이용하여 나머지 모든 함수값을 구하자.

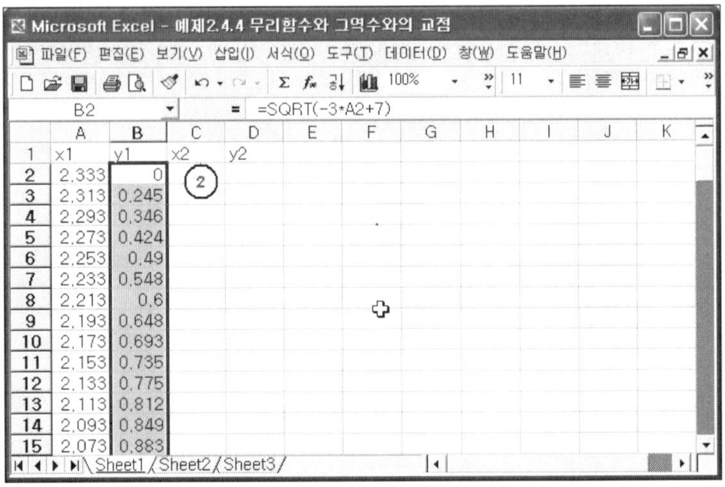

③ 무리함수의 역함수 $y=-\frac{1}{3}(x^2-7)\ (x\geq 0)$의 정의역을 C열에 만들자. 무리함수의 역함수이므로 무리함수의 치역을 정의역으로 만들자. C2 셀에 수식 「=B2」를 입력하고 채우기 핸들을 이용하여 모든 정의역을 만들자.

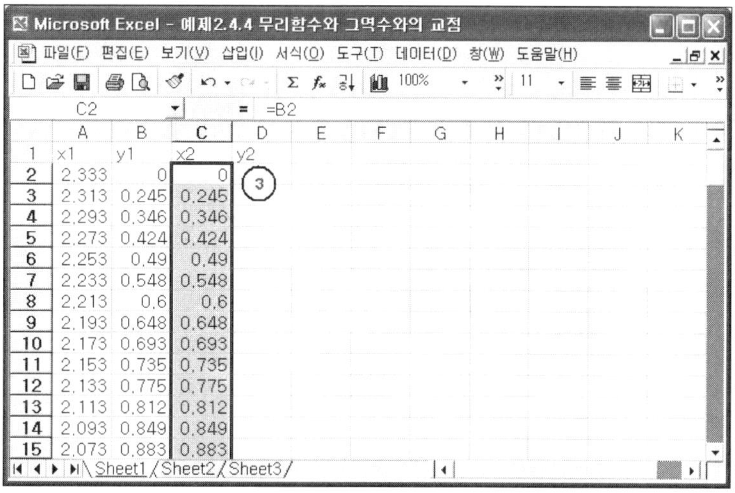

	A	B	C	D
1	x1	y1	x2	y2
2	2.333	0	0	
3	2.313	0.245	0.245	
4	2.293	0.346	0.346	
5	2.273	0.424	0.424	
6	2.253	0.49	0.49	
7	2.233	0.548	0.548	
8	2.213	0.6	0.6	
9	2.193	0.648	0.648	
10	2.173	0.693	0.693	
11	2.153	0.735	0.735	
12	2.133	0.775	0.775	
13	2.113	0.812	0.812	
14	2.093	0.849	0.849	
15	2.073	0.883	0.883	

④ D2 셀에 수식 「=−1/3*(C2^2−7)」을 입력하여 역함수 $y=-\frac{1}{3}(x^2-7)$의 $x=0$에서 함수값을 만들고 채우기 핸들을 이용하여 나머지 모든 함수값을 만들자.

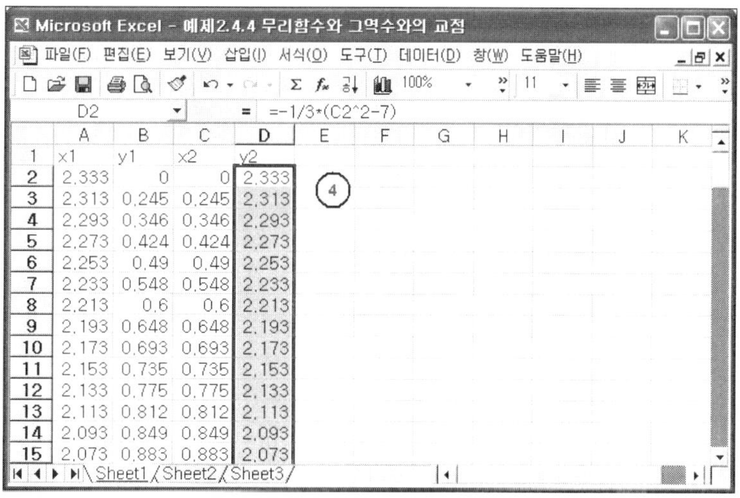

	A	B	C	D
1	x1	y1	x2	y2
2	2.333	0	0	2.333
3	2.313	0.245	0.245	2.313
4	2.293	0.346	0.346	2.293
5	2.273	0.424	0.424	2.273
6	2.253	0.49	0.49	2.253
7	2.233	0.548	0.548	2.233
8	2.213	0.6	0.6	2.213
9	2.193	0.648	0.648	2.193
10	2.173	0.693	0.693	2.173
11	2.153	0.735	0.735	2.153
12	2.133	0.775	0.775	2.133
13	2.113	0.812	0.812	2.113
14	2.093	0.849	0.849	2.093
15	2.073	0.883	0.883	2.073

⑤ 차트 마법사(📊)에 등록된 '곡선' 차트를 이용하여 두 함수 $y=-\frac{1}{3}(x^2-7)$, $y=\sqrt{-3x+7}$의 그래프를 좌표평면에 나타내면 다음 그림과 같다.

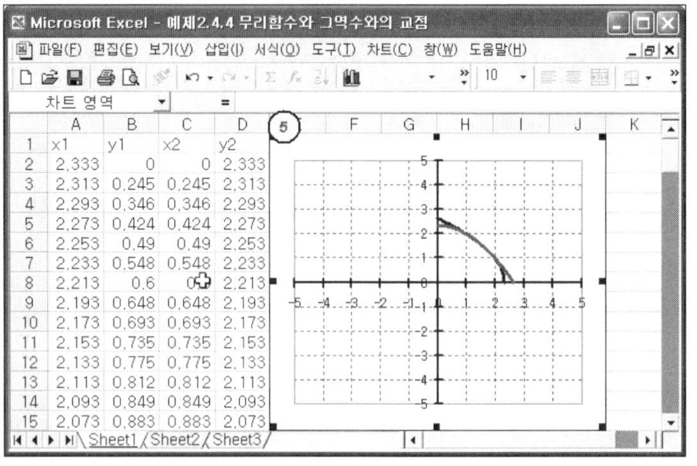

	A	B	C	D
1	x1	y1	x2	y2
2	2.333	0	0	2.333
3	2.313	0.245	0.245	2.313
4	2.293	0.346	0.346	2.293
5	2.273	0.424	0.424	2.273
6	2.253	0.49	0.49	2.253
7	2.233	0.548	0.548	2.233
8	2.213	0.6	0	2.213
9	2.193	0.648	0.648	2.193
10	2.173	0.693	0.693	2.173
11	2.153	0.735	0.735	2.153
12	2.133	0.775	0.775	2.133
13	2.113	0.812	0.812	2.113
14	2.093	0.849	0.849	2.093
15	2.073	0.883	0.883	2.073

⑥ 좌표평면의 범위가 x, y 축 모두 -5부터 $+5$까지 나타나므로 정확하게 어디서 만나게 되는지 확인하기가 힘들다. 축의 범위를 0에서 3까지만 나타내고 그래프의 두께를 가늘게 하여 그래프를 확인하기 쉽게 고치면 다음 그림과 같아진다.

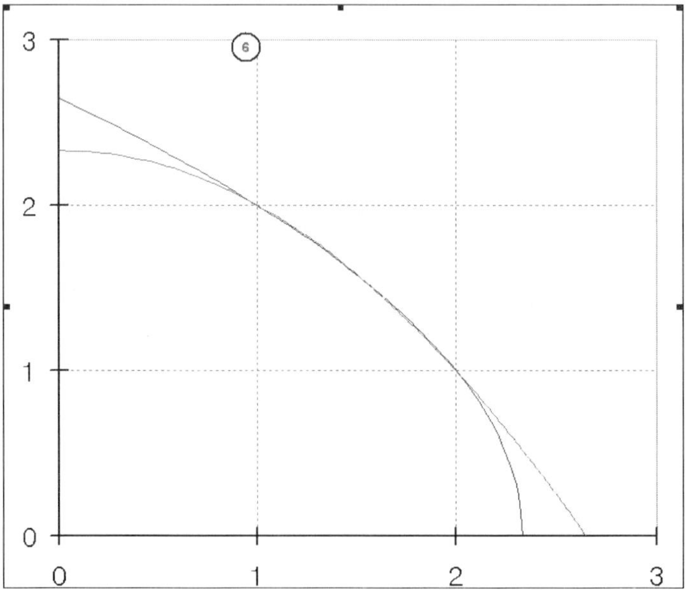

예제 2.4.5 무리함수 $y=\sqrt{ax+b}$ $(a<0)$와 그 역함수 $y=-\frac{1}{a}(x^2-b)$의 그래프

앞의 예제에서는 특정한 무리함수에 대한 그 역함수와의 교점에 대해서 다루었지만 이번에는 스크롤 막대( )를 이용하여 a, b $(a<0)$의 값에 따른 두 함수 사이의 위치관계를 다루어 보자. 물론, a의 값이 양이면 두 함수의 교점의 좌표는 무리함수와 직선 $y=x$가 만나는 점의 좌표와 일치하기 때문에 더 이상 논의할 것이 없으므로 a의 값이 음인 경우에 대해서만 다루면 된다.

① 임의의 셀에 두 개의 스크롤 막대를 만들고 그 속성을 다음과 같이 지정하자.

속성	LinkedCell	Max	Min	SmallChange	LargeChange
a값	AA1	20	4	1	2
p값	AA2	40	0	1	4

K1, K2 셀에 수식 「=(AA1−24)/4」, 「=AA2/2」를 입력하여 a값은 -4부터 -1까지 0.25의 간격, b값은 0부터 20까지 0.5간격으로 변하게 만들고 각각의 셀에 이름을 "a값", "b값"으로 부여하자.

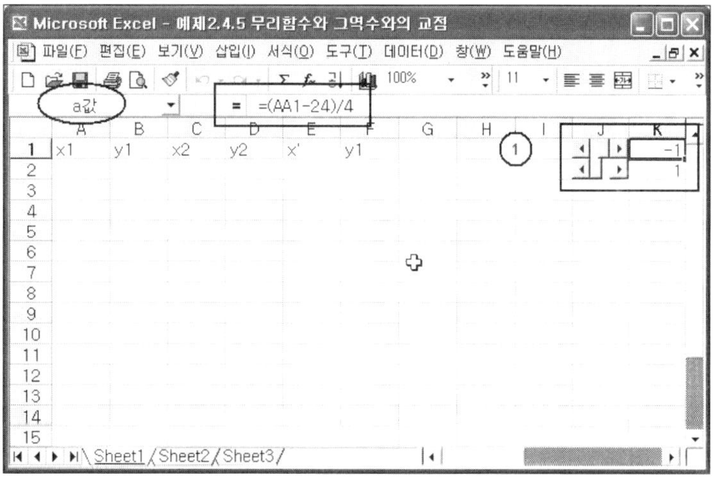

② 무리함수의 정의역을 A열에 나타내기 위하여 A2 셀에 수식 「=−b값/a값」을 입력하고 A3 셀에 수식 「=A2−0.02」를 입력하자. 또, A3 셀을 복사하여 A4 셀부터 A250 셀까지 붙여넣기를 하면 무리함수의 정의역이 완성된다.

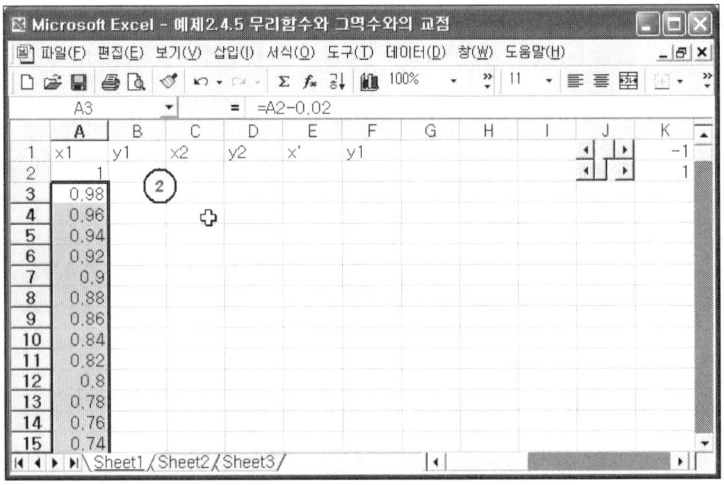

③ B2 셀에 수식 「=SQRT(a값*A2+b값)」을 입력하여 첫 함수값을 얻고 채우기 핸들을 이용하여 나머지 모든 함수값을 구하자.

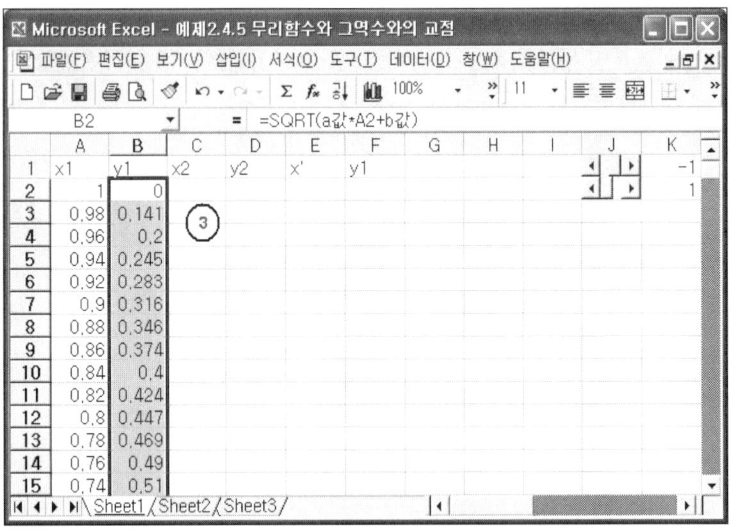

④ C열에 무리함수의 역함수 $y=\frac{1}{a}(x^2-b)$의 정의역을 만들자. 역함수의 정의역은 무리함수의 치역과 같으므로 C2 셀에 수식 「=B2」를 입력하고 채우기 핸들을 이용하여 모든 정의역을 얻자.

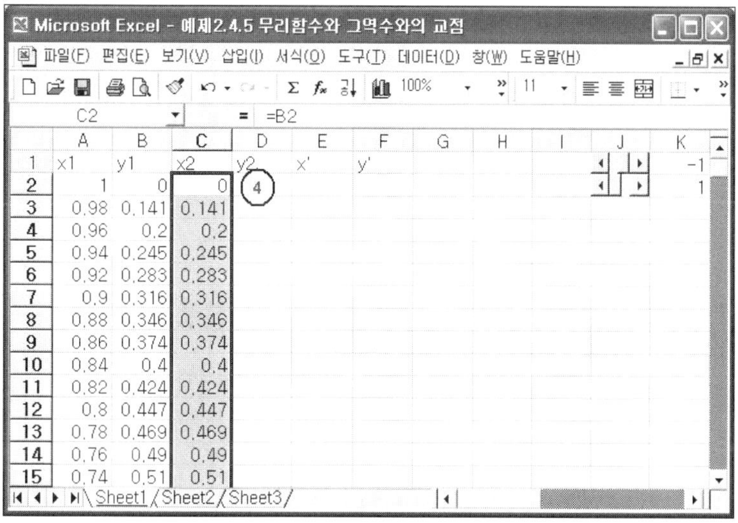

⑤ D2 셀에 수식 「=1/a값*(C2^2−b값)」을 입력하여 첫 함수값을 얻고 채우기 핸들을 이용하여 모든 함수값을 구하자.

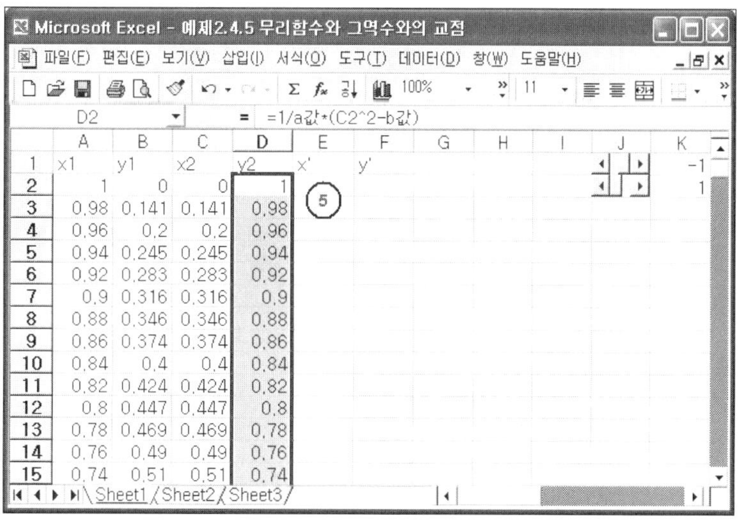

⑥ 두 함수 $y=f(x)$, $y=g(x)$의 교점의 x좌표는 방정식 $f(x)=g(x)$의 실근과 같으며, 함수 $y=f(x)-g(x)$의 x절편과도 같다. 두 함수 $y=\sqrt{ax+b}$, $y=\frac{1}{a}(x^2-b)$의 교점의 x좌표가 나타나는 함수 $h(x)=\sqrt{ax+b}-\frac{1}{a}(x^2-b)$의 그래프를 두 함수와 같은 좌표평면에 나타내기 위해 E열, F열에 함수 $y=h(x)$의 정의역과 치역을 만들자. 먼저, E열에 정의역을 두 함수 중 한 함수와 같게 만들면 된다. 여기서는 무리함수의 정의역과 같이 만들자. E2 셀에 수식 「=A2」을 입력하고 채우기 핸들을 이용하여 모든 정의역을 만들자.

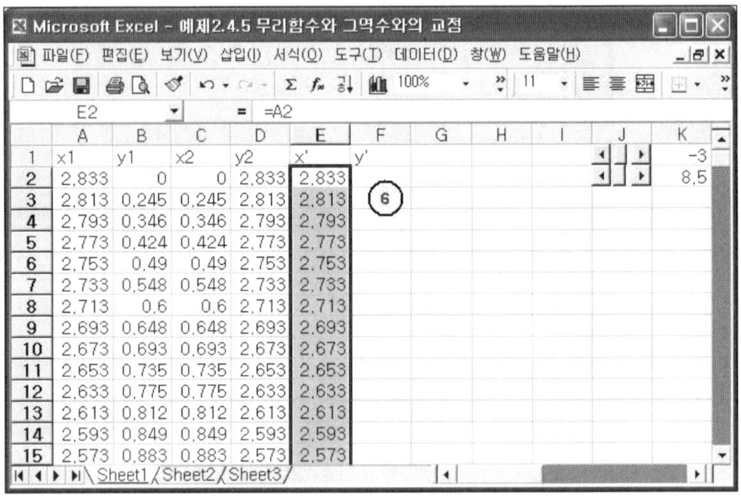

	A	B	C	D	E	F	K
1	x1	y1	x2	y2	x'	y'	-3
2	2.833	0	0	2.833	2.833		8.5
3	2.813	0.245	0.245	2.813	2.813		
4	2.793	0.346	0.346	2.793	2.793		
5	2.773	0.424	0.424	2.773	2.773		
6	2.753	0.49	0.49	2.753	2.753		
7	2.733	0.548	0.548	2.733	2.733		
8	2.713	0.6	0.6	2.713	2.713		
9	2.693	0.648	0.648	2.693	2.693		
10	2.673	0.693	0.693	2.673	2.673		
11	2.653	0.735	0.735	2.653	2.653		
12	2.633	0.775	0.775	2.633	2.633		
13	2.613	0.812	0.812	2.613	2.613		
14	2.593	0.849	0.849	2.593	2.593		
15	2.573	0.883	0.883	2.573	2.573		

⑦ F2 셀에 수식 「=SQRT(a값*E2+b값)-1/a값*(E2^2-b값)」을 입력하여 첫 함수값을 얻고 채우기 핸들을 이용하여 모든 함수값을 구하자.

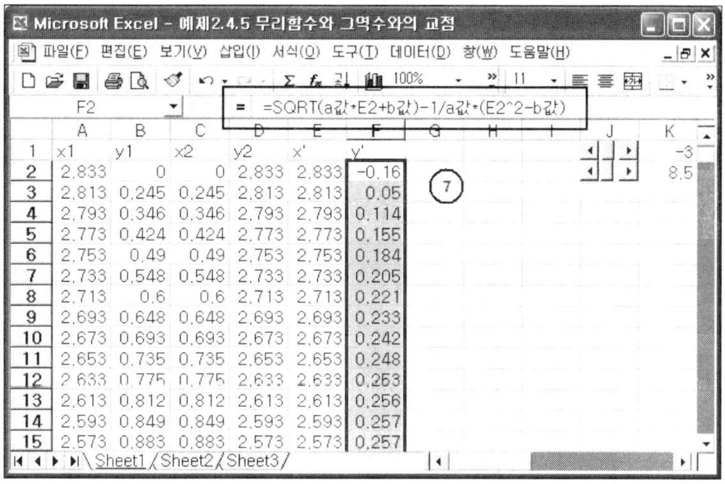

⑧ 차트 마법사()에 등록된 '곡선' 차트를 이용하여 세 함수의 그래프를 좌표평면에 나타내면 다음 그림과 같아진다.

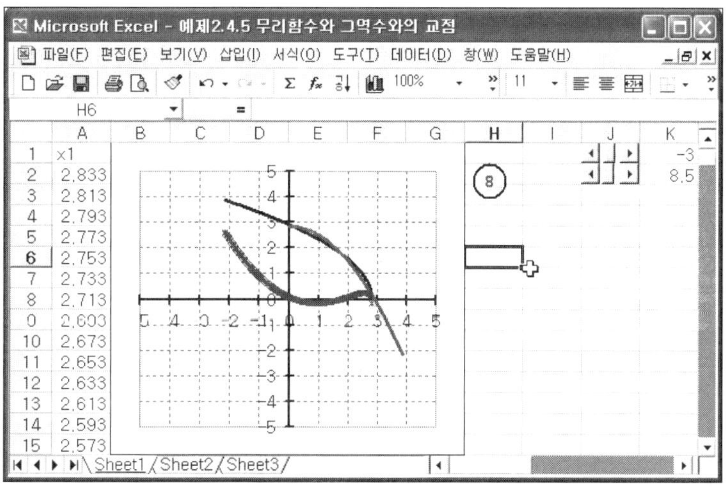

⑨ 두 함수의 교점의 좌표는 그래프의 두께가 너무 두꺼워 정확하게 구별하기가 쉽지 않고, 또 두 함수의 교점의 좌표는 두 함수의 정의역 때문에 축을 포함한 1사분면에서 확인하면 되기에 그래프를 조금 수정하자. 축의 범위를 각각 -1에서 4까지 나타내고 그래프의 두께를 가늘게 하면 다음 그림과 같이 두 함수의 교섬의 개수를 확인할 수 있으면 함수 $y=h(x)$의 x축과 만나

는 교점의 개수와 같다는 것을 알 수 있다.

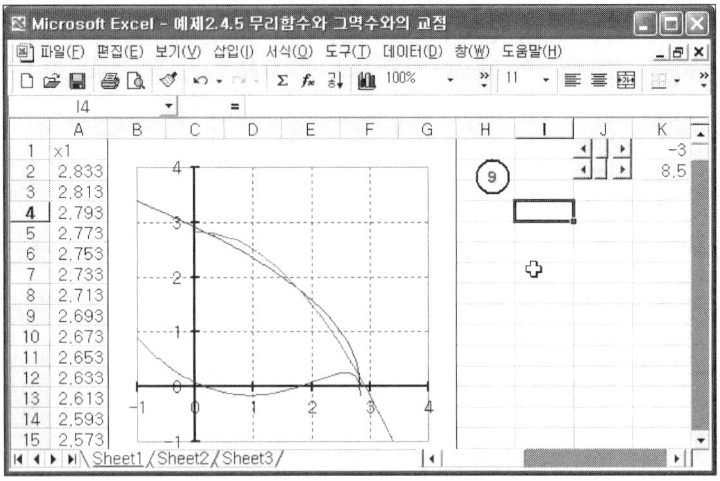

⑩ 물론 다음 그림과 같이 a, b의 값에 따라 그래프로 교점의 개수를 확인하기 힘든 경우도 있지만 G열의 값을 확인하면 '값의 부호가 변하는 점에서 두 함수의 교점이 존재한다'라고 판단할 수 있다.

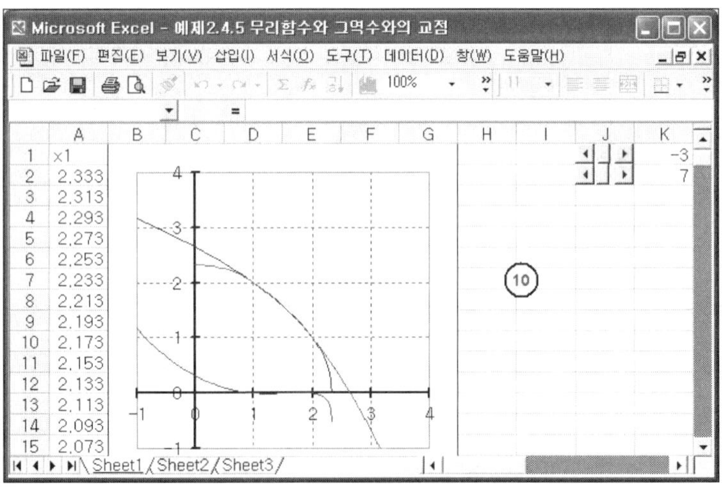

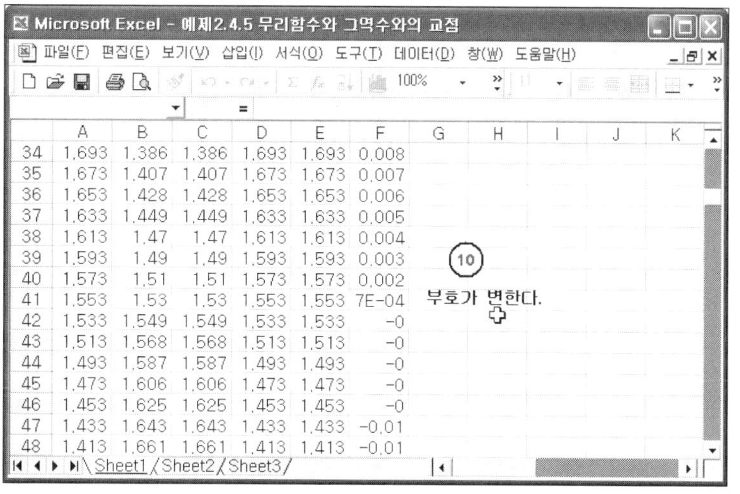

	A	B	C	D	E	F
34	1.693	1.386	1.386	1.693	1.693	0.008
35	1.673	1.407	1.407	1.673	1.673	0.007
36	1.653	1.428	1.428	1.653	1.653	0.006
37	1.633	1.449	1.449	1.633	1.633	0.005
38	1.613	1.47	1.47	1.613	1.613	0.004
39	1.593	1.49	1.49	1.593	1.593	0.003
40	1.573	1.51	1.51	1.573	1.573	0.002
41	1.553	1.53	1.53	1.553	1.553	7E-04
42	1.533	1.549	1.549	1.533	1.533	-0
43	1.513	1.568	1.568	1.513	1.513	-0
44	1.493	1.587	1.587	1.493	1.493	-0
45	1.473	1.606	1.606	1.473	1.473	-0
46	1.453	1.625	1.625	1.453	1.453	-0
47	1.433	1.643	1.643	1.433	1.433	-0.01
48	1.413	1.661	1.661	1.413	1.413	-0.01

▌연습문제 2.4 ▌

문제 2.4.1

무리함수 $y=\sqrt{x}$, $y=-\sqrt{x}$, $y=\sqrt{-x}$, $y=-\sqrt{-x}$의 그래프를 한 좌표평면에 나타내시오.

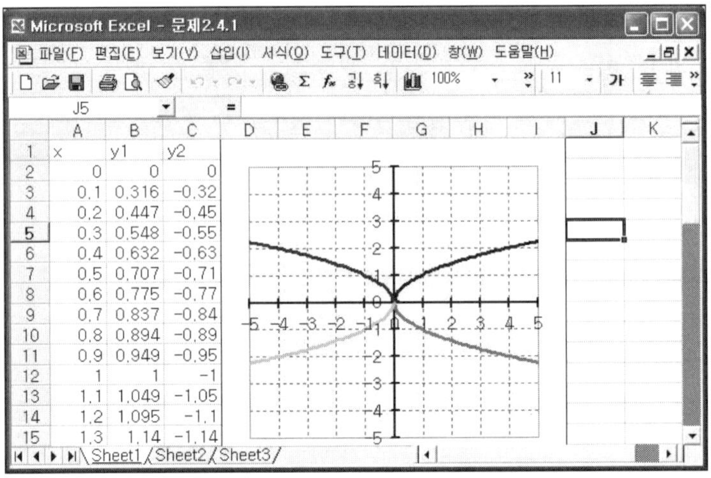

문제 2.4.2

스핀 단추를 이용하여 무리함수 $y=\sqrt{ax+b}+c$, $y=-\sqrt{ax+b}+c$의 그래프를 한 좌표평면에 나타내시오.

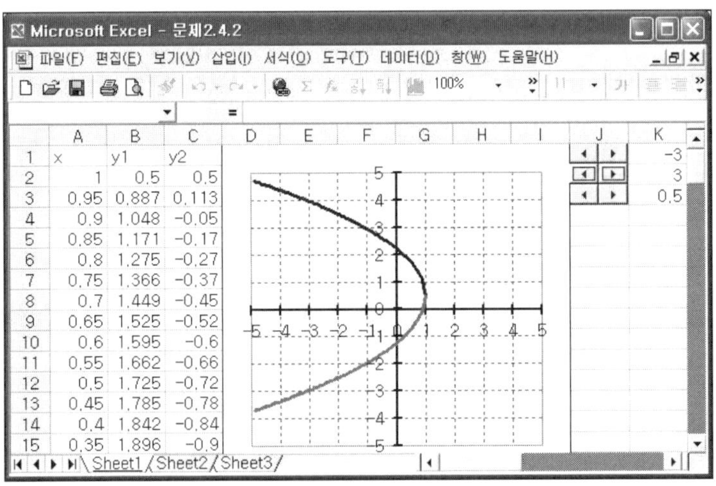

2.5 삼각함수

삼각함수 $y=a\sin bx+c$, $y=a\cos bx+c$의 그래프를 좌표평면에 나타내고 이 두 함수의 주기성과 최대값, 최소값에 대하여 확인하여 보자. 또, 두 삼각함수의 합성 또한 주기성을 가지고 있다는 것을 확인하여 보자.

예제 2.5.1 삼각함수 $y=a\sin bx+c$의 그래프

① 임의의 셀에 세 개의 스핀 단추(⬍)를 만들고 그 속성을 다음과 같이 지정하자.

속성	LinkedCell	Max	Min	SmallChange
a값	AA1	12	0	1
p값	AA2	9	1	1
c값	AA3	8	0	1

K1, K2, K3 셀에 각각 수식 「=(AA1－6)/2」, 「=AA2/3」, 「=(AA3－4)/2」를 입력하고 셀 이름을 "진폭", "주기", "이동"으로 부여하자.

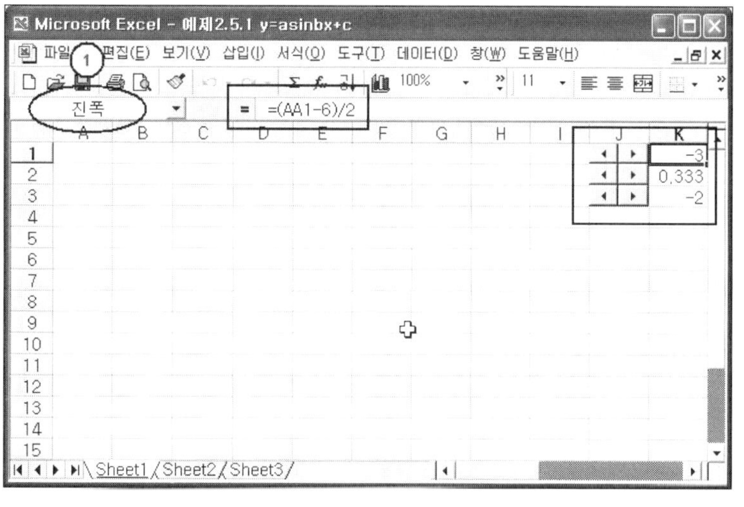

② 삼각함수의 정의역을 다른 함수들과 같이 -5부터 $+5$까지 만들어도 상관은 없으나 여기서는 -2π부터 4π까지 $\frac{\pi}{36}$씩 증가하는 정의역을 만들어보자. 엑셀에서 π값을 입력할 때에는 수식 「=PI()」을 사용한다. 먼저, A2 셀에 수식 「=−2*PI()」를 입력하여 첫 정의역인 -2π의 값을 만들고 A3 셀에 수식 「=A2+PI()/36」을 입력하여 두 번째 정의역을 만든 뒤 이 셀의 수식을 복사하여 A4 셀부터 A218 셀까지 붙여넣기를 하면 4π까지 모든 정의역이 만들어진다.

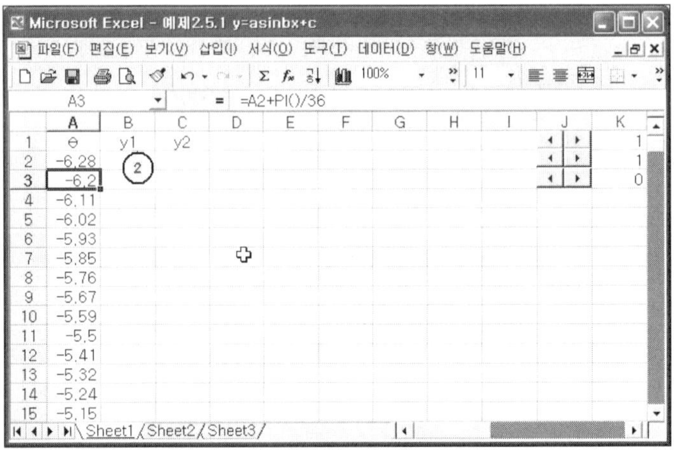

③ B2, B3 셀에 수식 「=SIN(A2)」, 「=진폭*SIN(주기*A2)+이동」을 입력하고 채우기 핸들을 이용하여 두 삼각함수의 모든 치역을 구하자.

④ 차트 마법사( )를 이용하여 등록된 '곡선' 차트를 이용하여 두 함수를 좌표평면에 나타내면 다음 그림과 같다.

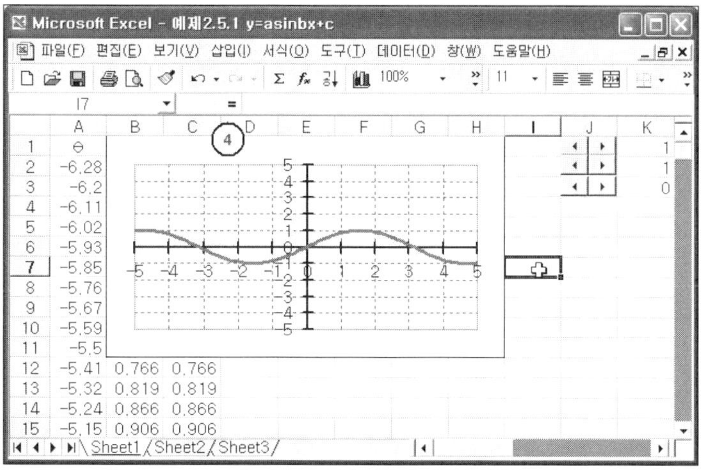

⑤ 삼각함수의 그래프를 나타낼 때에는 x축에 π라는 값이 나타나야 하지만 엑셀은 축에 π 값을 나타낼 수 없다. 그렇다고 나타내지 않으면 함수의 주기성을 설명하기가 쉽지 않다. 축에 정확한 π값을 표현할 수 없지만 근사값으로 표현하여 삼각함수의 주기성을 나타내어 보자. 좌표평면의 x축을 선택한 뒤 [축서식] 대화 상자를 불러내자. [축서식] 대화 상자의 [눈금] 탭에서 '최소값'은 " −6.28", '최대값'을 " 12,57", '주 단위'를 " 3.14"로 입력하여 **확인**을 클릭하자.

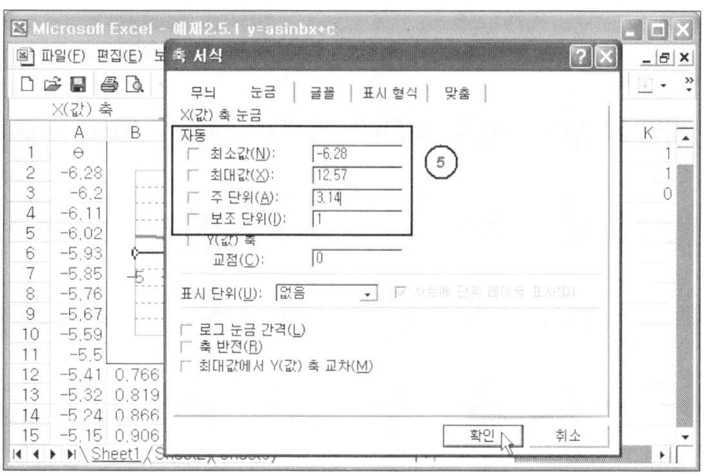

⑥ X축의 눈금을 아래 그림과 같이 확인할 수 있다.

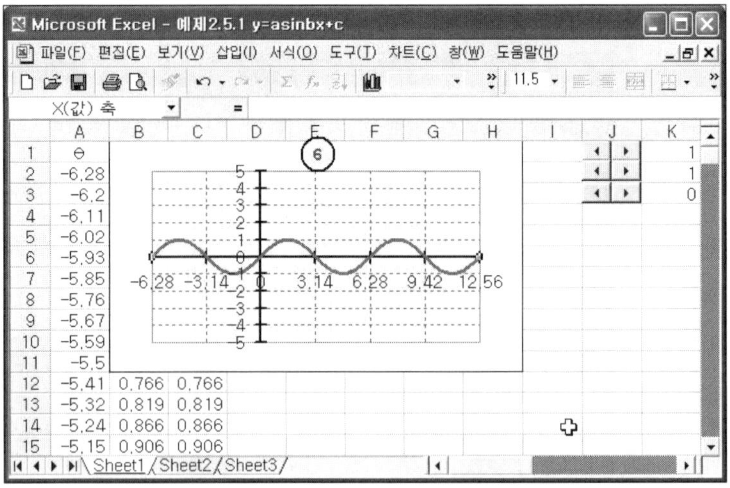

⑦ 차트의 크기를 적당하게 조정한 후 스핀 단추를 클릭하면 삼각함수 $y = a\sin bx + c$의 그래프가 상수 a, b, c의 값에 따라 변하는 모습을 관찰할 수 있다.

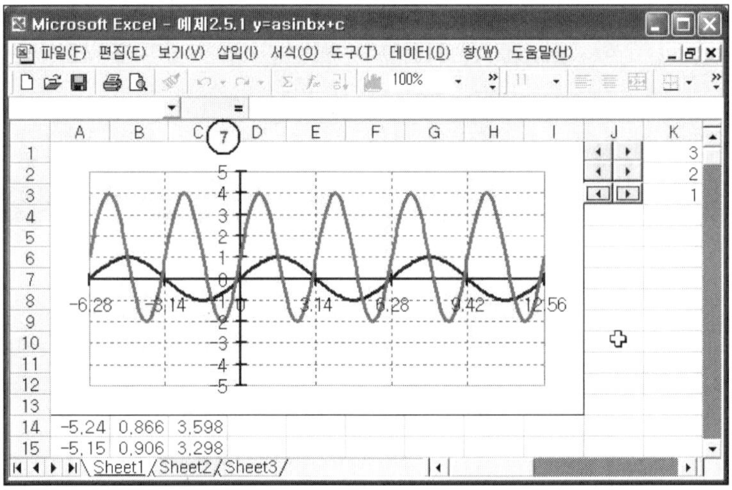

이 좌표평면을 차트 마법사의 '차트 종류'에 "삼각함수"로 '사용자 정의'에 등록하여 삼각함수의 그래프를 나타낼 때 사용하자.

예제 2.5.2 삼각함수 $y=a\sin bx$와 $y=a\cos cx$의 그래프

두 삼각함수의 그래프를 나타내고 $y=a\sin bx+a\cos cx$의 그래프를 같은 좌표평면에 나타내자.

① 임의의 셀에 스핀 단추(◆)를 세 개 만들고 그 속성을 다음과 같이 지정하자.

속성	LinkedCell	Max	Min	SmallChange
a값	AA1	6	1	1
b값	AA2	8	1	1
c값	AA3	8	1	1

K1, K2, K3 셀에 각각 수식 「=AA1/2」, 「=AA2/2」, 「=AA3/2」을 입력하여 상수 a, b, c의 값을 결정하고 각 셀의 이름을 "a값", "b값", "c값"으로 부여하자. 또, A2 셀에 수식 「=−2*PI()」를 입력하여 첫 정의역의 값을 만들고 A3 셀에 수식 「=A2+PI()/180」을 입력한 뒤 이것을 복사하여 A4 셀부터 A1082 셀까지 붙여넣기를 하면 삼각함수의 모든 정의역을 만들 수 있다.

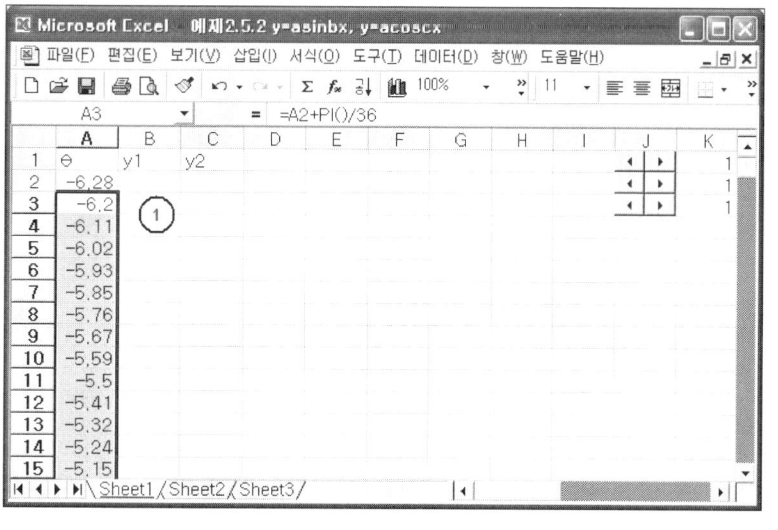

예제 2.5.1에서는 정의역을 $\frac{\pi}{36}$ 간격으로 만들었지만 상수 b의 값에 따라 함수의 그래프가 부드럽지 못한 경우도 생긴다. 이번 예제에서는 더 부드러운 곡선을 만들기 위해 함수 위의 점의 개수를 많이 만들자. 물론 점의 개수가 많아질수록 파일의 크기는 자동적으로 증가하게 되어있으므로 함수의 종류에 따라 점의 개수를 적당하게 조정해야 한다.

② B2, C2 셀에 각각 수식 「=a값*SIN(B값*A2)」, 「=a값*COS(C값*A2)」을 입력한 뒤 채우기 핸들을 이용하면 두 삼각함수의 모든 함수값을 아래 그림과 같이 얻을 수 있다.

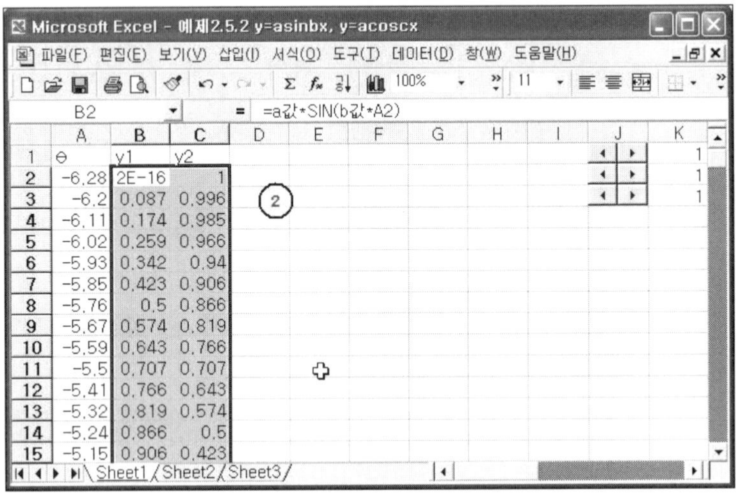

③ 두 삼각함수의 합으로 이루어진 함수 $y = a\sin bx + a\cos cx$의 그래프도 좌표평면에 나타내자. 먼저, D2 셀에 수식 「=B2+C2」를 입력하여 첫 함수값을 얻고 채우기 핸들을 이용하여 모든 함수값을 만들자.

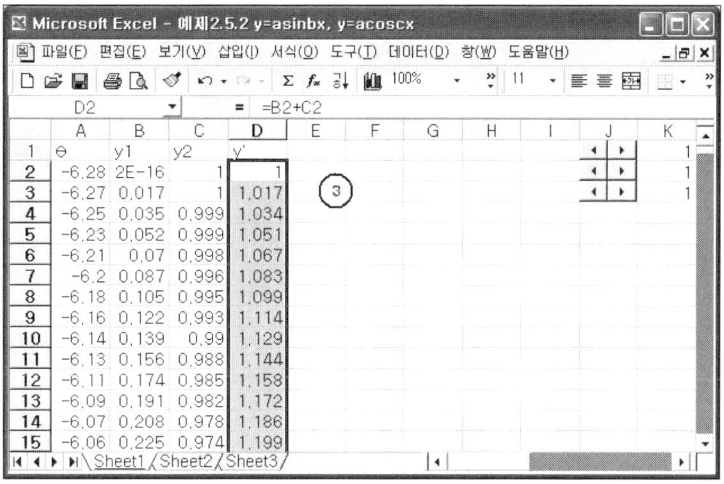

	A	B	C	D
1	θ	y1	y2	y'
2	-6.28	2E-16	1	1
3	-6.27	0.017	1	1.017
4	-6.25	0.035	0.999	1.034
5	-6.23	0.052	0.999	1.051
6	-6.21	0.07	0.998	1.067
7	-6.2	0.087	0.996	1.083
8	-6.18	0.105	0.995	1.099
9	-6.16	0.122	0.993	1.114
10	-6.14	0.139	0.99	1.129
11	-6.13	0.156	0.988	1.144
12	-6.11	0.174	0.985	1.158
13	-6.09	0.191	0.982	1.172
14	-6.07	0.208	0.978	1.186
15	-6.06	0.225	0.974	1.199

④ 차트 마법사(📊)에 등록된 '삼각함수' 차트를 이용하여 세 함수의 그래프를 좌표평면에 나타내면 다음 그림과 같다.

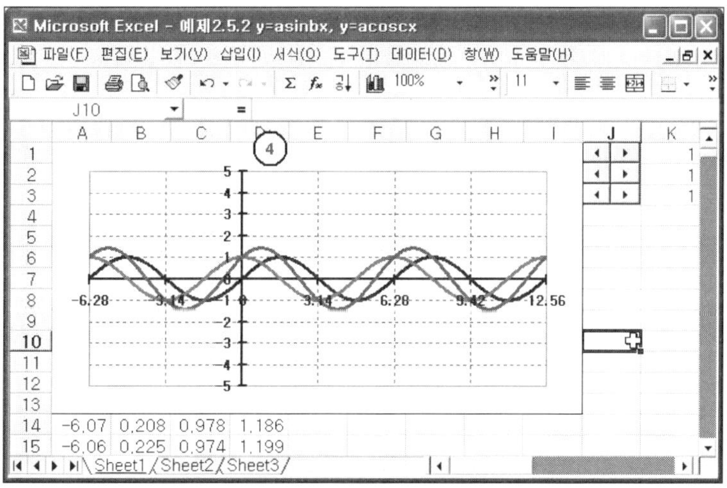

⑤ 스핀 단추를 클릭하여 상수 a, b, c의 값이 바꾸어도 함수 $y = a\sin bx + a\cos cx$의 그래프가 주기성을 갖는다는 것을 확인할 수 있다.

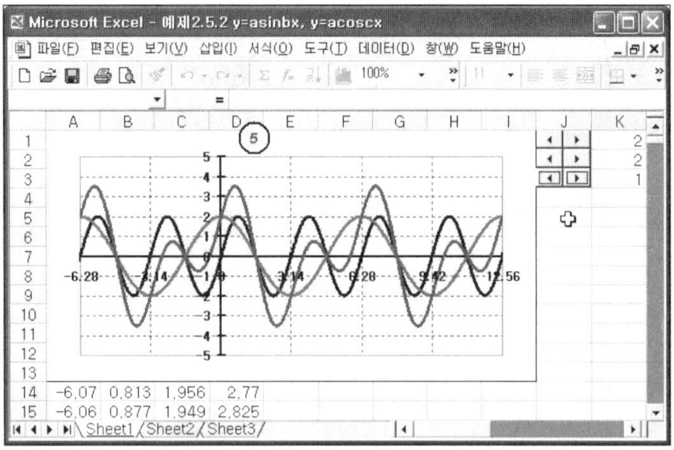

물론 위의 그림으로 함수 $y = a\sin bx + a\cos cx$의 주기성을 갖는다는 것을 확인하여도 상관은 없으나 평행이동하는 함수를 만들어 적당하게 평행이동하면 겹친다는 것을 보여 함수 $y = a\sin bx + a\cos cx$의 주기성을 말하자.

⑥ 적당한 셀에 스크롤 막대를 만들고 그 속성을 다음과 같이 지정하자.

속성	LinkedCell	Max	Min	SmallChange	LargeChange
이동	AA4	720	0	10	30

또, K4 셀에 수식 「=AA4*10」을 입력하고 셀 이름을 "이동"으로 부여하자.

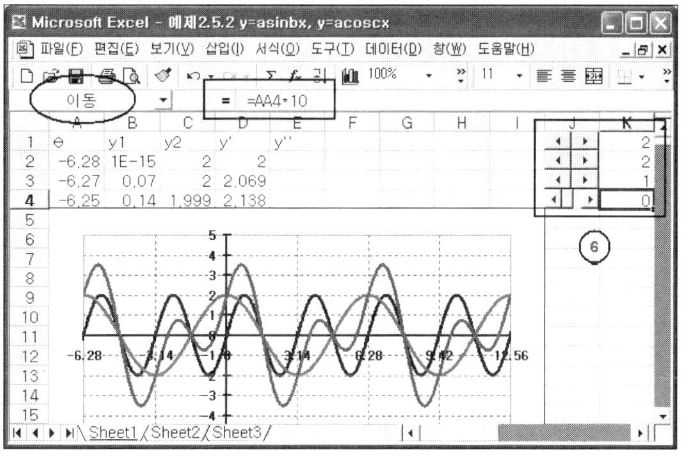

⑦ E2 셀에 수식 「=a값*SIN(b값*(A2－PI()/180*이동))＋a값*COS(c값*(A2－PI()/180*이동))」을 입력하여 첫 함수값을 얻고 채우기 핸들을 이용하여 모든 함수값을 만들자.

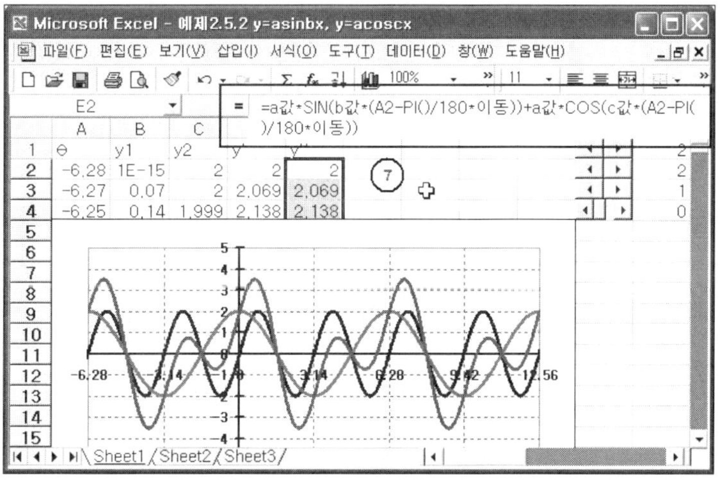

⑧ [원본 데이터] 대화 상자를 이용하여 평행이동 하는 함수도 같은 좌표평면에 나타내면 다음 그림과 같아진다.

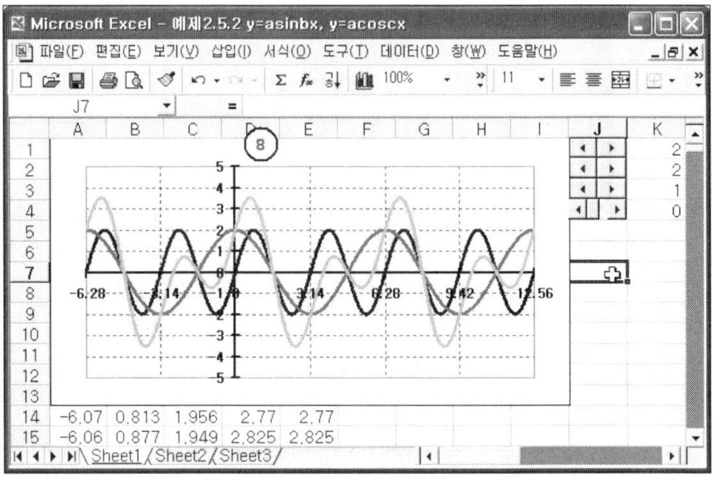

위의 그림에서 스크롤 막대를 클릭하면 x축으로 10° 씩 평행이동 하는 함수의 그래프가 나타나며 상수 a, b, c의 값이 그림과 같을 때 360° (2π)만큼 평행이동하면 함수 $y=a\sin bx+a\cos cx$와 겹친다는 것을 확인할 수 있으며 주기는 2π가 된다는 것을 알 수 있다.

예제 2.5.3 함수 $f(x)=x-\pi[\frac{x}{\pi}]$와 $g(x)=\sin x$의 합성함수 $y=(g\circ f)(x)$의 그래프

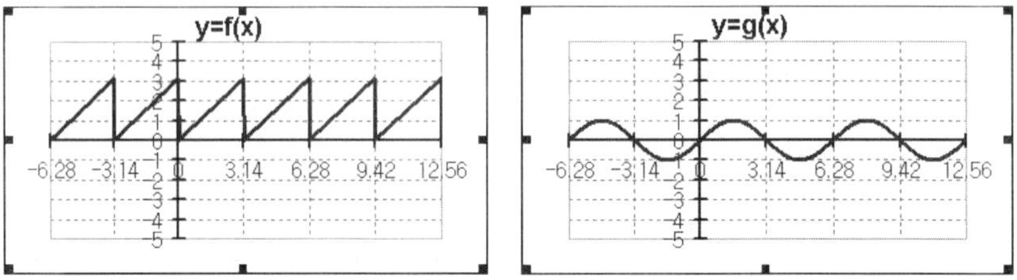

① A2, A3 셀에 수식 「=−2*PI()」, 「=A2+PI()/180」를 입력하고 A3 셀을 복사하여 A4 셀부터 A1082 셀까지 붙여넣기를 하면 정의역이 완성된다.

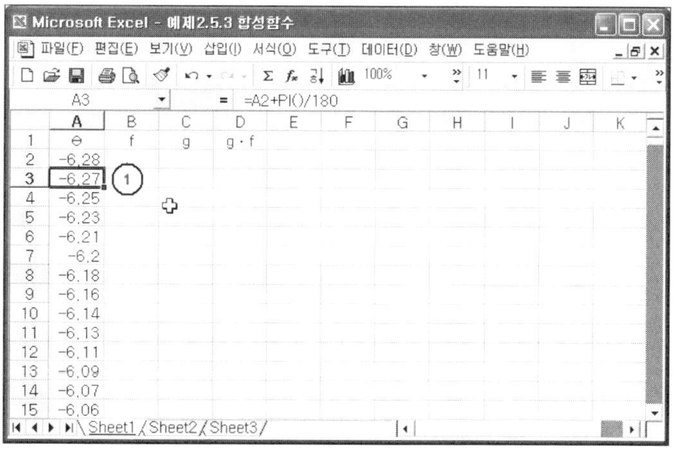

② B2, C2 셀에 각각 수식 「=A2−PI()*IF(A2>0, ROUNDDOWN(A2/PI(),0), ROUNDUP(A2/PI(),0))」, 「=SIN(A2)」를 입력하고 채우기 핸들을 이용하면 두 함수 $y=f(x)$, $y=g(x)$의 모든 함수값을 얻을 수 있다. 여기서 IF문 안에 있는 ROUNDDOWN문은 다음과 같은 뜻을 나타낸다. 「ROUNDDOWN(A2/PI(), 0)」은 「A2/PI()」의 값이 양이면 「A2/PI()」보다 작거나 같은 정수 중 최대값을, 「A2/PI()」의 값이 음이면 「A2/PI()」 보다 크거나 같은 정수 중 최소값을 나타내준다. 또, 「ROUNDUP(A2/PI(), 0)」은 「A2/PI()」의 값이 양이면「A2/PI()」보다 크거나 같은 정수 중 최소값을, 「A2/PI()」의 값이 음이면 「A2/PI()」보다 작거나 같은 정수 중 최대값을 나타내준다.

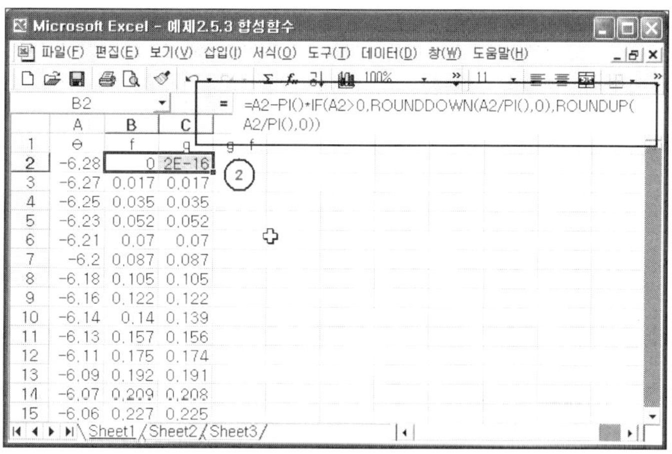

③ D2 셀에 수식 「=SIN(A2－PI()*IF(A2>0, ROUNDDOWN(A2/PI(),0), ROUNDUP(A2/PI(),0)))」을 입력하면 합성함수 $y=(g\circ f)(x)$의 첫 함수값을 얻을 수 있으며 채우기 핸들을 이용하여 모든 함수값을 구하자.

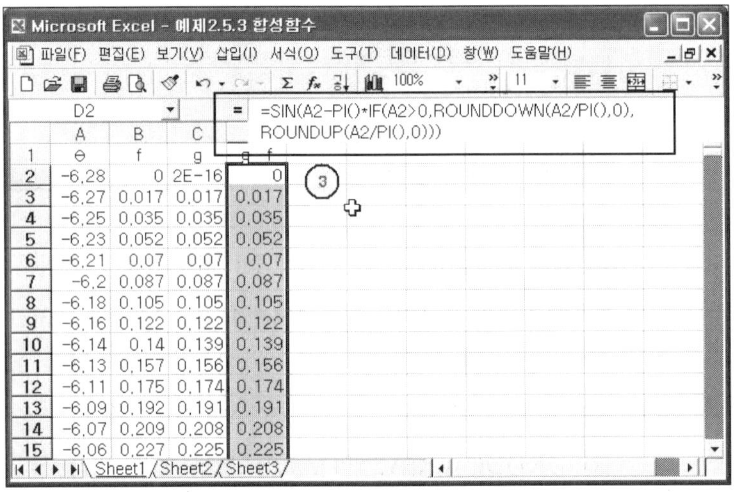

④ 차트 마법사(📊)에 등록된 '삼각함수' 차트를 이용하여 세 함수의 그래프를 좌표평면에 나타내면 다음 그림과 같다.

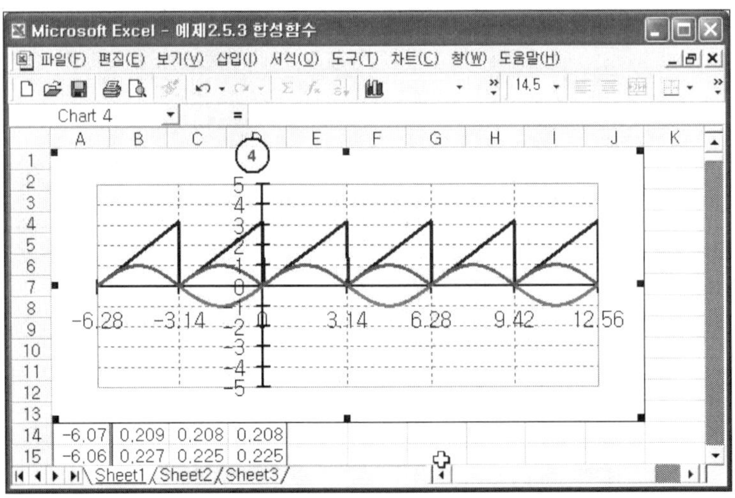

▌연습문제 2.5▐

문제 2.5.1

스핀 단추(또는 스크롤 막대)를 이용하여 삼각함수 $y = a\cos bx + c$ 의 그래프를 좌표평면에 나타내시오.

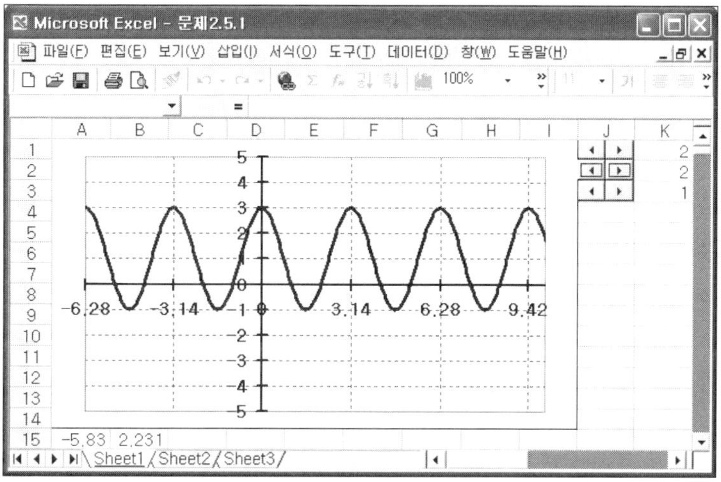

문제 2.5.2

스핀 단추(또는 스크롤 막대)를 이용하여 삼각함수 $y = \tan ax + b$ 의 그래프를 좌표평면에 나타내시오.

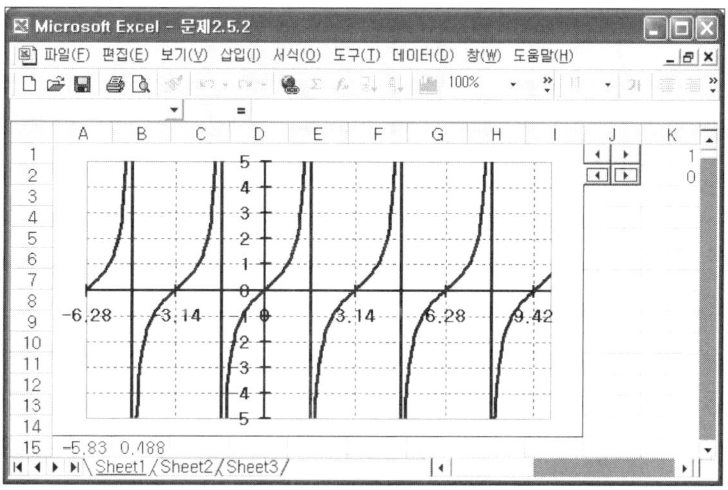

참고문헌

1. 류재구, 한글 Excel 2000 Using Bible, Compeople, 2004
2. 장미희, 엑셀 2000VBA, 정일, 2001
3. 허혜자, 엑셀과 함께 하는 수학, 경문사, 2005
4. 강행고외 5명, 중학교 7-나, (주) 중앙교육진흥연구소, 2003
5. 강행고외 5명, 중학교 9-가, (주) 중앙교육진흥연구소, 2003
6. 최용준, 신현성, 10-나, (주) 천재교육 2003
7, 최용준, 신현성, 수학Ⅰ, (주) 천재교육 2003

찾아보기

(#)

#DIV/0! 172

(A)

ABS문 116

(B)

BackColor 158

(F)

ForeColor 158

(L)

LargeChange 41

LinkedCell 33

(M)

Max 33

(O)

Orientation 158

(R)

ROUNDDOWN문 217

(S)

SmallChange 33

(V)

Valuc 158

(ㄱ)

그림 영역 20

(ㄴ)

눈금선 6

(ㄷ)

데이터 계열 서식 105

디자인 모드 끝내기 34

(ㄹ)

레이블 6

(ㅁ)

목표값 찾기 78

(ㅂ)

분산형 5

(ㅅ)

사각조절점 11

사용자 정의 5, 23

삽입 59

선택하여 붙여넣기 45

셀 이름 75

셀을 아래로 밀기 60

속성 31

수식을 차트에 표시 139

스크롤 막대 29

스핀 단추 29

스핀 단추의 보양 158

스핀 단추의 속성 33

(ㅇ)

연속 데이터 122

(ㅈ)

주 단위 9

(ㅊ)

차트등록하기 22